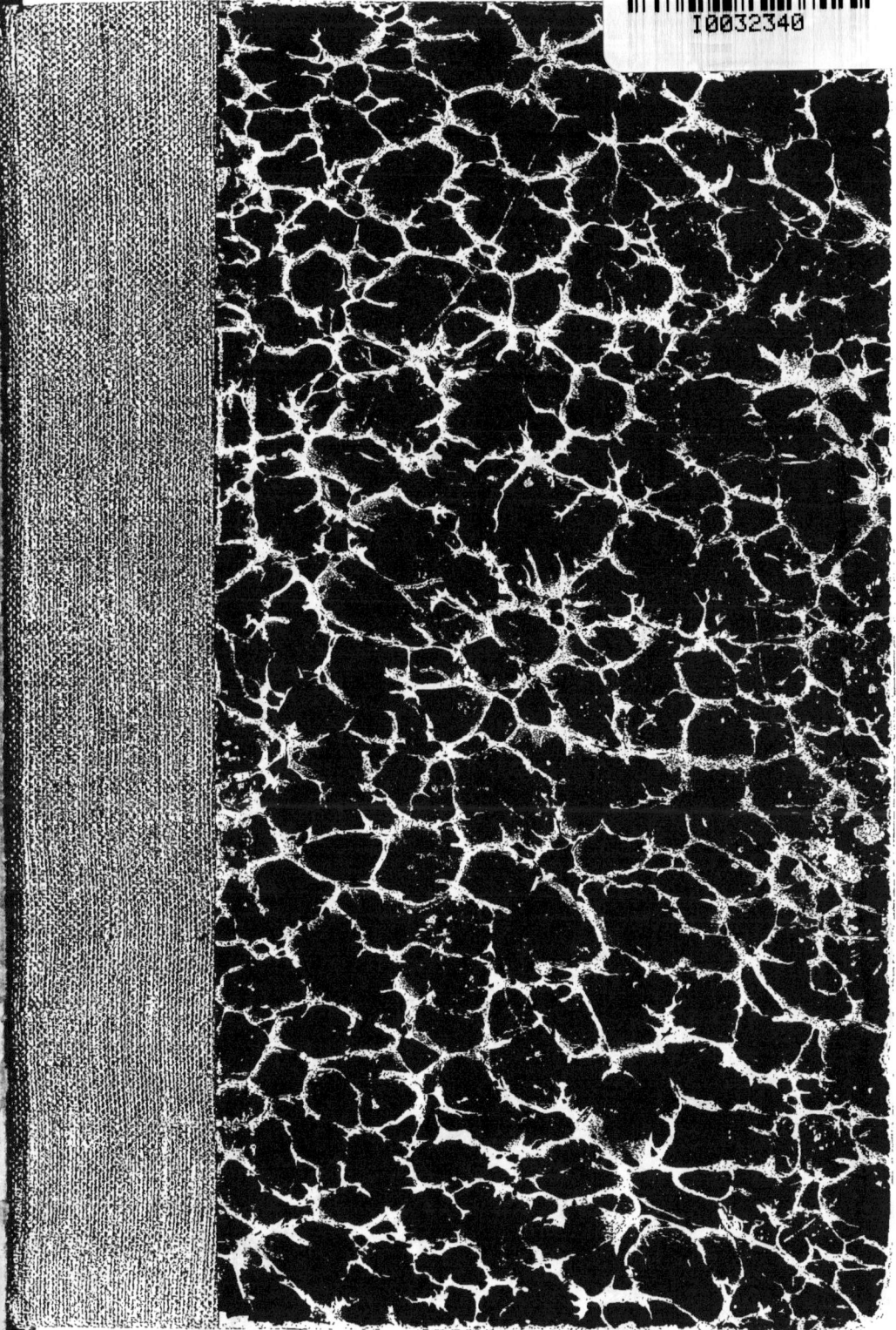

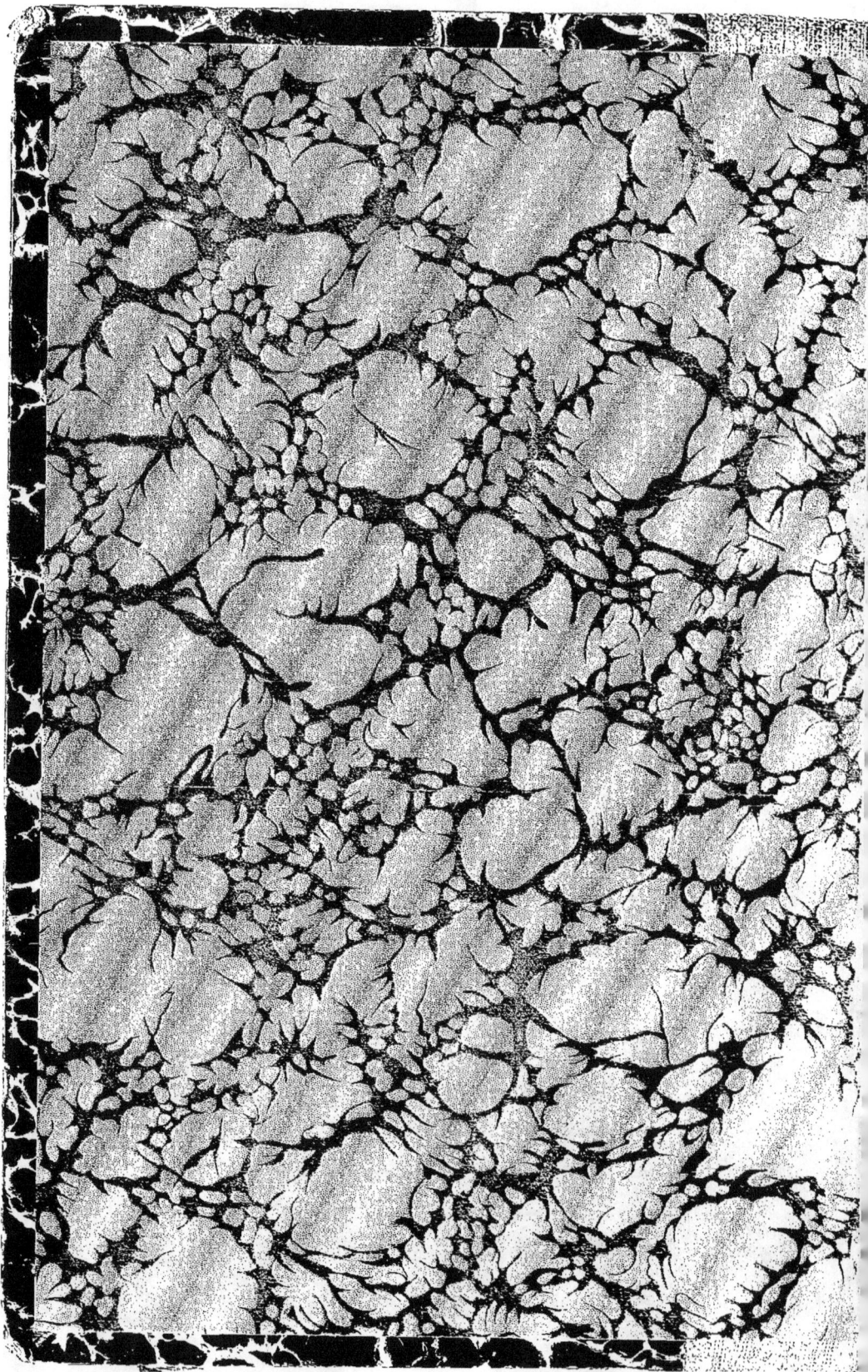

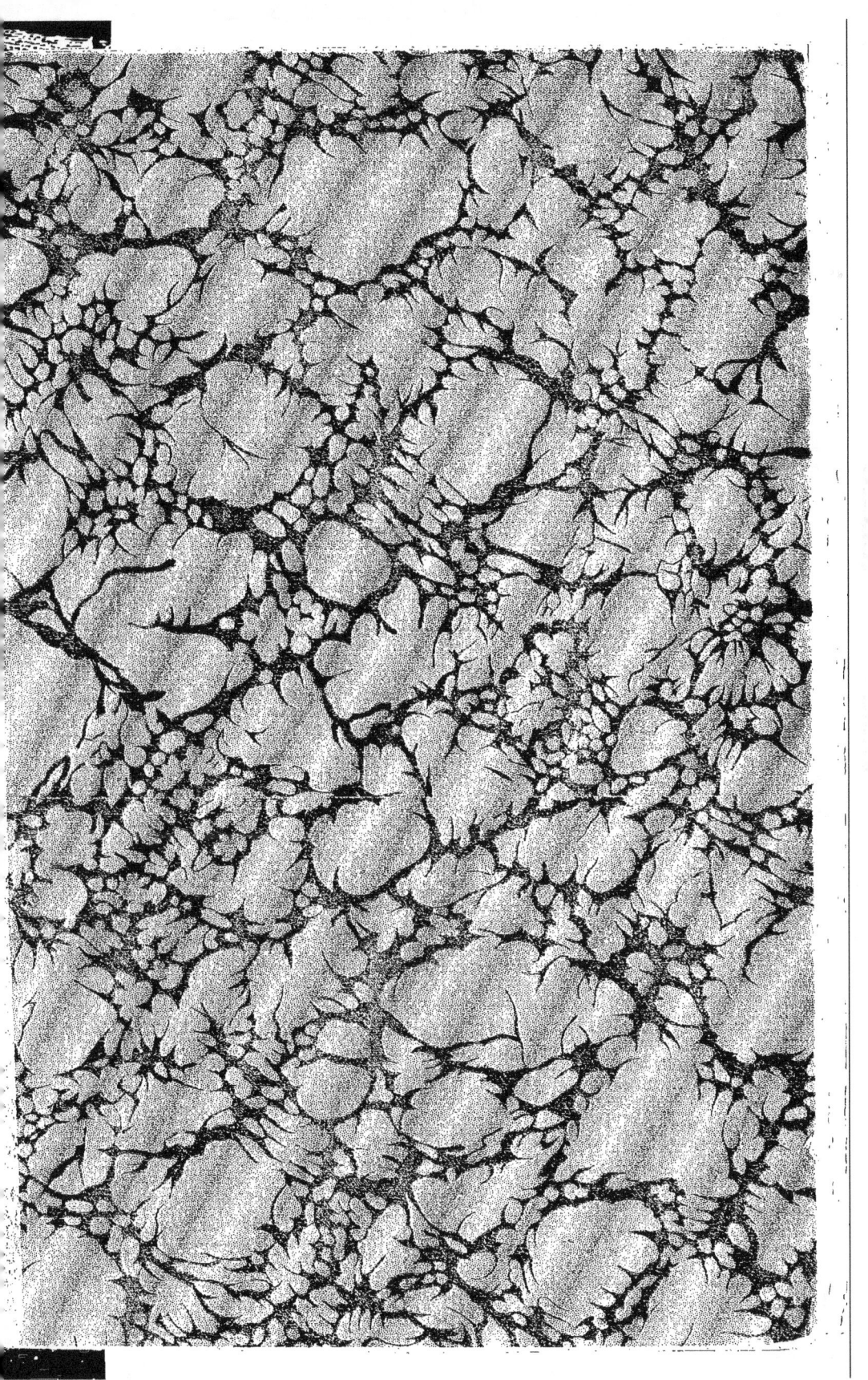

LOUIS AUBERT

# Les Maîtres

## de

# l'Estampe japonaise

" Image de ce monde éphémère. "

## LIBRAIRIE ARMAND COLIN

### 103, BOULEVARD SAINT-MICHEL, PARIS

# Les Maîtres
de
# l'Estampe japonaise

LOUIS AUBERT

# Les Maîtres

## de

# l'Estampe japonaise

« Image de ce monde éphémère ».

*Avec 55 Planches hors texte.*

LIBRAIRIE ARMAND COLIN

103, BOULEVARD SAINT-MICHEL, PARIS

1914

# INTRODUCTION

# INTRODUCTION

De Moronobu à Hiroshigé, de la fin du xviie au milieu du xixe siècle, l'Estampe japonaise fut une peinture des mœurs et des paysages populaires.

Avant Moronobu, la gravure sur bois avait déjà servi à illustrer romans et poésies[1] et à tirer des « images de préservation », représentant des divinités bouddhiques, que les fidèles achetaient aux moines et collaient aux piliers des temples en manière d'ex-voto. Il y avait eu aussi, à partir du xiiie siècle, des peintures de genre figurant des bonshommes du temps, mêlés, il est vrai, à des miracles ou à des cataclysmes légendaires[2], et des tableaux de la vie aristocratique, mais différents de l'Estampe par leur technique et par la classe sociale de leurs modèles.

La nouveauté de Moronobu et de ses successeurs, c'est qu'ils représentent les manières et les coutumes du jour, par contraste avec les figures d'histoire des œuvres clas-

---

1. Dès le xve siècle, un livre, « l'Origine de l'histoire de Yûzu Nembutsu », et, tout au long du xviie siècle, des ouvrages classiques tels que le roman *Isé Monogatari*, le recueil de Cent poésies, *Hyakuninn-isshu...*, Cf. *Masterpieces selected from the Ukiyo-ye School*, by Shiichi Tajima, Tôkyô, 1908.

2. *Makimono* du xiiie siècle (époque de Kamakura).

siques ; c'est un art d'actualité et c'est vraiment un art populaire par son public, par ses artistes et par son répertoire.

*<br>* *

L'art au Japon était resté jusqu'au xviiᵉ siècle un divertissement noble; mais la fin du xviᵉ siècle fut une époque de bouleversements politiques et sociaux. Le pouvoir passa des mains de la grande famille des Ashikaga en celles d'un petit samuraï, Nobunaga, puis d'un parvenu, Hideyoshi, enfin de son lieutenant Ieyasu qui, sur le Japon maté pour deux siècles et demi, assit le pouvoir de la dynastie des Shôgun Tokugawa. L'ébranlement des guerres civiles se prolongea même dans la paix; beaucoup de féodaux, d'humble origine, s'étaient haussés aux dignités, tandis que des nobles authentiques et les Empereurs eux-mêmes avaient, pendant les mauvais jours, connu une vie toute différente de leur existence cloîtrée dans leurs palais de Kyôto.

Les goûts changèrent avec ces expériences[1]. Au Japon, pays de forte tradition, pour qu'une École populaire sortît d'un art tout aristocratique, il fallut que, dans la première moitié du xviiᵉ siècle, les figures classiques des peintures

---

1. Ce fut une nouveauté que des seigneurs au début du xviiᵉ siècle fissent danser devant eux O Kuni, danseuse célèbre, mais de basse extraction : que l'Empereur Reigen (1663 1685) composât des *hakkai*, poésies de dix-sept syllabes, formes abrégées et plus populaires des classiques *uta* et *tanka* dont il avait été tant composé pendant des siècles de vie de Cour ; que ce même Empereur récitât des *jorûri*, drames musicaux, très différents des solennels *nô* auxquels ses ancêtres s'étaient gravement divertis depuis le xivᵉ siècle. — D'autre part, les hommes nouveaux honoraient les anciens usages. Hideyoshi, entre deux batailles, célébrait des cérémonies de thé que réglait Sen-nô Rikyû, et récompensait ses fidèles par des dons d'objets d'art.

Tosa, les figures chinoises des peintures Kano [1], plussent moins à des nobles dont les idées s'étaient élargies et aérées. Ils n'ont pas patronné ouvertement l'école populaire, mais ils ont protégé Matabei [2] de qui dérive cette école [3]. A cette initiative aristocratique, le peuple avide de culture répondit ; enfin tranquille dans des villes prospères où presque chaque temple avait une école, il eut sa littérature, son art, auxquels l'imprimerie, à l'aide de caractères mobiles, dont les armées de Hideyoshi avaient rapporté de Corée le secret, et la gravure sur bois donnèrent une grande diffusion [4].

Aussi bien que son public, l'Estampe eut ses artistes à part. A travers leur biographie incertaine et l'incertaine chronologie de leurs œuvres, on voit ces provinciaux qui abandonnent d'humbles professions pour la peinture, et qui,

1. L'École Tosa date du xiiie siècle ; l'École Kano, de la fin du xve siècle.

2. Matabei Iwasa meurt en 1650 à soixante-treize ans ; d'une famille de samuraï, il fut à plusieurs reprises employé par le Shôgun et des daïmyo.

3. D'après Tajima. op. laud., l'œuvre indiscutablement authentique de Matabei est : les « Trente six poètes » ; « Hommes et Femmes jouant ensemble », — ils lisent, écrivent, se courtisent ; un homme sort du bain, un autre boit, la tête soutenue par une courtisane ; la scène, par son naturel, par la disposition de ses groupes, les attitudes de ses personnages, sa fine tonalité grise, noire et rouge, est le prototype d'innombrables scènes d'estampes, — et enfin un Petit paravent représentant des hommes et des femmes jouant ensemble, qui fit partie des présents de noces reçus par Chiyo Himé, fille du Shôgun Iemitsu Tokugawa. — Sur la distinction de Matabei et de Matahei, qui aurait vécu près d'un siècle plus tard, cf. Pierre Barboutau, Les Peintres populaires du Japon, 1914, 1er fascicule.

4. Beaucoup d'estampes ont le format des kakemono (kakemono-ye) : on les pendait dans le tokonoma en guise de peintures. Généralement, au Japon, les estampes n'étaient pas accrochées, comme depuis vingt-cinq ans elles le sont aux murs de nos demeures et de nos expositions. Parfois, de petites estampes étaient collées pour un temps sur les cloisons de papier ; mais la maison japonaise n'a jamais été ornée de peintures fixes. Les estampes en livres ou sur feuilles libres étaient feuilletées de ci de là : d'où leur bel état de conservation — Hormis quelques rares exceptions, les livres ne valent ni par le style du dessin, ni par le charme de la couleur les estampes séparées. Pourtant les artistes devaient apporter le même soin à illustrer les uns et les autres. Plus de soin même, et peut-être trop de soin, quand il s'agissait des livres dont leur réputation dépendait surtout : leur faire était plus timide ; ils se guindaient.

après un court passage dans l'atelier d'un artiste de l'École
Kano ou chez quelque maître de l'estampe, se risquent à
innover; quelques-uns sont des transfuges des écoles classiques, comme Yeishi; le talent de tel autre paraît avoir été
reconnu par les grands de ce monde [1], mais le plus souvent,
sortis du peuple, ils vivent avec lui et chichement, en querelle avec leurs graveurs qui trahissent leurs intentions,
avec leurs libraires toujours lents aux commandes et aux
paiements, avec leurs rivaux qui les plagient [2] et parfois avec
l'autorité qui les emprisonne [3]. Familiers de Yedo, ils fré-
quentent assidûment au Yoshiwara, quartier des courtisanes,
et dans les théâtres; parfois ils suivent leurs modèles dans
la banlieue, et même le long des grandes routes; ils trouvent
auprès de ce public un succès très vif, qui se répand dans
les provinces et dans les ports où sont parqués les étrangers,
Chinois et Hollandais [4]. Ce sont de bons garçons et de belle
humeur, comme il apparaît dans les propos blagueurs et
fantaisistes d'un Outamaro et d'un Hokusaï; ils changent

1. Un *sourimono* de Koriusaï, représentant un faucon sur un perchoir, fut
publié à l'occasion de sa nomination d'*hokkyo*, titre honorifique accordé
par la Cour aux peintres dont elle agréait le talent. Kôrin et Sôtatsu
avaient été revêtus de cette dignité.

2. Voir pp. 53 et 157 les protestations de Masanobu et d'Outamaro contre
les plagiaires, et l'aveu de Kôkan Shiba, à l'endroit de Harunobu, p. 80.
Outamaro mettait parfois à côté de sa signature le signe *shomei*, « vrai ». —
Hokusaï, dans une lettre, se plaint que des faussaires aient fait usage du
nom de Taïto dont il signa ses œuvres de 1823 à 1824.

3. Shunyei et Outamaro furent emprisonnés.

4. Outamaro (v. p. 157) dénonce les faux qui « compromettent la réputation des vrais *nishiki-ye*, non seulement au Japon, mais encore à
l'étranger ». Hokusaï a exécuté des commandes que lui avaient passées des
Hollandais. Quelques-uns de ses volumes furent distribués dès 1829, par
Siebold, aux bibliothèques de Paris, de Berlin et de Leyde. — Un critique japonais dit de Toyokuni : « Il composait pour les livres des illustrations en couleurs représentant ses jolies contemporaines dans des poses
délicieuses. Ces livres furent à la mode dans plusieurs provinces; les Chinois, les Barbares eux-mêmes (les Occidentaux) recherchaient ses œuvres
originales » cité par Pierre Barboutau. *op. laud.*). — Le grand nombre de
tirages et de retirages de certaines séries d'estampes en atteste le succès :
par exemple, les Trente-six vues du Fuji par Hokusaï, tirées en couleurs
et aussi en bleu avec des différences de cachets.

dix fois de noms, dix fois de patrons, ont des dizaines
d'élèves et saluent philosophiquement la mort dans des
poésies d'inspiration bouddhique. Leur aisance à adopter
et à se laisser adopter, à s'embrigader dans une école, leur
lenteur à risquer leurs trouvailles aux dépens des traditions
docilement apprises, — tout cela contraste avec la hâte de
nos contemporains à publier leur nom et leurs prénoms
définitifs et leur définitive originalité, avant toute science
acquise..... Artistes-artisans assez semblables aux peintres
de vases et aux coroplastes du Céramique d'Athènes qui, en
marge des arts majeurs, modestement besognèrent.

Public spécial, artistes spéciaux : l'Estampe a aussi son
répertoire spécial; la principale héroïne en est la *bijin*,
jeune fille ou jeune femme, courtisane le plus souvent, et cela
au moment même où la culture chinoise, toute-puissante sur
les samuraï et sur les lettrés, chasse la femme de la littérature classique dont elle avait été la reine. Les autres héros
de l'Estampe sont les acteurs du théâtre populaire, *Kabuki
Shibai*, fondé à Yedo vers le milieu du xvııe siècle. Les chefs
des grandes dynasties d'acteurs qui se sont prolongées jusqu'à nos jours, sont contemporains des premiers peintres
d'estampes : Ichikawa Danjuro, le modèle favori des Torii et
de Shunsho, débute en 1673. Or un samuraï qui se respecte
rougirait d'être reconnu dans un théâtre populaire : c'est
donc une distraction réservée au peuple et dont la nouveauté
l'enthousiasme. Enfin, avec le Yoshiwara, et avec le théâtre,
le décor principal de l'Estampe, c'est Yedo et ses environs [1].

A Yedo, — fondée par le Tokugawa Ieyasu en 1603,
imposée par son petit-fils Iemitsu comme résidence aux
daïmyo ou, s'ils s'en absentent, à leurs femmes et enfants
laissés en otages, — à Yedo, du haut de son château féodal

---

1. L'estampe est souvent appelée *Yedo-ye*, image de Yedo, et *Azuma
nishiki-ye*, images de brocart de la capitale. — Le sens exact d'*Azuma* est :
Provinces de l'Est.

aux fondations cyclopéennes, qui domine orgueilleusement
d'innombrables petits toits humblement pressés le long de
canaux sillonnés par des jonques, le Shôgun gouverne le
Japon d'un air à faire trembler tout ce qui le hait. Au profit
de sa ville, peuplée, peut-être, d'un million d'habitants, il
ruine tout le pays. Cependant, Kyôto conserve le divin
Empereur, trônant inébranlable dans son palais aux « cent
assises de pierre » et aux « neuf enceintes », — Kyôto, sommet
idéal du Japon vers lequel, par respect pour la présence du
Mikado, dans les descriptions poétiques, le voyageur est
toujours censé monter, Kyôto, la vieille capitale, collection-
neuse de reliques, avec ses grands temples et ses jardins
déserts, les modes et les traditions de ses aristocrates, ses
antiques écoles d'art[1], tout cela serré dans l'écrin de ses
montagnes forestières, comme sont roulés dans de vieilles
soies changeantes les vénérables kakémono, Kyôto, « séjour
des nues », nimbée de la poésie des âges..., — alors que Yedo,
naguère encore village de pêcheurs, à l'Est du Japon, dans
cette partie de l'Empire occupée longtemps par des Barbares
aïno, longtemps simple marche militaire et fertile en guerriers grossiers, est considérée par le Japon de la littérature
et de l'art comme une terre sans passé, sans culture, sans
éclat. Mais de Yedo, le peuple, le public des estampes s'enor-
gueillit : c'est sa capitale, à lui, et qui date du temps où il a
commencé de compter dans la vie de la nation, et c'est avec
enthousiasme qu'il accueille les *meisho*, livres illustrés ou
séries d'estampes détachées, qui célèbrent les beautés de sa
ville et de ses environs[2].

---

1. Maruyama Okio, le grand peintre de la fin du xviiie siècle, le contemporain de Kiyonaga et d'Outamaro, travaille à Kyôto, où il fonde l'école
*Shijo*. Lui et son disciple Sosen, en leurs peintures d'oiseaux, de poissons
et de singes, représentent la classique tradition chinoise, mais rénovée par
une observation consciencieuse de la nature.

2. L'Estampe, pourtant, a représenté Kyôto, son temple populaire de

*<br>* *

Par prévention de classe, plutôt que par conviction esthétique, le public auquel s'était toujours adressé l'art classique traita de haut l'art populaire. Nobles qui révéraient les divertissements et les paysages à l'ancienne mode, ils ne daignaient s'intéresser aux acteurs, aux courtisanes, aux mœurs dissolues et aux décors de la grande ville neuve où ils devaient publier leur servitude. Conservateurs qui n'entendaient emprunter à l'Europe que castilles et arquebuses, il y avait dans les estampes trop de nouveautés étrangères [1] pour qu'ils les approuvassent, et d'ailleurs il s'y trouvait assez de traditions pour que ces feuilles coloriées leur parussent d'inutiles reprises de thèmes que la peinture traditionnelle avait traités avec plus de sérieux. Collectionneurs qui tenaient, enveloppés dans de vieilles étoffes et enfermés dans des bois précieux, des kakémono, notoires par leur auteur et les circonstances où il les avait composés, notoires aussi par leurs différents possesseurs, œuvres uniques qu'on n'exposait que dans des circonstances choisies de lieu, de saison, avec mille précautions d'officiant tirant du sanctuaire le saint des saints et après une préparation spirituelle pour en comprendre et

---

Kiyomizu, avec sa cascade et ses cerisiers, la rivière où il fait si bon prendre le frais en été quand le lit en est découvert. — Nous signalerons chez Moronobu, Harunobu, Hokusaï et Hiroshigé ces vues de la vieille capitale.

1 Cf. par exemple Outamaro, C IV, 15 : deux amants en barque ; la femme porte à ses lèvres un verre d'importation européenne ; 98 : derrière une jeune femme qui examine par transparence l'écaille d'un peigne, le *fusuma* est tendu en cuir de Cordoue à fleurs. Les Hollandais importèrent ces cuirs aux XVIIe et XVIIIe siècles ; les Japonais en ornaient leurs maisons et leurs bibelots, notamment leurs poches à tabac. La *Mangwa* fourmille de nouveautés européennes, concernant la perspective, l'arpentage, etc.

en suggérer aux quelques compagnons privilégiés de la cérémonie de thé le subtil symbolisme, — comment auraient-ils
daigné s'intéresser à des estampes gravées par des artisans
et répandues à la grosse, au grand jour, pour quelques *sen*[1]?
L'art à bon marché n'a jamais tenté les collectionneurs. Et
puis ces esthètes, amateurs surtout de peintures en blanc et
noir et de grès aux tons rompus, étaient offusqués par les
couleurs vives des estampes, qu'ils prenaient sans doute pour
des manières de menus, de programmes ou de cartes pos-
tales.

Par contre, son caractère populaire valut à l'Estampe un
franc succès auprès des étrangers. Pour le public européen, Hokusaï, pendant longtemps, a résumé le meilleur de
la peinture japonaise : d'emblée ses croquis, par leur pres-
tesse, leur fantaisie et leur bonne humeur, le rendirent
universellement accessible aux artistes d'Occident. Mais
vint une seconde génération de connaisseurs qui, s'étant
avisés du dédain où l'amateur japonais tenait l'estampe, et
ayant découvert, de-ci de-là, les longues perspectives de la
peinture chinoise et japonaise, furent pris de honte comme
s'ils avaient été convaincus d'avoir jugé la peinture française
depuis ses origines sur la seule image d'Épinal. Un critique
qui, durant un long séjour au Japon, avait assisté aux inven-
taires officiels des trésors des temples et des collections im-
périales, se fit le héraut de l'art du vieux Japon contre l'Estampe[2], et de Kiyonaga contre Outamaro et Hokusaï. Les critiques les plus récents sont entrés dans ses vues[3]. Et pourtant

---

1. Le goût de la collection était tel au vieux Japon que l'action de
maints romans et pièces de théâtre roule sur la perte, la recherche, et le
recouvrement d'objets d'art.

2. Cf. Fenollosa's, *Review of the chapter on Painting in Gonse (Japan
weekly mail,* 12th of July 1884,), à propos de l'*Art Japonais* par M. L.
Gonse.

3. « A peu d'exceptions près, j'ai suivi le Catalogue de Fenollosa pour la
description du développement de l'impression en couleurs japonaise et les

il n'est pas toujours aisé de justifier les sentences de Fenollosa, prononcées sur un ton décisif et avec une audacieuse précision dans la chronologie ! « Le but le plus cher de ces critiques, suivant les déclarations de M. de Seidlitz, fut de se maintenir au point de vue japonais. » Deux dogmes naquirent : l'estampe « réaliste » tranche tout à fait sur le classique art « idéaliste » de la Chine et du Japon ; parmi les estampes, celles du xixe siècle ont été surfaites par les Européens : « Ce ne fut après tout qu'un regain, et même, par quelques côtés, une décadence ».

Ayant profité de l'occasion, qui jamais encore n'avait été offerte en aucun pays, d'étudier, au cours de six années consécutives, quelque deux mille cinq cents pièces présentées méthodiquement et en leur ordre chronologique [1], nous avouons partager l'enthousiasme des premiers japonisants européens qui virent ces gravures en couleurs. Sans doute elles ne représentent pas toute la peinture japonaise et nous sacrifierions les plus belles d'entre elles à beaucoup de

caractéristiques des artistes, et j'espère avoir toujours bien interprété les opinions de cet expert distingué. » W. de Seidlitz, *Les Estampes Japonaises* ,traduction de P. André Lemoisne , Hachette, 1911. Préface, *passim*.

1. Avant de réunir en volume ces études écrites à propos de chacune des expositions du Musée des Arts Décoratifs (1909-1914), et publiées, pour la plupart, dans la *Revue de Paris*, nous avons précisé nos interprétations des estampes à l'aide des traductions de leurs légendes faites par M. Inada pour les Catalogues qui ont classé et reproduit la plus grande partie des œuvres exposées. C'est à ces catalogues que nous renverrons à tout moment le lecteur. Ils constituent, avec leur illustration abondante et soignée, avec leurs savantes introductions écrites par M. Raymond Kœchlin, avec leur classement établi par M. Vignier, un admirable *Corpus* de l'Estampe. — Il faut lire ainsi les abréviations des références : C. i, 163. signifie Catalogue i, Estampe nᵒ 163 ; C. iv, 405, Catalogue iv, Estampe nᵒ 405, etc Il y aura six catalogues ; les cinq premiers seuls ont paru ; le dernier sera publié au début de 1915. L'illustration de ce volume leur est empruntée : nous prions M. Raymond Kœchlin, qui a bien voulu nous donner l'autorisation de cette reproduction, les collectionneurs à qui appartiennent les estampes photographiées, MM. Longuet et Marty qui ont mis des épreuves de leurs clichés à notre disposition, de trouver ici l'expression de notre reconnaissance. - M. Raymond Kœchlin. l'enthousiaste organisateur de ces expositions ; M. Jean Lebel, qui l assistait, m'ont donné maints renseignements et suggestions dont je les remercie.

kakémono; mais on a trop parlé de leur caractère populaire par quoi elles trancheraient sur la peinture classique; on a trop opposé aussi les estampes du xviiie siècle
à celles du xixe siècle et parlé de celles-ci comme d'un art
dégénéré et corrompu.

Au reste, les Japonais eux-mêmes nous invitent à ne plus
prendre pour un jugement esthétique leur prévention de
classe d'autrefois : ébranlés par l'enthousiasme des Européens, ils ont secoué en partie leurs préjugés, et, au milieu
des nouveautés qu'ils ont accueillies depuis un demi-siècle,
commencent à trouver au monde des estampes un certain
charme d'antiquité [1].

L'Estampe japonaise, c'est, selon nous, à l'usage d'un
public nouveau, grâce à un procédé nouveau, la somme de
toutes les traditions picturales et philosophiques du vieux
Japon, et son caractère traditionnel nous paraît au moins
aussi important que son caractère populaire. Le cas de
Hokusaï a troublé les idées : l'École populaire, pour beaucoup d'esprits, c'est la *Mangwa* ou quelques esquisses de
Masayoshi, de Toyokuni : des frénétiques, des truands,
des hommes en caoutchouc qui s'agitent; mais la *Mangwa*,
ce n'est pas tout Hokusaï, et Hokusaï n'est pas toute l'Estampe [2]. C'est mutiler l'École et le mutiler lui-même que de

1. Le *Shimbi Shoin* a consacré une somptueuse publication en cinq
volumes aux peintres d'estampes : *Masterpieces selected from the Ukiyo-ye
School*. Le texte est de M. Shiichi Tajima, qui avait publié les *Shimbi
taikwan*, dont les vingt volumes sont consacrés à l'art classique.

2. « Quels sont les sujets de prédilection des peintres de l'*Ouki-yo-é* ?
Chacun peut le constater, ce sont surtout des sujets populaires : acteurs,
courtisanes, scènes du théâtre ou de la rue. On voit aussi des fleurs, des
oiseaux, des paysages. Mais ce n'est point là la note dominante ; la vie
populaire l'emporte incontestablement  Aussi appliquons-nous à ces
peintres le seul nom qui nous semble convenable, celui de peintres populaires ». Pierre Barboutau, *op. laud.* — Nous essaierons de montrer que
ces « sujets populaires, acteurs, courtisanes, scènes de théâtre ou de la rue »
sont de perpétuelles allusions à la tradition historique et poétique, et que
« fleurs, oiseaux et paysages » sont peut-être « la note dominante » de la
vie populaire du Vieux Japon.

ne parler que de ses croquis. La tendance de cette École qu'on a appelée « réaliste », ou « vulgaire », au lieu de verser complaisamment dans le réalisme ou la vulgarité, même quand elle peint des sujets vraiment contemporains et qui pourraient être terre à terre, va vers le style, le ton poétique, l'allégorie, le symbole. Le goût de la blague et de la caricature est accessoire ; il n'est pas chez les Primitifs, chez Harunobu, chez Kiyonaga ; jamais non plus chez les paysagistes, ni chez les peintres de fleurs et d'animaux. A propos d'Outamaro, Fenollosa et ses partisans ont parlé de flatterie à l'adresse d'un public dépravé : nous croyons plutôt à une hardie tentative pour créer un type de femme qui s'adaptât à une certaine image traditionnelle du monde, car notre intention est de montrer que tous ces peintres de l'Estampe ont vécu sur une intuition de la Nature où le paysage et la figure humaine ont des affinités et un rythme qui à un Occidental paraissent singuliers.

Les critiques qui, sous prétexte d'être japonais en leurs jugements, blâment l'art populaire ou tel de ses maîtres d'avoir été trop « réaliste », n'expliquent pas pourquoi les estampes sont mieux qu'un document ethnographique et géographique, pourquoi aussi cette école, née dans une île au bout du monde, a conquis d'emblée tous les artistes occidentaux au point de modifier profondément leurs visions et leurs sentiments.

L'Estampe est un authentique art populaire, mais nous sommes dans un pays extrême-oriental, qui a toujours respecté les coutumes ancestrales, qui s'est toujours vanté de l'antiquité et de la continuité de sa civilisation ; nous sommes au Japon des Tokugawa, d'où les indigènes ne peuvent sortir sans autorisation, où quelques étrangers ne sont que tolérés sur un îlot. C'est un âge de repliement sur soi et de curiosité historique, car, à défaut de liberté dans l'espace, il reste la faculté d'errer dans le temps.

Les classes inférieures, au Japon, ont toujours été avides d'adopter tout ce que les classes supérieures condescendaient à laisser imiter de leurs habitudes : théâtre, retraite vers la quarantaine, et quand, après la Révolution de 1868, le service obligatoire remit des armes à tous, le dernier des manants fut flatté qu'on l'admît à partager l'ancien privilège des samuraï.

La cérémonie de thé, jadis distraction réservée aux sages ou aux nobles, offrit, à partir du XVII$^e$ siècle, un refuge de libre méditation à tous ceux qui désiraient échapper au formalisme d'un pouvoir féodal et confucéen. De même, l'Estampe, adaptation populaire de l'art classique, fournit une occasion de s'évader vers le rêve traditionnel. Grâce à de tels divertissements qui rapprochaient toutes les classes dans la même culture, se forma une confrérie d'aristocrates en matière de goûts, paysans ou boutiquiers qui se plurent à disposer des fleurs dans des vases, et qui n'abordaient un paysage ou une œuvre d'art qu'avec la déférence qu'ils témoignaient à des supérieurs. Dès qu'une nouvelle curiosité des daïmyo à l'endroit des scènes contemporaines eut donné le branle avec Matabei à un art plus populaire et qu'une technique nouvelle en eut favorisé la diffusion, c'est à une interprétation plus libre et plus moderne du répertoire classique qu'il fut immédiatement employé. Et l'on vit alors l'Estampe, art de Yedo et du Japon de l'Est, évoquer, à travers des scènes et des paysages populaires, l'antique conception de la nature qu'avaient eue jadis, à Kyôto, les Japonais de l'Ouest, lors de la période dite Héian, du IX$^e$ au XII$^e$ siècle de notre ère.

Car le passé le plus lointain restait étrangement vivant parmi toutes les classes. Une estampe de Masanobu[1] représente Sugawara no Michizane, noble de la fin du ixᵉ siècle : en costume de cour, il trône sur une estrade basse, ayant à côté de lui une branche de pin et un prunier en fleurs. Exilé, à la suite d'intrigues de Cour, bien qu'il fût favori de l'Empereur, il dut quitter Kyôto au temps de la floraison des pruniers. C'étaient les fleurs favorites de son jardin, où se dressait un « pavillon du prunier rose ». Sa poésie d'adieux à ses fleurs, tout Japonais, aujourd'hui encore, la connaît par cœur :

> Sous la brise de l'Est,
> Brillez de tout votre éclat,
> O fleurs de prunier ;
> Bien que n'ayant plus de maître,
> N'oubliez pas le printemps.

Émue par ces regrets, l'âme du Japon prêta ses sentiments au prunier. Elle imagina qu'il avait langui loin de son maître, et, comme une main pieuse avait sans doute planté un prunier près de la tombe de Michizane, cet arbre, dans l'imagination populaire, devint l'arbre du jardin de Kyôto qui, déraciné par l'angoisse, s'était envolé vers le banni. Et comme dans la poésie japonaise le prunier est toujours associé au pin, la légende joignit un vieux pin au prunier fidèle, et tous deux symbolisèrent les esprits des serviteurs qui n'avaient pas abandonné leur maître. Cette légende avait inspiré maintes œuvres classiques, avant qu'une estampe populaire la rappelât. C'est que le culte de Michizane et de ses arbres restait toujours aussi vif : en l'année 1765, date où fut vraiment trouvée l'impression en couleurs, le Japon célébra avec enthousiasme le jubilé de l'entrée de Sugawara

1. C. i, 122.

Michizane à la cour de l'Empereur Seiwa[1], neuf siècles auparavant.

Autre exemple : Moronobu, Harunobu, Kiyonaga ont peint des épisodes de la grande bataille d'Ichi-no-tani, gagnée en 1184 par les Minamoto sur les Taïra. Une estampe de Harunobu[2] représente Taïra no Atsumori à cheval parmi les vagues. La bataille est perdue pour son parti, dont l'armée a gagné ses nefs. Atsumori, un enfant de seize ans, s'aperçoit que tous les bateaux ont pris le large ; il pousse son cheval dans la mer pour les rejoindre. Un guerrier du clan des Minamoto le défie du rivage ; Atsumori y retourne ; il est terrassé par son adversaire qui lui coupe la tête : en souvenir de sa bravoure, il fut enterré, dit-on, à Ichi-no-tani[3]. Son histoire ainsi que les gestes héroïques des guerriers d'alors, contés dès le XIIIᵉ siècle dans des manières de « chansons de gestes » comme le *Heike monogatari* et le *Gempei sei suiki*, furent si bien popularisés depuis lors par des chanteurs ambulants dont la mélopée s'accompagnait sur le *biwa*, que lors de la guerre contre le Russe, il y a dix ans, les officiers d'une garnison voisine de Kobé vinrent en pèlerinage sur la tombe d'Atsumori et y firent dresser en ex-voto une haute colonne à tête sculptée...

Dans notre Europe moderne, dont les civilisations sont en échanges perpétuels les unes avec les autres, dans notre France où nous avons perdu toute intelligence intime et directe de nos épopées du moyen âge, nous avons peine à

---

1. V. dans le *Bulletin de l'École Française d'Extrême-Orient*, Tome XI, nᵒˢ 1-2, janvier-juin 1911, une belle étude de M. Noël Péri sur la légende de Sugawara Michizane, suivie d'une traduction du nô *Oimatsu* (Le Vieux Pin). — Sugawara Michizane, divinisé après sa mort, est resté le type de l'homme accompli, ayant gardé l'âme d'un Japonais malgré sa culture chinoise et sa foi bouddhique.

2. Cf. C. II, 8.

3. Cf. la légende d'*Atsumori* et une traduction du *nô* dont il est le héros, dans les études de M. Noël Péri sur le Drame lyrique japonais. *Bulletin de l'École Française d'Extrême-Orient*, Tome XII, nᵒ 5, 1912.

*Phot. Longuet.*

ÉPISODE DE LA BATAILLE D'ICHI-NO-TANI
*Collection Kœchlin.*

Pl. I.

L. Aubert. *L'Estampe japonaise.*

comprendre cette civilisation japonaise dont la continuité des traditions poétiques faisait du peuple auquel s'adressaient les estampes, des contemporains de héros du IX^e et du XII^e siècle. Qu'on imagine un Français du XVIII^e ou du XIX^e siècle, sans rapports avec le monde, vivant replié sur la terre et le passé de sa race, et contemporain en imagination d'Olivier et de Roland : tel fut le public de l'Estampe ; et l'on aura quelque idée de ce qu'en fut le répertoire par les sujets de nos images d'Épinal, qui vont des *Quatre Fils Aymon* à l'*Épopée napoléonienne.*

*   *
* *

En plus de cette communauté de souvenirs, l'imagerie de Yedo profita d'une forte tradition plastique ; ses artistes, bien que d'origine populaire, se relièrent aux écoles classiques. Le procédé neuf de l'Estampe ne les en a pas éloignés, car aucun peintre de l'École populaire n'a gravé lui-même son œuvre ; il dessinait non pas directement sur la planche même, mais sur une feuille de papier transparent ; cette feuille, collée, la face sur un bloc de cerisier ou de buis scié en long dans le sens du grain, servait de modèle au découpeur du bois, qui réservait en relief les traits du dessin ; l'estampe était ensuite tirée à la main ou au frottoir, les peintres surveillant leurs graveurs, modestes artisans dont il est très rare que les noms figurent sur les estampes. Ainsi, qu'ils peignissent un kakemono, — et ils en ont laissé de nombreux, — ou qu'ils peignissent un modèle pour l'estampe, le travail de leur pinceau ne pouvant être effacé, leur trait devait avoir même décision, même sûreté, même souplesse. Et, de fait, entre la peinture classique et l'Estampe, la transition fut beaucoup plus insensible que ne le donnent à croire les classifications des historiens de l'art.

L'École populaire dérive de Matabei ; c'est lui qui peint des scènes de la vie contemporaine, pour des aristocrates un peu las des modèles classiques. L'exemple est donné ; disons presque : la permission ; d'autres peintres à sa suite viendront qui représenteront les mœurs populaires à l'usage du peuple. Or, au dos de chacune de ses peintures, Matabei mentionne qu'il est « un des plus modestes ruisseaux dérivant de Mitsunobu Tosa », et ses figures et ses décors d'intérieurs rappellent en effet le style des Tosa [1]. Au reste les critiques japonais [2] se sont avisés que le style nouveau dont on a dit que Matabei était l'inventeur, se retrouve dans beaucoup d'œuvres de son temps qui ne peuvent lui être attribuées, tels ces panneaux du château de Nagoya exécutés sans doute vers 1610, probablement par des artistes de l'École Kano [3]. En cette première moitié du xviie siècle, c'est donc, pour créer une peinture de genre représentant la vie familière du Japon,

1. Cette filiation entre l'École populaire et l'École classique Tosa est nettement marquée aussi dans ce passage d'Hanabousa It-tcho (*Appendice des 4 saisons illustrées*) que cite M. Pierre Barboutau, *op. laud.* : « La peinture nationale a pour origine le pinceau fantaisiste de Tosa Mitsunobu (1433-1525). Cet artiste a interprété de nombreux sujets, depuis les élégances des gentilshommes jusqu'à la rusticité des paysans ; depuis la vie simple des montagnards jusqu'aux plantes rares des jardins les mieux entretenus. La peinture nationale, dont tels furent les débuts, étant encore en faveur après plusieurs générations, un homme d'aussi modeste importance que moi ne saurait qu'admirer cette manière de peindre. — Plus récemment, un peintre nommé Iwasa Matabè-é, ayant représenté avec un naturel exquis, dans les costumes de son temps, des chanteuses et des danseuses, fut surnommé à cause de cela *Ukiyo* Matabè-é ». — On traduit souvent : « Matabè-é le Vulgaire » ; comme s'il avait été qualifié ainsi par mépris. Mais les œuvres de Matabè-é, bien qu'il fût appelé *Ukiyo*, ont été soigneusement collectionnées par les nobles ; le mot de *Ukiyo* n'a donc pas toujours été pris en mauvaise part, même par ceux qui entretenaient contre l'Estampe un préjugé de classe.

2. Cf. Shiichi Tajima, *op. laud.*

3. Outre ces panneaux du château de Nagoya, représentant la mise à l'eau d'un bateau, la construction d'une maison, un tir à l'arc, etc., M. Shiichi Tajima attribue à des artistes de l'École Kano le « Paravent de Hakone », représentant des femmes jouant du *koto*, jouant aux échecs, calligraphiant, peignant, et des *Kobuki no soshi* Peintures dramatiques : deux danseuses, des musiciens ; des nobles, un parterre populaire. Cf. ces œuvres reproduites dans *Masterpieces of the Ukiyo-ye School*.

un commun effort de toutes les écoles. L'Estampe est la suite naturelle de ce mouvement : elle emprunte aux écoles chinoises[1] certaines de leurs figures légendaires et leur conception poétique du paysage ; elle emprunte à l'école Kano sa manière d'esquisser les rocs, les arbres, les ruisseaux ; elle emprunte à l'école Tosa ses curieuses perspectives de maisons, le style aristocratique de ses héroïnes[2] et les amusantes scènes de foules peintes sur des *makimono* de l'époque Kamakura, qu'ont certainement connus et étudiés Hokusaï et Toyokuni[3].

Parcourez un carnet d'esquisses de peintres japonais, c'est, côte à côte, des croquis d'après nature et des copies de modèles classiques, divinités bouddhiques, sages taoïstes, personnages légendaires, guerriers ou ermites, Kwannon ou « Femme aux Sapèques », voisinant avec des truands, avec des fleurs, des oiseaux — un art d'observation directe recourant sans cesse à la tradition, ou plutôt une reconstitution des aspects les plus familiers des hommes, des bêtes, des paysages avec des données empruntées aux anciens.

Au Japon, pays d'Extrême-Orient où l'art a toujours souffert de l'habitude de trop se répéter, cet effort pour rassembler toutes les trouvailles classiques afin de représenter avec style la réalité quotidienne et familière que l'art classique avait délaissée, cet effort de Matabei, des écoles Tosa et Kano[4], en la première moitié du XVIIᵉ siècle, et que les

---

1. Un livre de Moronobu, *Byôbu Kakemono-ye Kagami* (1682), est une série de vieilles et fameuses peintures des écoles de Chine et du Japon, que, dit-il à la fin du volume, « il s'est appliqué à copier ».

2. Par exemple, la poétesse Murasaki Shikebu composant le *Genji monogatari* au bord du lac Biwa ou la dame Tamamushi défiant l'archer lors de la retraite d Ichi-no-tani. Cf. Harunobu, C. ɪɪ, 150 et 8.

3. C'est par un retour aux traditions de l'école Tosa dans ses scènes populaires, aux traditions de l'école Kano dans ses paysages, ses peintures de fleurs et d'animaux, que Hokusaï rénova l'art de l'Estampe qui, dans le premier tiers du XIXᵒ siècle, s'épuisait à recopier Shunsho et Outamaro.

4. L'école Kano se rénove avec Eitoku (1543-1590) et Tannyû (1602-

peintres de l'Estampe poursuivront pendant près de deux siècles, fut un effort vraiment national. La Chine ne l'a pas tenté, elle qui pourtant avait été à l'origine de tous les grands mouvements d'art au Japon. Depuis neuf siècles, en effet les œuvres d'art y avaient été surtout d'inspiration bouddhique et chinoise, quand, parmi ces plantes exotiques, ce fut au xvii° siècle avec Koyetsu, Sôtatsu, Matabei, Kôrin, Moronobu, un merveilleux épanouissement de la fleur du Yamato.

Si humbles qu'aient été, au moins pris littéralement, les thèmes de l'estampe, son style garda toujours de ces origines une belle tenue classique, — calligraphie des lignes, distinction de la couleur, décence des attitudes, noblesse des draperies ; — c'était la nature, en des aspects neufs. mais vue avec la poésie et représentée avec le savoir des maîtres.

Il a fallu du temps pour que les peintres de l'estampe donnassent à penser qu'ils s'intéressaient à la réalité pour elle-même. Au vrai, ce n'eût pas été japonais. Sans doute, les modèles de Matabei et de son école, gens bien nés, ne sont plus les modèles de Moronobu, qui peint volontiers maisons joyeuses et courtisanes ; et, les mœurs se dégradant, la vie perdant sa simplicité et se chargeant de luxe en ces temps de paix et de bien-être, il y eut plus de licence chez ses successeurs. Parallèlement, la technique de l'estampe se complique, se raffine et finit par verser dans l'excès. Aux premières estampes de Moronobu et des Kwaigetsudo, gravées en noir, parfois rehaussées d'un ton rouge, ou frottées de laque noire et de poudre d'or, la chromoxylogravure, art de la gra-

_____

1674), qui fut peintre de la cour du Shôgen. L'Ecole Tosa aussi se renouvelle avec Mitsuoki ((1617-1671). Enfin, c'est l'Ecole dite d'Ogata avec Kôyetsu et Sôtatsu (1ʳᵉ moitié du xvii° siècle), contemporains de Matabei, et Kôrin (1658-1716), contemporain de Moronobu.

vure en couleurs sur bois, importée de Chine ou trouvée par
des artistes du Japon, substitua, vers 1735, l'estampe en deux
tons, puis, vers 1764, en cinq ou six tons [1]. Dans le premier
tiers du XIX⁰ siècle, on alla jusqu'à se servir d'une cinquantaine de planches, et les graveurs avaient appris aussi peu
à peu à rompre les valeurs, à varier les coloris, à parsemer
les fonds de nacre pulvérisée, à gaufrer plumages et robes....

Ainsi le patrimoine classique s'est lentement apprivoisé
au plein jour un peu cru de la réalité populaire, et la tradition d'abord toute-puissante s'est effacée devant l'indivi-
dualité des belles, des acteurs, des paysages chargés de
l'interpréter : Outamaro a laissé plus de portraits que ses
prédécesseurs ; avec Shunsho, l'acteur tire à lui le rôle ;
enfin les paysages, décors assez sommaires sur les estampes
du XVIII⁰ siècle, deviennent avec Hokusaï et Hiroshigé des
sites aisément localisables de Yedo et de ses environs. Les
critiques comme Fenollosa, Seidlitz, Binyon, dont l'arrière-
pensée est que l'École populaire s'est souciée, sans plus, de
peindre exactement les mœurs et les décors de son temps,
ont beau jeu de parler de fléchissement des mœurs à propos d'Outamaro qui serait un décadent, d'une baisse de
style avec Hokusaï qui serait surtout un artisan, d'un affai-
blissement du sens poétique avec Hiroshigé qui plus qu'un
paysagiste serait un faiseur de « guides » pittoresques —
au total du penchant de toute l'École au XIX⁰ siècle vers la
vulgarité, par désir de plaire à un public vulgaire. Outamaro peint des courtisanes, c'est vrai, mais il en fait des
princesses lointaines, et dont les dehors trahissent leur vocation, qui est de suggérer une singulière manière de réagir
devant le spectacle de l'univers ; nul plus que Hokusaï ne
s'est rapproché en ses croquis de la réalité familière, mais

---

1. Pour comprendre les différentes opérations du tirage à l'aide de
plusieurs blocs, voir « Les états successifs d'une estampe japonaise en
couleurs ». Publication du *Shimbi Shoin*, 1911.

toute sa longue vie est une aspiration vers le beau style des anciens, soit dans le genre *Kwacho*, animaux et fleurs, où il se montre le digne émule des Chinois, soit dans ses paysages qui sont des commentaires de poésies illustres ; Hiroshigé partage le goût de ses contemporains pour les promenades aux sites célèbres du Japon, mais la vraie signification de son œuvre, c'est une certaine image classique de la Nature. Ainsi donc, même chez les artistes qui en apparence se sont les plus éloignés des figures et des décors de convention, reparaît quand même le souci du rêve traditionnel — même chez cet étrange Sharaku dont les sinistres matamores, par des bribes de style gardées au milieu de leur turpitude, laissent voir qu'ils appartiennent à une vieille race de guerriers authentiques.

Jusqu'à la fin de l'École et tant qu'il s'agira des maîtres de l'Estampe, ce sera toujours la même transposition du passé dans des figures et des paysages qui jusqu'alors avaient été dédaignés comme modèles par l'art classique. Naturellement, cette transposition variera avec les tempéraments et avec les temps. Cela veut-il dire que de Moronobu à Outamaro il y ait décadence ? Qu'ils diffèrent, cela est trop clair : un siècle les sépare, un siècle de modes, de mœurs, de techniques nouvelles ; mais la décadence, dans ce pays, où chaque maître de l'estampe réunit des dizaines de disciples et fonde une école, elle est plutôt de chaque grand artiste à sa suite d'imitateurs. Pour les maîtres, alors même qu'ils représentent avec une audace, une exactitude, une liberté croissantes, toujours les mêmes scènes de la vie populaire, l'estampe demeure un art de souvenir, bien plus que d'exécution directe d'après nature. Ses allusions à des poésies, ses illustrations de légendes ; la rapidité des mouvements de ses figures et des « effets » de ses paysages ; certaines bizarreries de construction de ces figures et de ces paysages ; une extrême simplification de la ligne ; un délicieux coloris de

poète : tout prouve que c'est un art de souvenir, mais il est
sans cesse vivifié, renouvelé par un appel incessant à un
énorme répertoire traditionnel.

\* \*

Car, de ce que le répertoire populaire de l'Estampe, —
acteurs, figures de femmes, Yedo et sa banlieue, — allait à
l'encontre des préjugés aristocratiques, il ne suit pas qu'il
n'ait pas été une perpétuelle allusion au patrimoine d'héroïsme, d'esthétisme et de naturalisme sur lequel a toujours
vécu le Vieux Japon.

Les acteurs, c'est l'héroïsme japonais, depuis les exploits
des guerres entre Taïra et Minamoto jusqu'aux récents faits-
divers des grandes routes, — héroïsme naturellement assez
théâtral, tout en forcenés corps à corps précédés de défis
magnifiques ; le Japonais, si modeste et si menu d'habitude, y gonfle ses muscles, ses veines, sa voix, sa mimique,
comme pour effrayer à distance ; lui qui a un sens si fin de
la mesure prend soudain le goût de l'énorme qui éclate dans
ses figures de lutteurs, de bêtes sauvages, et aussi chez les
héros des albums érotiques ; lui à qui plaît tant la douce
lumière du jour, prend plaisir, la nuit venue, à se repaître
de macabre et de monstrueux. Cet héroïsme, quand il est
traduit par des acteurs, à l'adresse d'un public populaire,
s'accompagne sur l'estampe d'une certaine outrance iro-
nique ; néanmoins il représente avec plus de sérieux qu'on
ne croit l'humeur des samuraï. Et à la suite du théâtre
populaire, l'estampe reprend les vieilles légendes des drames
lyriques, des Nô : le courage d'Atsumori, les pieux remords
de son meurtrier Kumagai Naozane qui dépose les armes,
revêt les voiles du moine bouddhique et prie pour le salut de

l'âme de sa victime ; les amours coupables du bonze qui
pour se protéger contre la passion de son amante se réfugia
sous la grosse cloche du Dojoji[1] ; la touchante longévité des
vieux pins de Takasago, figurés par un couple de vieillards[2]...
C'est tout le vieux passé bouddhique qui reparaît, et la poésie qu'il savait tirer de l'instabilité des choses.

Et ce n'est pas seulement les thèmes du répertoire, c'est
encore la traditionnelle simplicité de ses décors que l'on
retrouve sur les estampes. La cloche du Dojoji n'y est qu'une
sonnette ; le pin, près de Michizane, deux branches de
quelques centimètres. Simple indication qui ne veut ni attirer
les regards, ni détourner l'attention, mais simplement mettre
en branle l'imagination. Car la simplicité des œuvres d'art
japonaises n'est qu'apparente. Vous entrez dans une chambre
du château Nijo ou du temple Nishi Hongwanji à Kyôto : elle
vous paraît vide et nue ; vous découvrez un jardin japonais :
de petits arbres taillés, quelques pierres à sec ; vous assistez à
la représentation d'un nô : quelques personnages en costumes
de voyageur, de guerrier, d'esprit ; vous regardez une estampe
de Harunobu : une fillette errant près d'un ruisseau ; une
estampe de Hiroshigé : une averse. Est-ce tout et n'est-ce
que cela ? Mais en ce décor si simple quelle force de suggestion, quelle invite à l'illusion ! Le tort a été d'excepter l'estampe populaire de ce tour d'esprit traditionnel.

Et aussi bien dans les attitudes des belles sur les estampes
que dans les gestes des acteurs de nô sur la scène, c'est la
traditionnelle mimique minutieusement réglée, un peu
guindée en son hiératisme, mais très concentrée : un geste,
un mouvement de la tête ou du bras, suffisent à révéler toute

---

1. Cf. p. 91, les estampes de Harunobu et de Shunsho se rapportant
à cette légende.

2 Cf. deux estampes de Harunobu, C. ii, 33, Jeune homme figurant le
vieux Jo qui recueille avec son rateau des aiguilles de pins sur la grève
de Takasago, et 87, Le vieux couple Jo et Uba saluant le lever du soleil à
Takasago.

FAUCON S'ÉPUÇANT

*Collection Doucet.*

Phot. Longuet.

Pl. II.

L. Aubert. *L'Estampe japonaise.*

la force d'un sentiment : se détachant sur du vide, la moindre inflexion du corps prend une éloquence singulière. Et encore dans la lenteur de la démarche des belles, dans le très léger balancement de leur buste, dans le port de leur tête, dans la fixité de leur regard, dans leur art de soutenir avec leurs bras et leurs coudes l'ampleur de leurs vastes manches et de développer les plis de leurs kimono, dans le léger fléchissement de leurs genoux, dans leurs mouvements sans brusquerie, dans les glissements à plat de leurs pieds sur le sol, on retrouve l'harmonie classique des anciens drames lyriques. Et puis, soudain, par contraste, tout comme dans les nô succède au monologue ou au dialogue, dont les gestes sont calmes et mesurés, la danse rapide, heurtée, bondissante des guerriers ou des esprits, on voit sur les estampes, gagnées par le frémissement des fleurs, des eaux courantes et de la brise, des danseuses ou des acteurs brandir des masques, des chapeaux fleuris, des éventails, et disparaître dans l'échevèlement des voiles et dans le papillotement des fleurs qu'elles agitent [1].

Impassible ou grimaçante, toute physionomie sur les estampes tient du masque de théâtre, vieux masques primitifs d'une fantaisie énorme ou au contraire masques de femmes doucement résignées; car les belles, aussi bien que les acteurs, le plus souvent, y remplissent un rôle; elles figurent des divinités, des empereurs, des sages de la Chine, des personnages historiques ou légendaires, des poétesses illustres, et ce sont encore *les six bras et les six vues de la rivière Tamagawa représentés par des femmes ; Neige, lune et fleurs représentées par des femmes; Femmes représentant les*

---

1. Noter la fréquence des danses chez Matabei et chez ses contemporains, peintres Tosa et Kano: la série *Imayo odori hakkei*, huit danses célèbres, chez Harunobu ; la danse *Shakkyo*, Harunobu, C. II. 142 et 248, et Shunsho, C. II, 470 ; la danse *Sambaso* la danse *Sukeroku* ,Harunobu, C. II, 140 et 143) et plusieurs danses tirées de *nô*, Harunobu, C. II, 112, 127, 128.

*quatre saisons; Femmes représentant les douze heures du jour...*
Cette adaptation de héros ou de scènes du passé à la vie
la plus familière d'aujourd'hui, tous les artistes de l'École
populaire l'ont tentée, chacun à sa manière, Moronobu avec
une certaine gaillardise héroïque, Harunobu avec une
exquise candeur de jeunesse, Kiyonaga avec une noblesse
simple, Outamaro avec un extrême affinement de la sensibilité. Et cette féminisation de la tradition et de toute la
nature parait toute simple au Japon où la Cour, encore
aujourd'hui, selon l'antique coutume, ne confie qu'à des
dames le soin de maintenir les vieux usages, où la langue,
comparée au Chinois, est une langue de femme, où la
richesse japonaise, est pour plus de moitié œuvre de femme,
où l'héroïsme aussi est œuvre de la femme qui élève ses
enfants dans le culte du « bushido » et qui sait être la
compagne du guerrier.

Enfin les héros de l'estampe, ce n'est pas seulement des
guerriers, des acteurs, des jeunes filles et des courtisanes,
c'est aussi certains paysages familiers de Yedo et de sa banlieue : la Sumida ; le pont Riyôgoku ; Shinagawa sur la
baie, le Fuji, le Tôkaidô. A tous, leur rôle est de manifester la beauté des eaux, des ciels, des feux, des terres, exaltée par le sentiment mélancolique qu'elle s'enfuit, éphémère. La Sumida, c'est la volupté des embarquements, la
nuit, sous les feux d'artifice, tandis que ses rives, avec
leurs cerisiers en fleurs, disent la griserie passagère du
renouveau ; le pont Riyôgoku, c'est entre ses pilotis massifs
le jeu furtif de la lune et des lumières dont s'ornent les
bateaux de plaisir ; c'est, le long de son parapet, les belles
regardant couler l'eau ou processionnant aux lanternes ;
Shinagawa rappelle la mélancolie de la lune d'automne ; le
Yoshiwara [1], la tristesse des séparations à l'aube froide après

1. Le Yoshiwara, Harunobu, Outamaro en ont représenté la grande

la nuit d'illusion ; le Fuji, la solitude du sage auprès de qui,
dans la retraite, viennent mourir bruits et mouvements de
la ville; le Tòkaidò est tout en passages d'errants, de voiles,
de nuages, d'averses et d'oies sauvages [1].

Il n'est pas de paysage sur les estampes qui n'ait un
rôle de suggestion. Il suffit de feuilleter les *Trente-Six Vues
du Fuji* de Hokusaï, de noter, dans l'œuvre de Hiroshigé, les
neiges, les averses, les nuits qui dévêtent les paysages de
leur physionomie habituelle et attirent notre regard vers
leurs lointains, pour deviner que ces paysages ont une
arrière-pensée, — l'arrière-pensée du paysage classique dont

rue du milieu, les cages où trônent derrière les barreaux, toutes étince-
lantes au milieu des nattes blondes, les courtisanes que dévorent des yeux
les passants. Hokusaï et Hiroshigé en ont peint les abords le soir et le
matin. Cf. Hiroshigé, pl. XLIV. Entrée du Yoshiwara le soir. — Outamaro,
dans son Annuaire des maisons vertes (Cf. les poésies de courtisanes,
pp. 155 et 167), Hokusaï, dans ses Cent Poésies (V. pl. XLII), et Hiroshigé,
*Toto meisho*, ont représenté la mélancolie de l'aube au Yoshiwara.

1 Les peintres d'estampes sont fiers de Yedo, la ville neuve, surgie du
« champ sauvage de Musashi ». Ils en font les honneurs aux provinciaux.
Mais les sites qu'ils représentent n'ont à leurs yeux qu'un intérêt
saisonnier ; Shighénaga, dans la préface de son livre *Yehon Yedo
miya ghi*, déclare : « C'était un beau spectacle que celui du champ
sauvage de Musashi, quand la lune pénétrait de chaumière en chaumière ; mais une grande transformation s'y est opérée, dans le sens de
la prospérité. On y trouve entre autres choses agréables, propres à
chaque saison, au printemps, la floraison des cerisiers d'Ueno et d'Asuka,
et aussi les promenades de Mimégouri et de Sumida ; en été, la fraîcheur
sur le pont Riyôgoku ; en automne, la lune perçant de ses rayons les arbres
d'Akago, et enfin le saké brûlant du Yoshiwara qui réchauffe le corps en
hiver. Nous avons réuni dans ce livre des dessins représentant les vues
propres à chaque saison et nous l'intitulons « Livre illustré des endroits
agréables de Yedo ». Nous espérons que cette publication plaira aux habitants des autres provinces. » Et de même, Harunobu, dans la préface à la
« Suite des vues agréables de Yedo », qu'il a donnée en collaboration avec
Shighénaga, remarque qu' « il ne convient plus de dire : La lune du
champ sauvage de Musashi ; c'était là une tournure bonne pour l'ancienne
poésie. Aujourd'hui s'élève en cet endroit une ville dont les maisons se
multiplient, et qui réunit un grand nombre d'habitants. Ayant pris des
vues diverses, choisies par toutes les saisons, dans différents quartiers de
la ville, à Ueno, à Asakusa, à Yoshiwara, le peintre Nishimura Shighénaga
en a illustré un livre en trois parties.... Désirant qu'il puisse servir à
l'amusement des enfants, je l'ai revu, complété, ajoutant ce qui y man-
quait... Fait en un jour heureux de printemps, Souzouki Harunobu. » —
(Cité par Pierre Barboutau, *op. laud*).

le vide, la solitude et le brusque changement des apparences ont un rôle édifiant. Et les bêtes et les fleurs, sur les
estampes, reprennent aussi le rôle d'édification qu'elles ont
toujours joué sur les kakémono classiques. Religion d'amour,
prêchant le salut pour tous les êtres, le Bouddhisme, dont
presque tous les rites s'achèvent sur le vœu » que toutes
les créatures, avec nous-mêmes, progressent sur le chemin
du *bodhi* et parviennent au pays de Béatitude », le Bouddhisme avait de longue date inspiré aux Japonais la pitié
pour tous les êtres que le tourbillon de la vie et de la mort
ramène incessamment à l'existence. Pitié, toutefois, mêlée
d'admiration pour ces frères à notre image, aigles armés pour
le combat, cerfs troublés par le désir d'amour à l'automne,
lapins rêvant à la lune... Admiration surtout pour les fleurs,
qui, en leur brusque éclosion, en leur mort soudaine, présentent un raccourci saisissant de notre destinée et nous ramènent, chaque saison, au mystère du passage de la mort à la
vie, de la vie à la mort. Aimer au temps des premières
fleurs de prunier, méditer avec le lotus, tomber en beauté
à la manière des pétales du cerisier, et disparaître en plein
éclat comme les feuilles des érables sur les torrents à l'automne : telle est la sagesse.....

* *

Heureuse ville, heureuse banlieue de Yedo, où régnait entre
l'homme et la nature une si profonde sympathie. C'était déjà
ainsi à Nara et à Kyôto, aux viii⁰ et ix⁰ siècles de notre
ère, alors que le prunier fidèle se penchait sur l'ombre de
Michizane ; c'était ainsi au temps des guerres entre les Taïra
et les Minamoto, quand les guerriers brandissaient entre leurs
lances des branches fleuries ; c'était ainsi au *genroku*, à

l'époque de Moronobu, et ce fut encore ainsi, il y a quelque
dix ans, lors de la guerre contre le Russe, quand les guerriers japonais, bien qu'ils ne portassent plus l'arc des ancêtres, comparaient, dans des poésies qu'on a retrouvées sur
leurs cadavres, leur mort à la chute des fleurs de cerisier[1]...
Elle a de lointaines origines, l'harmonie qui, sur les estampes,
s'établit spontanément entre l'humeur des belles et leur décor
de paysage. Drapées dans leurs kimono qu'envahissent les
herbes, les oiseaux, les eaux courantes, que soulèvent la
brise et l'orage[2], passives elles assistent comme extasiées
à la pénétration de tout leur être par les plus fugaces
aspects du paysage, dont elles ont le charme mobile et fluide.
Et le vide qu'elles entretiennent dans leur vie désœuvrée,
comme avec le dessein que la nature ait le champ libre pour
se mieux manifester à travers elles, on le retrouve aussi sur les
paysages de Hiroshigé. C'est la même docilité en ces sites
familiers, comme en ces figures, à se laisser bouleverser
par une brusque saute de l'atmosphère..... Averses succé-
dant aux coups de vent : on dirait que les paysages, comme
les belles, après avoir étalé en pleine brise leurs grandes
manches en forme d'ailes, les rabattent soudain pour
essuyer leurs larmes.....

Le grand personnage extrême-oriental, le vrai héros de
toutes les estampes et qui explique toutes les affinités entre
les belles et les paysages, c'est la Nature. Quelle nature ?
Le vrai nom de l'École populaire, de l'Estampe, c'est

1. Cf. dans la *Revue de Paris*, du 1er septembre 1905, la traduction de
ces poésies par M. Noël Péri.

2. Noter la fréquence des coups de vent chez les Primitifs (V. pl. v), chez
Harunobu (V. pl. ix et C. ii, 26, 45, 64 : au ciel, le dieu du vent Kagé no
Kami tient une lettre qu'il a arrachée des mains d'une jeune femme ; près
de lui, sur un écriteau, cette inscription : « A partir d'aujourd'hui nous
nous reposerons. » (Kagé no Kami, après avoir bien soufflé pendant les
premiers jours d'août, a moissonné tant de billets doux qu'il a désormais
de quoi lire), 65, 67). Cf. aussi l'orage, chez Kiyonaga, C. iii, 108, et
chez Outamaro.

*Ukiyo-ye*[1] : Matabei, qui en est le père, est appelé *Ukiyo Matabei*. Or, dans le traditionnel enseignement bouddhique, *Ukiyo* signifie : monde d'illusion, monde éphémère et douloureux (*Uki*, le douloureux ; *yo*, monde). Pendant des siècles, l'âme japonaise a frémi au son de ce mot qui revient comme un murmure tenace dans les lamentations de la poésie classique, et que l'on retrouve dans les *hakkaï*, courtes poésies si populaires au temps de l'Estampe. Et sans doute quand il désigne l'École populaire, *Ukiyo* ne garde pas le sens de monde qu'il faut haïr et fuir pour s'affranchir des passions, causes de la douleur en cette vie et dans toutes les vies où les êtres renaissent sans fin ; il signifie : le monde d'aujourd'hui, presque le monde à la mode, mais avec cette arrière-pensée que bien qu'il faille y vivre on en sent tout de même depuis des siècles le caractère éphémère et douloureux. Accommodement à l'inévitable, résignation souriante devant la nature impersonnelle et colossale, extase devant les phénomènes qui en révèlent le mieux le caractère passager, et toujours pitié, sympathie (*aware*), voilà le cœur du Japon.

L'ère des Tokugawa, à partir du xviiᵉ siècle, fut auprès

---

1. « L'expression *Ouki-yo-é* peut se comprendre de plusieurs manières : le premier caractère, *Ouki*, signifie à la fois : flottant, qui bouge, va, passe ; en un mot, qui vit ; le second, *yo*, veut dire : mœurs, coutumes ; enfin le caractère *yé* ou *é* représente les mots : dessin, peinture. Cet ensemble peut se traduire : peinture des mœurs, des coutumes existantes, de la vie qui passe: si l'on veut : image de la vie réelle. On pourrait donc appeler ce genre ou plutôt cette école, école réaliste ». Pierre Barboutau, *op. laud.*

Réaliste, soit : mais ce mot déjà obscur quand on l'applique à un artiste d'Occident, que signifie-t-il quand on s'en sert pour définir l'Estampe ? Pour imaginer la « réalité » que ces estampes « réalistes » ont voulu représenter, je crois nécessaire de donner à *Ukiyo* le sens traditionnel qu'il a toujours eu dans l'art et la poésie. son sens fort et primitif de monde éphémère, de monde d'illusion. Telle est l'image millénaire de la « réalité » au Vieux Japon. et qui ne pouvait pas ne pas se retrouver, au moins en partie, sur l'Estampe. — Dans les biographies des peintres chinois (cf. H. A. Giles, *An Introduction to the History of Chinese Pictorial Art*) à tout propos, on note avec admiration que leurs peintures étaient des poèmes, qu'ils cherchaient l'inspiration dans l'ivresse ou dans la retraite au bord des fleuves, en pleine forêt. sous la neige, au clair de lune. La « réalité », dans l'art extrême-oriental, ressemble étrangement à ce qu'est pour nous le domaine du rêve.

des lettrés et des nobles une période de grande faveur pour
les idées confucianistes qui ne visaient qu'à organiser solidement la société selon les cinq relations ; mais le peuple
resta fidèle aux idées ancestrales.

La vieille culture bouddhique, il continua de la retrouver
partout, dans les temples des faubourgs populaires, dans
les sanctuaires épars autour des villes, dans les lieux de
pèlerinages au milieu des arbres, près des cascades, et
surtout dans les saisons, dans les heures qui passent si capri-
cieuses en ce pays changeant, car il y avait des siècles
que la Doctrine ouvrait les yeux de cette race sur l'im-
permanence de l'univers, qu'il lui démontrait que tout
ce qui arrive en cette vie, tout ce qui arrivera dans les vies
futures est la conséquence du *Karma*, d'une existence antérieure, et cela indéfiniment jusqu'à ce que, détaché de l'illusion, on s'évade de la voie des Asuras ; il y avait des siècles
qu'il s'apitoyait sur la fragile beauté des femmes tombant
dans l'oubli après avoir été fêtées, sur l'inconstance de
l'amour, sa cruauté, ses vengeances posthumes quand, sur-
vivant sous forme de fantôme, il s'empare de l'amant infidèle et le torture[1] ; il y avait des siècles que le bouddhisme
enveloppait ce monde de douleur d'un grand filet de misé-
ricorde, qu'il ramenait toujours les yeux de ce peuple sur les
plus poétiques images de l'instabilité, perles de rosée sur une
liane, feuilles frémissant au clair de lune, herbes arrachées

---

1. Voir dans le Bulletin de l'École Française d'Extrême-Orient, Tome XIII,
n° 4, 1913, la traduction par M. Noël Péri de deux *nô*, *Sotoba Komachi* et
*Aya no Tsuzumi*, qui mettent en scène la vengeance posthume de l'amour
méconnu. L'héroïne du premier de ces nô est la poétesse Ono no
Komachi, célèbre pour sa beauté, fêtée à la cour de Kyôto au IX° siècle,
puis qui connut la vieillesse et l'oubli. L'esprit de celui qu'elle a repoussé
jadis s'empare d'elle et, par sa bouche, nous raconte le passé — Harunobu
a publié une série d'estampes *Furyu Nana Komachi*. Les sept attitudes de
la poétesse Ono no Komachi, cf. C. II, 4, 22, 81, 82 (cf. aussi Masanobu, C.
I, 184). Harunobu a aussi représenté des fantômes d'amoureuse, C. II, 47, et
une scène d'envoûtement tenté contre son amant par une femme jalouse,
C. II, 138.

à la rive et que le courant entraîne, bandes d'oiseaux de mer qui passent en criant, fleurs de convolvulus et chants de cigale qui ne durent que quelques heures, jours se pressant comme les tintements des cloches le soir, tristesse de l'automne, douceur du printemps, terreurs de l'ombre au creux des montagnes, brocart des feuilles d'érables sur les eaux; il y avait des siècles qu'il montrait dans les fleurs du printemps se haussant jusqu'à la cime des arbres une invite à chercher l'illumination qui élève, dans le reflet de la lune d'automne descendant au fond des eaux une image de la conversion des êtres.....

Ces thèmes traditionnels, modulés pendant des siècles sur le mode mineur, les voici transposés par l'estampe en un ton moins mélancolique... « Images de femmes de ce monde éphémère », disait Moronobu de ses modèles. Ce monde éphémère dont les belles des estampes sont de si gracieuses images, la conception en est venue, au Japon, de l'Inde en passant par la Chine. C'est un compromis de taoïsme, — vieille philosophie chinoise qui, avant le bouddhisme, prêchait la relativité des apparences, le détachement de la vie active, l'entretien du vide en soi, pour y préparer les voies à la révélation du *tao*, principe impersonnel, indicible, immanent à l'univers, — et de bouddhisme, qui, lui aussi, détachait de la vie, dispersait le monde solide en une fumée d'apparences, et, douant bêtes, plantes, fleurs, pierres, cailloux d'une destinée douloureuse, joignait aux raisonnements taoïstes une vive sympathie pour la nature entière. De ce mélange de taoïsme et de bouddhisme, tel qu'il fut réalisé dans la poésie et l'art des Tang, puis des Song, est sortie la philosophie extrême-orientale de la nature ; cette philosophie, en réaction contre la positive doctrine de Confucius, organisatrice des sociétés selon les règles des cinq relations, conseilla toujours l'évasion hors du monde, la retraite en pleine nature, l'ouverture des sens et de l'esprit à toutes les

MORONOBU

Phot. Longuet.

L. Aubert. L'Estampe japonaise.

CHEVAUCHÉE D'AMAZONES

Collection Vever.

Pl. III.

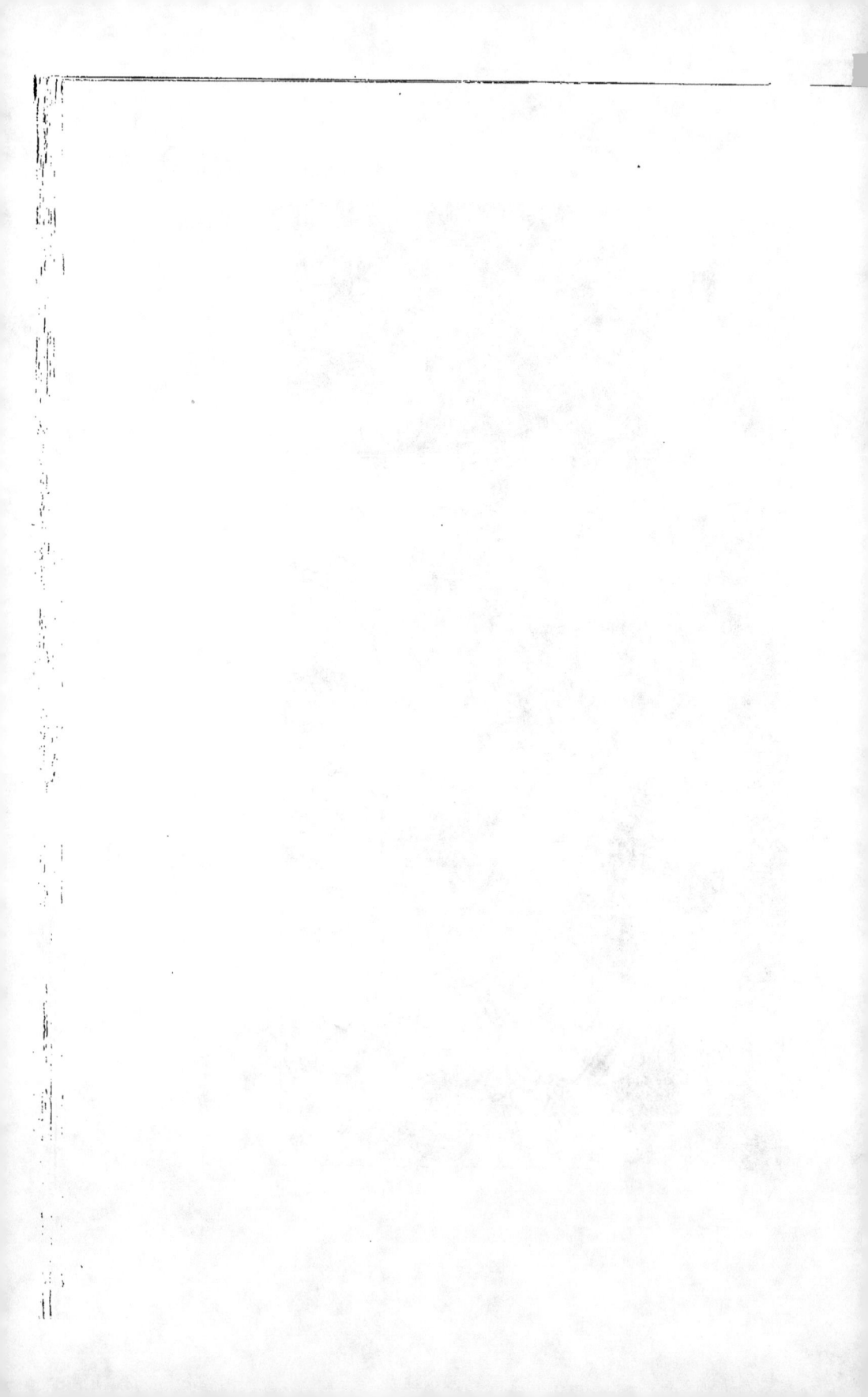

apparences symboliques de la vraie réalité, et dans le vide de cette existence de retraite et d'abstraction une parfaite souplesse à suivre le rythme de l'univers [1].

Au Japon une telle sagesse, après avoir inspiré la poésie et l'art classiques, pénétra petit à petit l'âme du peuple. La sensibilité et l'art du Yamato avaient toujours été dociles aux enseignements de la secte Zen, qui tempérait les austérités du bouddhisme et admettait comme des approximations de la sagesse les divertissements esthétiques (pratique de la poésie, contemplation d'œuvres d'art, cérémonies de thé) où l'esprit s'affinait à méditer sur l'Illusion. Naturellement les images de ce monde éphémère ont sur les estampes des dehors détendus et souriants, s'adressant au peuple qui n'avait ni le loisir de se retirer du monde pour méditer, ni le goût de vivre dans un monde d'abstractions, à l'imitation du sage traditionnel que les paysages classiques de la Chine et du Japon représentent méditatif et solitaire, ni la permission de déserter le rang où la règle chinoise des Tokugawa le rivait dans la société étroitement hiérarchisée. Tout de

1. M. W. G. Aston, dans son *History of Japanese Literature*, a traduit un célèbre *haibun* (composition en prose qui vise, comme le *hakkai*, courte poésie, à suggérer beaucoup en peu de mots), dont l'auteur, Yokoï Yayu, vivait au XVIIIe siècle : « Un vase en terre, qu'il soit rond ou carré, essaye d'adapter à sa propre forme ce qu'il contient : un sac n'insiste pas pour garder sa forme propre, mais se modèle sur ce qu'on y met. Plein, il dépasse les épaules des hommes, vide, il se plie et se cache dans leur sein. Comme le sac de toile qui connaît la liberté de la plénitude et du vide doit rire du monde que contient le vase.

> « O toi, sac
> De lune et de fleurs
> Dont la forme est toujours changeante ! »

C'est-à-dire, selon le commentaire de M. Aston, combien il est meilleur d'abandonner nos cœurs aux influences multiples de la nature qui nous entoure, comme la lune et les fleurs qui changent sans cesse d'aspect avec le temps et les saisons, plutôt que, concentré sur soi, d'essayer de rendre tout conforme à notre étroite mesure !
Cet éloge du vide et de la souplesse, inspiré par les idées taoïstes, convient aux belles et aux paysages de l'Estampe, parfaitement dociles à se modeler, selon les heures et les saisons, sur les aspects de l'Univers qui les pénètre ou les envahit.

même, l'*Ukiyo-ye* reste dans la tradition de l'art classique; il est un affranchissement de la vie sociale, une évasion vers le rêve en plein air.

C'est un art urbain; mais, jusque dans Yedo, le paysage vient solliciter le Japonais campagnard toujours prêt à reprendre la route pour le pèlerinage ou pour la flânerie, avec cette conviction que « les joies que l'on tire de l'amour des fleurs ou de la lune, de la contemplation des collines et des cours d'eau, des murmures dans la brise, des regards qui suivent avec envie le vol des oiseaux, que ces joies sont d'une nature douce, qu'on y peut trouver tout le long du jour ses délices, sans en éprouver aucun mal »[1]. Il a le goût sain de la nature non asservie, la curiosité de surprendre à leur insu bêtes rôdant en quête de nourriture et d'amour par les champs et par les eaux, fleurs se détachant sur le vide du ciel et dialoguant à la muette avec les paysages et les oiseaux : pin, prunier et rossignol formant une heureuse triade; neige, lune et fleurs qui sont inséparables, ainsi que le moineau et le bambou, le rossignol et le prunier. Et les femmes que le Japonais adore sont des beautés des villes, dont les divertissements sentent les fleurs et l'air marin. Sur les estampes, en des paysages mi-sauvages, mi-apprivoisés, de volcans, de rocs, de cascades, de golfes déserts, où, tout à coup, sur un lambeau de rizière, sur une bonne place de pêche, pullulent de petits hommes, voici ces femmes qui errent, princesses lointaines, mi-sauvages, mi-apprivoisées, tenant leur cour avec des piétements de fougueuse petite bête dressée, mais non soumise. A tous moments, voyez-les déserter la fête qui se poursuit joyeuse dans la maison de thé, pour contempler, un instant solitaires, un lointain où se lève la lune; et dans ce pays de stricte poli-

---

1. Extrait d'un traité sur la philosophie du plaisir par Yekken (fin XVIIe siècle). Aston, *op. laud.*

tesse, observez avec quelle brusquerie, sur les estampes de Hiroshigé, les paysages qui faussent compagnie aux petits hommes pour s'envelopper de neige, d'averse ou de nuit... Perpétuelles invites, par delà les spectacles familiers, à rejoindre le rêve millénaire du monde éphémère qui de toutes parts enveloppe la vie quotidienne et la pénètre.

*
* *

Parlant des paysages de Hokusaï, « si éloignés des songes, de la vision de l'atmosphère, de la douce contemplation du grand art de la Chine », M. Laurence Binyon[1] déclare que l'esprit japonais en son fond est plus spirituel que poétique, que Hokusaï était un vrai Japonais, et que c'est « la franche et joyeuse acceptation du monde comme il est qui a valu à Hokusaï l'admiration de l'Europe moderne ». Nous dirons, au contraire, que l'estampe paraît témoigner, chez le Japonais, du désir d'être ému, encore plus que d'être distrait, de rêver plutôt que de rire, d'un attrait plus vif vers le côté mélancolique de la vie que vers ses aspects plaisants. Nul art n'a jamais été plus poétique : « un poème est une peinture avec une voix ; une peinture est un poème sans voix », dit un proverbe japonais ; les peintres de l'estampe ont composé des poésies, ont commenté des poésies que tout le peuple savait par cœur et dont quelques-unes sont antérieures à nos plus anciennes chansons de gestes. En nul pays le passé poétique n'est aussi vigoureusement populaire qu'il l'est encore au Japon : une anthologie réunie par le poète Teïka, dans la première moitié du XIIIᵉ siècle, connue sous le nom de *Hyakuninn-isshu*, Uta des Cent Poètes, est un

1. *Painting in the Far East.*

recueil de cent poèmes minuscules qu'on apprend par cœur
dès l'école ; d'innombrables éditions en ont été publiées, des
éditions avec commentaires, des éditions sur cartes volantes
qui servent à des jeux de société; Moronobu, Shunsho,
Hokusaï les ont illustrées ; un exemplaire du *Hyakuninn
isshu* fait partie obligatoire du trousseau de l'épouse. C'est à
travers ces trois mille et quelques syllabes que le Japonais
voit l'univers ; or elles datent des VIII\ :sup, IX\ :sup, X\ :sup siècles, des
siècles de grande culture bouddhique, des siècles de Nara,
de Kyôto où la splendeur de cette culture éclate encore
dans tous les monuments du passé : elles rendent toutes
un son mélancolique, un murmure résigné de regrets, de
désirs, de pitié pour la nature entière, mêlé à des tableaux
de nuages courant sur la lune, d'oiseaux filant à tire d'aile,
de vent d'automne étalant les feuillages rougis sur les
rivières ; elles témoignent d'une ardeur à aimer et à vivre
qu'attise la prescience de la fin prochaine. Et ce sont ces
sentiments raffinés qui, au temps de l'Estampe, inspiraient
les *hakkaï* de dix-sept syllabes que tout le peuple connais-
sait, admirait, imitait, et ce sont eux encore aujourd'hui qui
mènent les foules japonaises aux cerisiers de Yoshino, aux
érables de la rivière Tatsouta, là-bas, dans le Yamato, célé-
brant la beauté de l'heure brève par des poésies de dix-sept
ou trente et une syllabes qu'elles suspendent aux arbres...

L'Univers s'écoule, entraînant avec lui les fleurs de cerisiers,
les feuilles d'érable, l'eau du torrent, la bravoure des guerriers et la beauté des belles. Les individus passent, mais les
espèces se réincarnent indéfiniment en de nouveaux individus ; les paysages eux aussi se dissolvent, mais leurs « beautés » subsistent, les « Six Beautés de la Tamagawa », les « Huit
vues d'Omi », les « Trente-six vues du Fuji », les « Cinquante-trois étapes du Tôkaidô », les « Trois capitales »,
les *San Kei*, les « Trois fameux sites de l'Empire », et les
*Sandai-ka*, les « Trois illustres rivières ». Tout est éphémère,

mais sont éternelles en cette race de conservateurs impressionnistes ses réactions devant l'éphémère, ses traditionnelles
catégories de pensées et de sensations. Ce qui dure, ce n'est
ni l'individu, ni l'univers, c'est une attitude notoire devant
ce monde d'illusion, attitude singulière, historique, qui pour
sa crânerie ou sa subtilité mérite de ne pas mourir, de devenir un réflexe de la race. La nature, alors, telle que ce peuple
l'imagine, ce sont les aspects de l'univers distingués, au
cours des siècles, par des yeux et des cœurs habitués à percevoir des phénomènes révélateurs de ce monde d'illusion,
phénomènes remarquables par tel sentiment qu'ils ont évoqué, par tel geste qu'ils ont provoqué, désormais, à jamais
et pour des foules entières, évocateurs du même sentiment,
provocateurs du même geste. Sur le lac Biwa, les clairs de
lune d'automne, les couchers de soleil, les escadrilles de
voiles, les files d'oies sauvages, la brise, les neiges, les pluies
nocturnes et les sons de cloche crépusculaire passent et
s'évanouissent depuis des siècles ; mais ses huit beautés
demeurent, les huit catégories d'émotion, empruntées à la
tradition chinoise, localisées jadis en huit de ces sites japonais et qui, depuis, toujours célébrées aux mêmes endroits
par des générations, ont par analogie ouvert d'autres yeux
sur d'autres beautés semblables, indéfiniment : la lune
d'automne vue d'Ishiyama ; le coucher de soleil à Seta ; les
barques revenant de Yabase ; les oies sauvages s'abattant
sur Katata ; un ciel clair avec de la brise à Awasu ; la neige
le soir sur Hirayama ; la pluie nocturne à Karasaki ; la
cloche du soir à Miidera. Un site n'est pas célèbre en toute
saison : dans la banlieue de Yedo, le sanctuaire de Benten
sur le lac Inokashira est fameux par la neige ; le village
de Shinagawa l'est par la lune d'automne ; Mukojima sur la
Sumida, par ses fleurs de cerisier. De même le chant des
pluviers ramène immanquablement l'imagination à la rivière
Tamagawa, l'éclat sanglant des feuilles d'érables à la rivière

Tatsuta, près de Nara ; la gaze rosée des cerisiers à la colline de Yoshino, que, sous les fleurs, traditionnellement on croirait couverte de neige ou enveloppée d'un nuage. Le lac Biwa, les rivières Tamagawa et Tatsuta, la colline de Yoshino, et tous les paysages qui leur ressemblent dans le Japon plus neuf de l'Est, voilà le monde du Japonais, et la *bijin* qui frémit au spectacle de ces sites éternels, parce qu'éternellement suggestifs d'éphémère ; le guerrier qui leur emprunte des exhortations à mourir en beauté, voilà ses héros. — Et les heures chaque jour ; les jours chaque saison ; les saisons chaque année ; les années au cours d'une même vie, ramènent les mêmes beautés, découpent dans l'écoulement des choses, sans commencement ni fin, des cycles, des retours[1], et alors le même passé anime les mêmes gestes et

---

1. Noter la fréquence dans le répertoire des peintres de l'Estampe des *go-sekkou*, les cinq vieilles fêtes populaires, points de repère fixes au cours de l'année. Kiyonaga a publié une série, *Kodakara gosetsu asobi*, Jeux d'enfants pour les Cinq festivals. — C'est d'abord la fête du nouvel an et ses préparatifs : nettoyage et décoration des maisons ; pesée du riz pour les gâteaux ; présents aux domestiques (cf. Outamaro, C. iv, 122, Nettoyage d'une maison du Yoshiwara avant le jour de l'an, et *passim* son Album des maisons vertes). Le matin du jour de l'an, point de nettoyage par crainte qu'on ne balaye la chance. La porte est flanquée de pins, tendue de cordes, ornée d'images de langoustes, symboles de vieil âge. Et puis ce sont les visites, et aussi des danses (cf. Harunobu, C. ii, 15, Assemblée de taiyu et de geisha dansant la danse Manzaï au nouvel an ; 250, Jeune femme faisant danser son singe au jour de l'an) ; et tout ce que l'on fait, tout ce que l'on voit en ce jour prend comme un lustre de nouveauté et de fraîcheur (cf. Harunobu, C. ii, 96, *Hatsukoi*, premier amour : au matin du jour de l'an, deux jeunes amoureux tirent de l'eau d'un puits). — Peu après le premier jour de l'an, le 7ᵉ jour du 1ᵉʳ mois, on va cueillir dans les champs « les jeunes légumes », *waka na*, émergeant de la neige, et aussi les *nanagusa*, les Sept herbes du printemps (cf. Harunobu, C. ii, 92). — Le 3ᵉ jour du 3ᵉ mois, c'est la fête des fillettes, de toutes les fillettes, car il n'est pas de fête individuelle au Japon, la fête des poupées (cf. Koriusaï C. ii, 326). — Le 5ᵉ jour du 5ᵉ mois est la fête de tous les garçons, qui reçoivent des flèches, des arcs et surtout des carpes en papier qui leur apprendront à remonter le courant, en cas d'adversité. — Le 7ᵉ jour du 7ᵉ mois, c'est la fête de Tanabata chère aux amoureux : la jeune tisserande (l'étoile Vega de la Lyre), grâce à un pont de célestes pies entrecroisant leurs ailes par-dessus la rivière céleste (la voie lactée), reçoit la visite de son époux le Bouvier (étoile de la constellation de l'Aigle), dont elle a été séparée par l'Empereur du ciel parce qu'elle avait négligé de tisser les voiles des divinités. Cf. Harunobu, C. ii, 30. — Enfin, le 9ᵉ jour du 9ᵉ mois, c'est la fête

les mêmes imaginations, de génération en génération, sans
que cette civilisation de formes pourtant aussi arrêtées que
les civilisations de l'Islam ait jamais perdu son frémissement
initial.

Rien de limité à l'immédiat, à l'individuel comme chez nos
gens d'Europe qui regardent la nature surtout pour la modifier ;
tout, au contraire, appartient à l'espèce invariable et participe de sa durée en ces héros de l'estampe qui sont surtout
des contemplateurs. Et comme l'on comprend le peu de
souci qu'a cet art, de peindre très exactement femmes et
paysages, dans toutes leurs singularités, d'en laisser le portrait le plus individuel qu'il se puisse ! L'espèce pin, l'espèce
bambou, l'espèce prunier, l'espèce bijin, suffit à suggérer le
souvenir de telle émotion, de tel geste traditionnel. Ces gestes
d'autrefois s'incarnant dans des formes toujours jeunes, voilà
le vrai sujet de l'estampe, et l'on comprend que de saisir
une ressemblance personnelle quand ils peignaient une belle,
ait paru secondaire à Harunobu, à Kiyonaga, qui nous ont
laissé, chacun à plusieurs centaines d'exemplaires, le portrait du même type de femme, et aussi qu'ils aient peu
varié leurs thèmes et que souvent ils les aient traités si
brièvement : ils s'adressaient à un public averti, quoique
populaire ; et telle de leurs allusions à une attitude de la
poétesse Ono no Komachi, par exemple, était tout de suite
comprise. Art elliptique, impersonnel, tout en intentions
secrètes et en allusions, et qui jamais ne s'est intéressé à la

des chrysanthèmes : on va voir les fleurs de grand matin sous les nuées
qui menacent et alors que les pétales sont trempés de rosée. Cf. Kiyonaga,
C. III, 103, Enfants jouant avec des chrysanthèmes le jour de *Kikku no
kekku.* — Cf. aussi la planche au dos de la couverture de notre livre :
chrysanthèmes roses, violets, oranges dans une jardinière en porcelaine de
Chine, bleue et blanche. — Noter aussi la fréquence des estampes-calendriers, Cf. Harunobu, C. II, 24 : les plis du kimono de Shoki, qui porte sur
son dos une jeune femme, sont des chiffres qui désignent les douze mois
de l'année, et C. II, 34 : les lignes du kimono de Daruma, marchant sur
les flots, une jeune dame sur son dos, dessinent les chiffres des mois.

réalité individuelle pour elle-même, mais seulement dans
la mesure où elle manifestait en son charme éphémère une
éternelle « beauté » traditionnelle. A ce conservatoire de
gestes, d'attitudes, d'émotions provoqués jadis par le spectacle de l'univers qui s'écoule, ce fut la nouveauté de
l'Estampe de faire des emprunts à propos de la vie de tous
les jours.

Dès lors on s'explique les traits impersonnels, les dehors
étranges des belles, leur amincissement jusqu'à la transparence, le vide de leur vie, leurs sens tendus vers l'au-delà :
être sensible au monde des apparences tels que l'ont décrit
les sages et les poètes, n'être sensible qu'à ce qui passe,
sacrifier tout pour se préparer à ne réfléter que cela : c'est
une vocation. Et de même que la *bijin* reflète docilement
l'aspect passager du paysage, le paysage est lui aussi docile à
se laisser tout à coup envahir par un brusque phénomène
naturel. Les images des belles, si elles avaient été des portraits de courtisanes destinées à un public populaire désœuvré
et débauché, n'eussent été que caricatures : toutes auraient
ressemblé aux femmes de Sharaku. Figures d'une certaine
philosophie traditionnelle, elles ont, au contraire, malgré
leur simplicité, un naturel, un halo de prêtresses, d'initiées.
Les belles du Yoshiwara et les sites de Yedo, esquisses parfaitement justes du vieux Japon, si justes qu'encore aujour-
d'hui on ne peut s'empêcher de le voir à travers elles, sont
nimbés sur les estampes de l'éblouissement des grands rêves
asiatiques, auréolés de féerie.

Jamais la femme et la terre du Japon n'avaient été
aussi exactement portraicturées : c'est bien les travaux,
les divertissements de la femme japonaise, ses dehors effa-
cés, sa douceur précieuse, ses jolis gestes instinctifs et son
humeur un peu inquiète, c'est bien là cette terre japonaise
si enveloppante, si douce aux hommes, si sociable et pourtant toute en brusques revirements, en sautes d'humeur

Phot. Longuet.

L'ACTEUR NAKAMURA SENYA DANS UN RÔLE DE FEMME

*Collection du Pré de Saint-Maur.*

Pl. IV.                                        L. Aubert. *L'Estampe japonaise.*

sauvage. Par delà l'incomparable document d'ethnographie, nous voici entraînés vers des sensations subtiles et complexes : une extrême acuité et justesse de vision, un perpétuel frémissement quasi immatériel, la hantise de la destinée mêlée à la moindre sensation de nature, un ton de légende, de poésie, une souveraine aisance à alléger et à activer notre monde trop pesant et trop lent, un art magique pour dire l'essentiel à cœur ouvert.

Et puis nous voici tout naturellement menés vers des intuitions qui, dans nos âmes, ont été étouffées par d'autres manières exigeantes de penser. L'exquise impersonnalité extrême-orientale trouve sa récompense dans l'intelligence subtile et charmante qu'elle donne à l'homme de la nature entière. Les estampes, cela passe devant nos yeux d'Occidentaux, avec l'élan des oies sauvages en plein vol, cela ruisselle de clartés comme un cerisier qui s'effeuille, cela vous inonde de lumière comme un clair de lune, cela vous fait sentir à pleines narines l'air salin, l'odeur chaude des pins, la verdure sous la pluie d'été, et c'est la rage de l'averse, le bondissement des chevaux, le coup de queue des carpes, l'œil morne des poissons rôdant entre les herbes des rivières, les gentillesses du martin-pêcheur en plein ciel sur la branche, au-dessus de l'eau qu'il surveille, et c'est encore les hésitations de biche et de mante religieuse qu'ont les belles d'Harunobu et d'Outamaro : bêtes heureuses, libre végétal, torrents non captés, épanouissement total de l'instinct à l'air pur, murmures, couleurs, mouvements auxquels nous ne sommes pas habitués.

Enfin, ces décors de fantaisie, simples prétextes à un éphémère élan poétique, ces paysages, dont le vide, entre leurs premiers plans familiers et leurs lointains brumeux, invite notre émotion à les envahir ; ces figures dociles à suivre le rythme de la nature et légères à flotter entre ciel et terre, selon l'exemple de ce sage taoïste qui ne s'aperce-

vait pas que le vent fût violent, étant le vent lui-même ; le
sens exquis du relatif chez ces belles qui retrouvent une saison dans une fleur, un site sauvage dans un jardin de quelques pieds, la tradition dans un geste de tous les jours ;
leur goût d'embellir la vie d'harmonies d'art ou de nature,
plus fort que leur goût de la vie même, — quelle haute spiritualité en la moindre de ces estampes !

L'univers qui intéressait le peuple de Yedo dans les siècles
où il vivait reclus, en marge du monde, tournait toujours
dans le même cycle d'occupations , de divertissements,
mais les grandes forces de la nature, un large courant de
vie instinctive, et un élan continu de lyrisme apparaissent
à travers les paysages, les fleurs, les belles et les bêtes des
estampes en traits si justes, si émouvants, que les Maîtres
de cet art, ces soi-disant observateurs terre à terre, ces
amuseurs de la canaille, après avoir enchanté leur public du
Japon deux siècles durant, ont conquis depuis un demi-siècle
l'admiration de tous les artistes occidentaux. Elles n'auraient pas ainsi rayonné sur le monde, ces modestes estampes
des quartiers populaires, si elles n'avaient pas concentré
tant de vieux rêves ardents en un si beau style traditionnel !

⁂

Il faut partir de cette idée du monde éphémère pour comprendre l'Estampe qui en est l'image. Voilà la vraie réalité
qu'elle vise toujours à suggérer à travers les tableaux de
la vie de tous les jours. Les Primitifs nous font saisir le lien
entre l'esthétisme et la bravoure au Japon ; Harunobu, c'est
la tradition féminisée en la personne d'une fillette ; Kiyonaga
est le créateur de la courtisane princesse, l'artiste qui a
épuré le beau style des Primitifs, le style du théâtre clas-

sique. Outamaro est avec Harunobu le plus grand poète de
la femme « image du monde éphémère » ; nul n'a été plus
loin que lui dans la suggestion d'un monde d'illusion.
Hokusaï, c'est la force de l'univers, lançant les vagues à
l'assaut des rocs, faisant bondir les bêtes et les hommes,
ruisseler les cascades ; Hiroshigé, c'est le monde éphémère
même en ses aspects jugés révélateurs par les traditions
millénaires.

Les peintres de figures ne sont venus à la vie de tous les
jours, aux professions et aux métiers définis, aux figures sur
lesquelles on pouvait mettre des noms, que petit à petit et
sans jamais rompre avec la légende ; mais en même temps
qu'ils représentaient la tradition sous des dehors de plus en
plus familiers, ils s'écartaient de plus en plus de la réalité
immédiate pour inventer un type de femme qui fût parfaitement à l'image de ce monde fugitif : depuis Moronobu, la
Japonaise, courte et trapue, allait s'allongeant, s'amincissant, s'effilant, s'assouplissant sur les estampes, se modelant sur son rôle qui était de percevoir de plus en plus subtilement l'*ukiyo*.

L'estampe n'est venue aux paysages qu'après plus d'un
siècle consacré à la figure. Paradoxe que cette apparition tardive alors que, dès l'origine, sur les estampes, le paysage, en
son frémissement d'eau courante et d'arbres en fleurs, s'harmonise avec l'inquiète sensibilité des belles chasseresses
d'images symboliques... Si l'École populaire a été plus lente à
suggérer l'image du monde d'illusion à travers un paysage de
Yedo et de sa banlieue qu'à travers une courtisane, c'est peut-
être à cause du respect traditionnel à l'endroit du paysage
lieu de retraite et de méditation, loin du monde poudreux,
et que les hautes émotions philosophiques et morales, que
l'on était habitué par l'école classique à chercher dans la
nature, paraissaient difficiles à évoquer à l'aide de sites
que le peuple avait chaque jour devant les yeux.

Sur l'estampe, le paysage affirme toujours son caractère surhumain : il taquine gentiment les belles avec ses coups de vent et ses averses, mais toujours il est la force qui les anime, qui les domine. Il est encore d'humeur familière sur les sourimono de jeunesse de Hokusaï, où flâneurs et artisans prennent la vie doucement dans un décor paisible et modéré, et dans les Trente-six vues du Fuji où le volcan joue avec les petits bonshommes ; mais aussi comme il sait brusquement leur fausser compagnie et se replier dans la solitude ! M. Raymond Kœchlin, dans son introduction au catalogue d'Hokusaï, s'est étonné de la disproportion de l'homme avec le paysage dans les Trente-six vues : « Que nous importe, dit-il, devant la masse immense du Fuji, ce paysan qui court comiquement après son chapeau et ses papiers emportés par le vent ? On pourrait imaginer, il est vrai, quelque idée philosophique en cette disproportion ; nous voyons mal toutefois Hokusaï se plaisant à illustrer des thèmes tels que la petitesse de l'homme en face de la grande nature, et il semble plutôt qu'ici son génie se soit trouvé à court. Il n'a pas su agrandir le style de ses figures, comme il avait agrandi celui des paysages, et même, peut-on le dire ? il l'aurait plutôt rétréci. » Toutefois, comme M. Kœchlin note lui-même que dans les *Dix Poètes* Hokusaï a su trouver « l'équilibre entre les paysages et les figures », c'est donc bien de propos délibéré et non par impuissance que Hokusaï a rétréci la taille des personnages des Trente-six vues. Il a voulu exalter l'immobile omniprésence de la montagne au-dessus de toutes les agitations humaines, figure de sage qui condescend parfois à se mêler de loin à la vie éphémère, mais qui garde son quant à soi, face à face avec la nature dans la solitude, le vide, le silence. Les bonshommes, ils sont là pour souligner, par le contraste de leur chétive petitesse et de leur dévote admiration, la grandeur surhumaine du volcan, qui en même temps qu'un brave citoyen de Yedo sait être un dieu.

Et si Hokusaï, par exception, a grandi ses figures dans les paysages des *Dix Poètes*, c'est qu'autant que la scène d'où avait jailli la poésie, il convenait qu'il représentât le poète lui-même ; mais c'est une exception, et les personnages des *Cent Poésies* redeviennent tout petits. Au reste, voyez les kakémonos chinois ou japonais : du vide, de la solitude, des brumes, d'où surgissent des montagnes énormes, et, aussi perdu qu'un brin d'herbe dans une anfractuosité de roche, le contemplateur en extase. Enfin sur les estampes de Hiroshigé, où le paysage du Japon perd si souvent sa très exacte physionomie familière, pour revêtir les philosophiques apparences du paysage classique, les personnages sont encore plus petits et plus humbles que chez Hokusaï.

Souligner l'effacement des belles devant l'univers qu'elles reflètent, rétrécir la taille des hommes dans les paysages a toujours été la tendance des artistes extrême-orientaux. Nous touchons ici à une idée fondamentale de la pensée asiatique. La réalité, c'est la Nature, dont l'homme ne pense pas qu'il est le centre. Il s'efface, il se soumet, il admire : des images de l'écoulement universel il fait des symboles de sa destinée. Voyez encore aujourd'hui le Japonais du peuple devant des cerisiers en fleurs, ou des érables en feu ; il est joyeux et dévotement grave : de plain pied avec la nature qui lui est douce et familière, il la sent pourtant écrasante et soudaine en ses variations, et brutale et cruelle ; il cueille la fleur qui s'offre, jouit de sa beauté passagère et pour le reste se résigne, reprenant ainsi les gestes de ses arrière-grands-pères des âges classiques, de ses grands-pères et pères des estampes, — gestes qui, malgré l'évanescence de ce monde d'illusion, donnent la chance de survivre dans le souvenir des générations.....

Authentique école populaire, par son public, ses artistes
et leur répertoire, l'Estampe a pourtant des origines aristocratiques et académiques ; toute en dehors familiers, elle a
vécu d'allusions au traditionnel monde éphémère qui de
toutes parts perce à travers la réalité quotidienne. En
ces îles japonaises à l'abri des influences étrangères, il y
avait alors une civilisation fortement organisée autour
d'idées très simples, mais qui allaient loin dans l'interprétation de la vie, de l'univers, de la place de l'homme dans
le monde ; et c'était un patrimoine commun à toutes les
classes, où à tout propos elles puisaient. Jamais peuple, en
apparence tout à la joie de flâner sur les routes et de prendre
gaiement la vie, n'a tant vécu de transpositions, d'allégories,
de symboles, n'a été plus préoccupé de voir le passé à travers le présent, plus inquiet de retrouver à tout bout de champ
et à propos de tout ce qu'il voyait, les sentiments, les attitudes
de ses ancêtres. Jamais, — sauf peut-être les hommes de
notre xiii⁰ siècle, qui, eux aussi, avec leurs symboles, leurs
allégories, leurs préfigurations concernant la nature et la destinée de l'homme, surent créer un bel art populaire où de
vieilles légendes bibliques et évangéliques se rajeunissaient
sous les traits des bonnes gens d'alors.

Ces modestes estampes qui résument toutes les traditions
du Vieux Japon nous font rêver, comme les peintures de
vases grecs et les statuettes de Tanagra, de vie antique au
bord d'une mer intérieure, de draperies aux plis harmo-
nieux, de surprises s'exprimant en gestes modérés. Mais
l'éphémère où nous autres Méditerranéens n'avons jamais
vu que vanité, l'éphémère qui pour nous s'accompagne des

idées de vieillesse et de désespoir, n'a inspiré aux Japonais
que figures de jeunesse, symboles de joyeuse résignation...
Iles Fortunées où le passé survivait, au grand soleil, sans
ruines ni rides, en de jeunes corps frémissants qui instinc-
tivement reprenaient l'ancienne joie de vivre qu'aiguisait la
pensée de la beauté fugitive. Nostalgie d'un âge d'or où l'on
était si agile à poursuivre les images de l'éphémère sur les
eaux, de branche en branche, de nuage en nuage, où l'on
partageait la joie des torrents et des bêtes à bondir dans l'air
pur... Ce Japon des Estampes, il existait encore, intact, il
y a un demi-siècle, si près de nous..... Mais, même alors,
entre ce monde et nous quel écart de rêves!

# CHAPITRE PREMIER

# LES PRIMITIFS

# LES PRIMITIFS

---

« Les faucons de l'empereur Kito et les pruniers du philosophe Linna sont trop précieux et trop rares pour se trouver dans les collections d'aujourd'hui. Ce volume des dessins d'Okomura Masanobu rappelle tantôt les styles anciens et tantôt représente les scènes contemporaines avec esprit et tact. Pour ne pas mériter le reproche d'égoïsme, je les fais graver sur le bois de cerisier. » Cette déclaration de Masanobu, écrite sur le décor d'une de ses estampes [1], pourrait servir d'épigraphe à l'œuvre des peintres ou plutôt des dessinateurs qu'on a appelés les Primitifs. Non qu'ils soient primitifs par leur inspiration, ces artistes qui se réclament des styles anciens, ou encore par leur technique, la gravure sur bois, connue depuis longtemps ; mais ce sont les Primitifs d'une École tard venue, qui, à l'usage d'un public nouveau, adapte de vieilles traditions au goût du jour.

Respectueux du passé, ils savent leur nouveauté. Moronobu [2], l' « inventeur » de l'Estampe, doit à Matabei d'avoir préparé les voies à un art populaire ; il lui doit le type de ses personnages joufflus, aux fortes mâchoires.

---

1. C. 1, 149.

2. Moronobu Hishikawa, 1638-1714, prit le nom de Yûchiku quand il se fit raser la tête, selon la coutume bouddhique. Fils d'un graveur de la province Awa, il dessina des *uwa-ye*, modèles pour broderies, puis se consacra à la peinture. Ses débuts datent des périodes Kwambun et Empo (1661-1680). Il y a plus d'un demi-siècle entre Matabei et Moronobu.

et aussi la mise en scène de beaucoup de leurs divertissements; mais Matabei, de famille samuraï, peintre au service du Shôgun et de quelques daïmyo, travaillait pour les
collections des nobles; Moronobu, de naissance artisane, et
dont la plupart des dessins sont des modèles d'estampes, a
le sentiment qu'il innove. Il fait profession d'être l'artiste
« japonais », l'artiste du Yamato[1], par opposition avec les
écoles classiques sous l'influence de la Chine.

Matabei représentait les gens bien nés; Moronobu prend
volontiers ses modèles dans les maisons joyeuses, parmi les
courtisanes. Toutefois, ses livres d'esquisses fourmillent
d'allusions aux maîtres d'autrefois. Dans son *Byôbu kakemono-ye kagami* (1682), recueil de vieilles peintures fameuses
de la Chine et du Japon, il déclare qu'à cette « besogne de
copiste il a usé sa brosse »; à propos d'une illustration du
*Hyakuninn-isshû* (1683), il se félicite « d'avoir fait passer
l'esprit des poèmes dans ses peintures »; le *Kokon bushidô
yezukushi* (1685) est à la gloire des guerriers; le *Wakoku
shoshoku yezukushi* et le *Minobu kazami* (1685) abondent
en croquis de rochers, de pagodes, de cascades, de pins
déhanchés et de saules tutélaires au-devant de criques et de
golfes peuplés de voiles; puis, après cet hommage aux Kano
et au style chinois, le *Yamato yezukushi* et le *Jisan kachû*
représentent, à la manière des Tosa, des nobles de cour, des
poètes, des héros, et, en perspective brusquée, des maisons
à promenoirs, près de cerisiers en fleurs, de torrents fous et
de hautes herbes en forme de lances. Quel répertoire classique, ces livres où Moronobu, loin de confiner son talent à
observer les seules beautés de Yedo, passe des paysages de
la Chine des Tang aux usages de la cour de Kyôto, aux
beaux gestes du bushidô en honneur à Kamakura !

---

1. Il signe le plus souvent : Hishikawa Moronobu, Yamato Yeishi,
maître en peinture japonaise.

Et c'est le même mélange de traditions et de curiosités
inédites chez les artistes qui, sous les signatures de Norishigé
ou Noritoki ou Yasutomo et le nom générique de « dernière
pousse de Kwaigetsudo », paraissent avoir débuté comme
peintres de l'école Tosa et avoir fini comme imagiers de
l'*Ukiyo-ye;* chez Masanobu aussi, amateur des « faucons de
l'Empereur Kito et des pruniers du philosophe Linna »,
mais fier de se proclamer [1] « le créateur du *Yedo-ye* », ces
estampes de Yedo qui ouvrent à tous le trésor d'art jusqu'ici réservé aux privilégiés [2].

« Pour ne pas mériter le reproche d'égoïsme je fais graver
mes dessins sur le bois de cerisier ». Le succès en fut énorme :
les contemporains parlent d'un jeune homme amoureux
d'une des beautés peintes par Moronobu. Les faux pullulè-
rent : Masanobu « prie respectueusement le public de remarquer que les caractères *sho-mei* (authentique) sont imprimés
sur les estampes sortant de sa maison, et cela, afin d'éviter
les nombreuses imitations qui ont été faites en se servant
de ses estampes comme d'originaux qu'on gravait sur un
nouveau bois [3] ». La vogue des livres — les *Ukiyo-zôshi* et les
*Koshoku-hon*, à la fin du xvii° siècle, plus tard les *Aka-hon*
et les *Kuro-hon*, livres rouges et livres noirs (d'après les
couleurs de leurs couvertures), plus tard enfin, au début
du xix° siècle, les *Kibiyôshi*, livres jaunes, — était telle qu'ils
étaient enlevés par les acheteurs avant d'avoir été proprement

1. Sur une estampe, C. i, 136.

2. A propos du *Sougata yé Hyakuninn-isshu*, Moronobu déclare (cité
par P. Barboutau, *op. laud.*) : « Le recueil de Wogoura, consacré aux
Cent poètes célèbres, a été plusieurs fois réédité depuis sa publication
originale, en suivant l'ordre adopté par Wogoura ; mais ces éditions suc-
cessives, destinées aux personnes instruites, ne sont pas à la portée de
tout le monde. Nous croyons donc utile d'offrir aux enfants un livre facile
à comprendre, qui puisse leur permettre d'apprécier chaque poète en
leur dévoilant le sens de chaque poésie ». Hokusaï a un pareil souci d'éduquer les enfants.

3. C. i, 175. Moronobu fut imprimeur-éditeur en même temps que
peintre.

reliés ; et il y avait aussi les estampes isolées, *ishimai-ye*,
gravées au trait, tirées en noir, rehaussées à l'aquarelle de
rouge, de jaune, — technique dite *tanye* (*tan*, rouge,
orange) des estampes de Moronobu, de Kiyonobu Torii,
de Kiyoharu, et qui, lorsqu'elles sont frottées de laque
noire ou de poudre d'or, est dite *urushi-ye* ; — enfin,
vers 1730-35, ce sont les débuts de l'impression en couleurs (*beni-ye*, rose comme un coquillage, qu'il ne faut
pas confondre avec les estampes colorées en rouge,
*beni-iro*), dont profitent les dernières œuvres de Masanobu, les estampes de Toyonobu, de Kiyomitsu et de
Kiyohiro.

Avec ces Primitifs, c'est, pendant un siècle environ, la
constitution du répertoire de l'estampe et l'enrichissement de
sa technique ; Moronobu, l'atelier des Kwaigetsudo, Masanobu, Toyonobu, Kiyohiro peignent de préférence les *bijin*,
tandis que les Torii, Torii Kiyonobu, Torii Kiyomassu,
Torii Kiyomitsu [1] représentent surtout des acteurs. — Comme
il y a en eux plus de simplicité, de schématisme et d'ingé-
nuité que chez leurs successeurs, l'esprit de l'École apparaît
mieux peut-être dans leurs œuvres.

\* \*

Au temps de Moronobu et des premiers dessinateurs d'estampes, le Japon est en paix. Ieyasu, au début du xviiᵉ siècle,
à Seki-ga-hara, a écrasé la guerre civile avec les derniers

---

1. Moronobu (1638-1714), Okomura Masanobu (1ʳᵉ moitié du xviiiᵉ siècle,
meurt en 1768 à 79 ans), Toyonobu (1710-1785), Kiyohiro (meurt en 1776). —
Les Torii (1ʳᵉ moitié du xviiiᵉ siècle), Torii Kiyonobu (1663-1729), Torii
Kiyomassu (florissait de 1716 à 1735), Torii Kiyomitsu (vers 1764-1771).
Cf. sur ces artistes et les écoles, qu'ils ont formées, Tajima, *Masterpieces
selected from the Ukiyo-ye school*. — Moronobu, fondateur de l'École
Hishikawa, a pour élève Torii Kiyonobu, fondateur de l'École des Torii.
Celui-ci a pour élève Okomura Masanobu, et aussi Nishimura Shighenaga,
qui sera le maître de Suzuki Harunobu.

partisans du Taïko Hideyoshi. C'en est fait des interminables querelles locales entre féodaux, désormais surveillés
sur leurs domaines mêmes par les partisans du Shôgun. A
l'intérieur des classes étagées hiérarchiquement, les rapports
sociaux sont minutieusement réglés par les cinq relations
confucianistes, prêchant avant tout la soumission aux
parents qui « sont comme le ciel et la terre », au maître et
au seigneur qui « sont comme le soleil et la lune » ; les
nobles sont tenus à une stricte étiquette, à un code d'honneur et à certains divertissements. Il n'est pas jusqu'aux
fleurs même qu'il ne faille disposer selon les idées de Confucius...

Ce Japon émondé et un peu déformé par les soigneux jardiniers qui le cultivent, on dirait que sur l'estampe il respire
et s'épanouit. Maté, il est toujours prêt à se revancher en
imagination. L'estampe est muette sur les hauts faits de
guerre de la fin du xvie siècle, et même sur les massacres de
Shinabara et l'écrasement de Shôsetsu au xviie, par prudence
sans doute à l'endroit des Shôgun Tokugawa qui y avaient
participé ; mais, selon le goût très japonais des allusions
détournées, elle revient à plaisir sur les épisodes de la lutte
entre les Taïra et les Minamoto au xiie siècle. Les « gestes »
d'alors furent popularisés dès le xiiie siècle par le *Heike
monogatari*, le *Gempei seisui ki*, que des chanteurs ambulants
continuèrent de réciter en s'accompagnant sur le *biwa*. Et
puis cette lutte fameuse s'était terminée à la bataille d'Ichi-
no-tani, quand les Taïra, protecteurs du jeune Mikado et
maîtres de Kyôto et du Japon de l'Ouest, avaient été vaincus
par les Minamoto, tenants du Japon oriental ; ceux-ci, après
leur victoire, avaient pris le titre de Shôgun, dans leur capitale de Kamakura, à l'Est de l'Empire. L'allusion était claire :
Ieyasu, descendant de la famille des Minamoto, lui aussi
l'avait emporté sur les grands seigneurs de l'Ouest ; lui aussi
avait fondé une capitale, à Yedo, non loin de Kamakura ; lui

aussi avait assuré à sa famille la perpétuité du Shôgunat.
Dans le triomphe des Minamoto et de Kamakura, c'était le
triomphe des Tokugawa et de Yedo que célébraient, par allusion, les estampes. Au surplus, dans ce Japon conservateur,
les descriptions d'une guerre du xiiᵉ siècle pouvaient s'appliquer à une guerre du xviiᵉ : mêmes défis, mêmes corps à corps
fameux ; les armes étaient presque les mêmes et aussi les
rites du combat.

Une estampe de Torii Kiyonobu[1] représente un épisode de
la bataille d'Ichino-tani : au premier plan, sur un cheval
dont le galop volant secoue la queue, la crinière, les glands
du licol et de la selle, le guerrier Kumagaï no Naozane,
par-dessus sa veste, engagée dans un large pantalon, porte
une armure, couleur de jeunes pousses, que lient des cor-
dons rouges. Coiffé d'un casque garni de clous que surmon-
tent des antennes ; engoncé dans des épaulières de métal
descendant jusqu'à la hauteur de ses coudes, il tient un
arc garni de rotin, tandis que son carquois se hérisse de
flèches empennées de queues de héron, et qu'à son côté
se recourbent un énorme sabre et une plus courte dague
destinée à trancher la tête de l'ennemi une fois qu'il est
à terre. Au second plan, un des chefs des Minamoto,
Yoshitsuné, a pour escorte un porte-étendard et son écuyer
Benkei chargé de grappins à crochet qui servent à happer
et à immobiliser l'adversaire ou à l'attirer violemment, de
hallebardes courbes en forme de faucilles, de hallebardes
ordinaires à large lame, de fourches à deux dents assez écar-
tées pour « atteindre à la fois la poitrine et les yeux ».
Mâchoire en avant, sourcils rapprochés, pupilles dilatées,
Naozane a l'aspect d'un « homme capable de manger des
démons passés dans le vinaigre[2] ». Les démons étant man-

---

1. V. pl. i.
2. Selon l'expression du chroniqueur du *Gempei seisui ki*, parlant de

Phot. Lorquet.

JEUNES FILLES PERSONNIFIANT LES VENTS DU PRINTEMPS, DE L'ÉTÉ ET DE L'AUTOMNE

Collection Vever.

L. Aubert. *L'Estampe japonaise.*

PL. V

geurs d'hommes, le mangeur de démons devra être supérieur
à la moyenne humanité : les guerriers, dans le défi, s'effor-
cent d'être énormes. Pour paraître deux fois plus gros qu'ils
ne sont, ils tendent leurs muscles, dilatent leurs veines, écar-
quillent leurs yeux, font flotter leurs épaulières et leurs
antennes, s'environnent des reflets du soleil sur leur armure,
de la poussière de leur chevauchée, du fracas de leurs
armes, et des roulements de leurs apostrophes : immo-
destement, ils se gonflent aux dimensions de leur rôle de
surhomme. Kumagaï, sur l'estampe, est représenté au
moment où il vient de découvrir Atsumori, qui, à cheval,
s'est élancé dans la mer pour rallier la flotte des Taïra en
déroute. « Agité de cette pensée : « Ah ! que je voudrais
lutter corps à corps avec un adversaire digne (de moi) ! »,
il apparaît sur le rivage qu'il fouille du regard de l'Est
à l'Ouest. Il aperçoit (Atsumori), et soudain, poussant son
cheval dans la mer, (il crie) : « C'est bien un général que
je vois. Ah ! qu'il est indigne de vous de vous jeter ainsi à
la mer ! Revenez, revenez ! Celui qui vous parle ainsi, c'est
le premier guerrier du Japon, Kumagaï no Jirô Naozane,
homme du pays de Musashi. »

Et dans les autres épisodes de cette bataille que reproduit
l'Estampe, c'est le même souci de tranquille audace dans
l'attente ou d'incroyable fougue dans l'attaque, du geste ou
de l'attitude qui restera dans le souvenir des générations [1]. La
flotte des Taïra est en fuite ; à la proue d'un des bateaux, une
dame de la cour, Tamamushi, cheveux épars, droite dans
ses robes superposées, aux cassures raides, se dresse, défiant,

Naozane même. Nous nous servons des traductions et commentaires de
M. Noël Péri, dans son introduction à la traduction du nô *Atsumori ; op.
laud.*

[1]. Devant les retranchements des Taïra, Naozane s'écrie : « Depuis le
jour où j'ai quitté Kamakura…, j'ai dit que je voulais offrir ma vie au
seigneur commandant de la garde et laisser mon cadavre se dessécher
dans le camp des Heike, afin de rendre mon nom glorieux auprès des
générations futures. »

de son éventail offert comme cible, le fameux archer Nasu
no Yoichi Mimetake, samuraï du clan des Minamoto [1]. Et
c'est encore, sur une estampe de Torii Kiyomassu, Ichirai
hoshi bondissant par-dessus un pont à la stupéfaction de
son adversaire, ou sur une estampe de Kiyohiro [2] un jeune
homme simulant une grande frayeur et sautant d'un bateau
dans un autre pour échapper à la poursuite de sa compagne
de jeu, rappel plaisant d'un épisode du dernier combat entre
les Taïra et les Minamoto, quand Yoshitsuné, déclinant
l'attaque de Noto no Kami Noritsuné, franchit d'un seul élan
huit bateaux.

Cet effort pour décupler son volume et sa puissance, ce
goût de la gigantomachie et du prodige, tous ces sentiments
classiques du guerrier japonais et qui inspirent les scènes
historiques des estampes, en animent aussi les scènes légendaires, telles ces compositions de Torii Kiyomassu représentant Watanabe combattant un démon, Kintoki luttant avec
un ours, Akugenda Yoshihira déracinant une énorme tige de
bambou [3], — précurseurs du Kintoki d'Outamaro, des
monstres de Shunyei et d'Hokusaï, de toutes les imaginations
grinçantes qui, périodiquement, déchirent la douce vie silencieuse du Japon, comme le cauchemar, parfois, le calme
du sommeil, de toutes les imaginations énormes qui bousculent la modestie des attitudes, l'eurythmie des draperies et
le susurrement dans la demi-teinte dont s'accommode la vie
en ces îles, pour les remplacer par de l'outrance, de la van-
terie et du fracas.

Et tel faucon sur un perchoir s'épuçant furieux ; tel autre
liant une grue, les serres posées sur la tête de sa victime et

1. Cf. l'estampe de Moronobu, C. i, 7. Le sujet sera repris par Harunobu, cf. C. ii, 11 (après que la flèche a abattu l'éventail), et par Kiyonaga,
cf. C, iii, 1.

2. Cf. C. i, 87 et 300.

3. Cf. C. i, 83 et 84.

enfoncées dans le bec qui crie[1] ; tel aigle, les plumes
hérissées sur le cou, courtes et imbriquées sur le dos, lisses
et longues vers la queue, fouillant le poil d'un singe qu'il
va étriper de son bec[2] : toutes ces bêtes de proie sont
vraiment les compagnons des guerriers, avec leurs armures
laquées, aux plaques mobiles, leurs carquois de flèches
empennées, leurs serres et leurs becs de fer, leurs yeux
dilatés et cruels. Et frères aussi de ces guerriers, de ces
tueurs de monstres, de ces oiseaux de proie, voici les
acteurs, au masque dur, aux violentes gesticulations,
s'exerçant à l'*iyai muki*, qui est l'art de sortir du fourreau,
d'un seul geste, un sabre démesuré, aiguisant une pointe
de flèche, piétinant un ennemi qui gémit[3], et aussi les héros
puissants des albums érotiques[4], et plus tard les formi-
dables lutteurs...

Sur ces estampes primitives, l'acteur ne se distingue pas
du rôle, comme il arrivera plus tard chez Shunsho et
surtout chez Sharaku ; il participe encore à la dignité du
personnage qu'il incarne ; point de fissure entre son propre
visage et le masque qu'il se donne ; nulle intention de caricature ou de satire comme en ces silhouettes de Sharaku où
le cabotin, pitoyable ganache, paraît défaillir et couler dans
le vêtement trop ample de son surhumain personnage. Il

1. Cf. Torii Kiyomassu, pl. ii, et C. i, 75.

2. Torii Kiyonobu, C. i, 38 ; Torii Kiyomassu, C. i, 77.

3. Torii Kiyonobu, C. i, 42, 48, 66. — Bêtes sauvages, acteurs et guerriers font surtout partie du répertoire des Torii. — Cf. une estampe bouddhique, C. i, 4, représentant Fudo. C'est la gravure d'un dessin de Hoïn
Seikwan où l'artiste nous avertit qu'il a particulièrement soigné son œuvre,
s'arrêtant à chaque coup de pinceau pour prononcer trois prières. L'épée
en mains, environné de flammes sur un rocher entouré d'eau, Fudo, taillé
en force, a déjà l'air avantageux que guerriers et acteurs auront plus tard
sur les estampes.

4. Les albums érotiques, si nombreux dans le répertoire de l'Estampe
et qui disent tout et le reste en un si beau style, servaient de cadeaux de
mariage. L'épouse en glissait un exemplaire, dit-on, dans le bagage de
son mari, quand il la quittait pour un voyage.

viendra un temps aussi où, sur l'estampe, le guerrier ne sera
plus représenté que par des cavaliers en bonne fortune, par
des coupeurs de grand'route, par des paladins en guenilles,
un temps où les monstres, n'étant plus combattus par des
preux, terroriseront impunément de faibles fillettes, un temps
où des rossignols et des martins-pêcheurs remplaceront
aigles et faucons ; mais, même alors, les descendants authentiques des « mangeurs de démons », les acteurs, les lutteurs
de Shunsho et de son école, les bêtes de proie de Koriusaï,
d'Hokusaï et de Hiroshigé maintiendront la tradition de
violence, instinctive et grandiloquente, qui fut toujours de
mise dans une société où le guerrier donnait le ton.

Il est touchant de saisir dans sa brusquerie, sa rudesse et
sa crânerie, cette bravoure qui prêtera plus tard à tant de
grâce, car toujours aux sentiments et aux actes des personnages de l'estampe il faudra supposer cette doublure
d'héroïsme, — portât-elle des accrocs comme chez les matamores de Sharaku. Les fils des guerriers d'autrefois, même
dans leurs bonnes fortunes, garderont les deux sabres et un
certain air de gentilhomme. Les belles du temps de paix,
même dans leurs divertissements, se souviendront, elles aussi,
qu'elles ont eu comme ancêtres des dames nobles, telle cette
Tamamushi qui, dans la débâcle de son parti sur la mer,
défia tranquillement les flèches ennemies, ou des courtisanes, compagnes des guerriers, telle la fameuse maîtresse
de Yoshitsuné. Une estampe de Moronobu[1] traduit de façon
charmante cette contagion chez le sexe faible de l'esprit
guerrier. C'est une chevauchée d'amazones, jeunes filles
aux visages poupins, qui ont revêtu l'armure à épaulières,
coiffé le casque à antennes, enfourché de petits chevaux
hennisseurs et piaffeurs et qui s'environnent d'arcs, de
flèches, de sabres, de lances et de trophées. — Et il fait

1. V. pl. III.

beau voir aussi les paysages de l'estampe, de Moronobu à
Hiroshigé, se donner, par moments, certains dehors de bravade, sous leurs armures et leurs casques de roches portant
des arbres haut juchés en antennes, sous leurs épaulières de
torrents, parmi leurs hautes herbes en forme de lances,
quand vraiment en pleine action au milieu de nuages inquiets
d'où saille l'énorme œil dilaté de la lune, ils prennent véhé-
mentement sous leur protection d'humbles villages atterrés...

*  *
*

Les trophées des amazones sont ornés de fleurs : cet esthétisme se glissant dans cet appareil guerr ᵌˑr, cela aussi est
conforme à la tradition. C'est un éventail que Kumagaï no
Naozane brandit, alors qu'il poursuit Atsumori ; un éventail
que la dame Tamamushi tend à l'archer qu'elle défie ; et, il y
a dix ans, c'est l'éventail en main que les soldats japonais
parcouraient les plaines mandchouriennes à la recherche
des Russes. Le combat au Japon prend des dehors farouches ;
mais c'est tout de même une guerre en éventails, qu'atten-
drissent, par moments, des sons de flûtes, que parfument des
pétales de fleurs.

Écoutez le *Gempei seisui ki :* Kumagaï no Naozane, son fils
et quelques braves attendent le jour devant les fortifications
ennemies. Un des Taïra, prévoyant le désastre, la veille de
la bataille, donne une fête, — la fête classique de toutes les
histoires de sièges au Japon ; — Kumagaï et ses compagnons
« écoutent les bruits de l'intérieur du fort. Sur les *yagura*
(abris en bois pour les archers), on fait de la musique, on
joue du *gigaku* (ancienne musique chinoise importée au
Japon) ; les instruments résonnent, les cœurs goûtent la paix.
La nuit est avancée maintenant ; aux chemins de la montagne le vent s'est tu ; sur la mer, les flots sont calmes ;
appuyés sur leurs arcs, les assaillants écoutent. Kumagaï

est ému : « En vérité, dit-il, voilà qui est d'un grand pays !
Au jardin de la guerre on ne dispute pas de la victoire en
musique, en récitation de poésies, en élégance de chants.
Jamais on n'a entendu dire que semblable chose se soit pro-
duite dans notre pays. Ah ! vraiment, quelle profondeur de
sentiments et quelle délicatesse de cœur chez ces jeunes
seigneurs et gens de la capitale ! En ces temps si troublés,
quel charme n'est-ce pas d'exécuter ces morceaux du chant
du dragon et du cri du phénix, de se donner le plaisir des
poésies et de la musique ! Et quelle tristesse, n'est-ce pas,
que nous autres, nés barbares au cœur mauvais, qui, si
longue que soit notre vie, ne dépouillons jamais l'armure
et avons toujours à la main l'arc et les flèches, nous aigui-
sions contre de pareilles gens nos sabres de bataille ! » Et
parlant ainsi, ses yeux étaient pleins de larmes et pi-
toyables[1]. »

Plus tard, après qu'il a tranché la tête d'Atsumori, nouvelle surprise de Kumagaï : « Atsumori n'a pas craint
la mort ; son cœur ne s'est point abaissé. Bien que dans un
âge tendre, il s'est élevé au-dessus de l'ordinaire. Les hommes
des Heike, jusqu'au moment où ils étaient frappés, ne per-
daient rien de la délicatesse de leurs sentiments. Ce seigneur
(Atsumori), pensant que, même dans ce camp de guerre,
pendant ses loisirs, il pourrait en jouer, portait enveloppée
dans un fourreau de brocart délicatement parfumé et passé
dans les attaches de son armure, une flûte de bambou de
Chine de coloration gracieuse. Et l'apercevant, Kumagaï
s'écria : « Hélas ! ces derniers jours et ce matin encore dans
le fort le son des instruments s'est fait entendre ; c'était donc
lui qui jouait ! Dans l'armée des Genji, parmi les dizaines de
milliers de cavaliers qui sont montés des pays de l'Est, il n'y
en a pas un seul qui joue de la flûte. A quoi donc tient-il

1. Noël Péri, *Atsumori*, *op. laud*, p. 49.

que les jeunes seigneurs des Heike sont d'une si grande délicatesse de sentiments ? »

L'ébahissement attendri de Kumagaï, barbare de l'Est, devant l'élégance dans le courage, le raffinement dans la crânerie, des hommes de l'Ouest, qui, malgré leur culture, savent mourir, tout le peuple de Yedo, descendant des Barbares de l'Est, lui aussi, le partage à l'endroit du traditionnel guerrier-esthète. — Durant la dernière guerre contre le Russe, tous les Japonais qui, depuis le Mikado jusqu'au simple soldat, comparaient dans leurs poésies la mort sur le champ de bataille à la chute précoce des fleurs immaculées du cerisier, pensaient sans doute au geste fameux du guerrier Kajiwara à Ichi-no-tani : « La poésie et la musique étaient les distractions des seigneurs de la cour et des empereurs retirés ; mais les barbares de l'Est, que pouvaient-ils connaître de la langue de Shikishima et de Naniwazu (de la poésie)? Pourtant Kajiwara, tout en étant éminent entre tous par sa vaillance, était aussi un délicat en littérature. Cassant une branche de prunier chargée de fleurs épanouies, il la plante dans son carquois. Aux mouvements du combat, les fleurs s'effeuillent, mais le parfum en reste à ses épaulières. Et cette ancienne poésie :

> La brise qui souffle,
> Pourquoi la redouter,
> Fleurs de prunier ?
> C'est à l'heure où vous tombez
> Que votre parfum est le plus doux

— revient à la pensée des jeunes seigneurs des Heike, et tous, remplis d'admiration, s'écrient : « Ah ! le carquois fleuri ! que c'est délicat ! que c'est gracieux ! »

Une simple allusion suffit à ces seigneurs lettrés ; elle suffit aussi au public des estampes. La mémoire de la plupart des héros populaires du Japon s'associe à un trait d'élégance, à un souvenir de fleurs : c'est le prunier de Kajiwara, c'est le prunier de Michizane ; c'est la flûte d'Atsumori, « enfant de noble maison de quinze à seize ans, au fard léger, aux dents soigneusement noircies », et qui sourit à Kumagaï quand celui-ci, après l'avoir terrassé, découvre son visage, — Atsumori sur qui l'on trouve encore un *naga-uta*, dans lequel, après avoir célébré le charme des quatre saisons, il fait ses adieux à la vie, prévoyant que son corps serait « enterré sous la mousse d'Ichi-no-Tani ».... Les officiers qui avant la dernière campagne firent un pèlerinage à la tombe d'Atsumori, eux aussi portaient sous leur uniforme moderne des *naga-uta* où ils célébraient le charme passager des quatre saisons, qui leur était une invite à mourir résignés.

Car chez le guerrier de tous les temps au Japon, forcené dans l'attaque comme un fauve, il y a de brusques détentes d'humanité, un sens du paysage état d'âme, une pitié, une mélancolie touchantes. Au cours de la bataille, les Minamoto comparent les bateaux en déroute des Taïra à des « oies sauvages, les lignes rompues, dans le ciel bleu » ; les drapeaux rouges et les drapeaux blancs mêlés dans le vent, « à la montagne Tatsuta à la fin de l'automne, lorsque de blancs nuages s'y posent sur le feuillage des érables », ou à « la capitale fleurie, lorsque les pruniers, les cerisiers, les pêchers s'y épanouissent confondus » ; et au lever du jour, alors que, « poussées par le vent du milieu de la nuit, les vagues sont hautes et déferlent sur le rivage, (que) l'oiseau à la brillante parure (le coq) est silencieux et (que) la cloche de l'aurore ne résonne pas encore, la voix désolée de la corneille, les cris des pluviers de la grève portent le sentiment de la tristesse des choses jusqu'en ces cœurs courageux. »

Héroïsme, esthétisme, au Japon, ne vont pas l'un sans l'autre : c'est le propre de cette race d'embellir sa bravoure d'harmonies empruntées à la nature ou à l'art et aussi

MORONOBU

SÉRÉNADE D'USHIWAKAMARU A JORURIHIMÉ

Collection Vever.

Pl. VI.

L. Aubert. L'Estampe japonaise.

d'entretenir sous son esthétisme une armature d'héroïsme,
qui assure à ses plaisirs tenue et continuité et garde à
sa vie une simplicité campagnarde. Pendant deux cents
ans, sur les estampes, le Japon est en fête : aucune trace
de satiété pourtant. Il faut qu'il y ait eu de l'ascétisme dans
cette sensualité qui ne s'embrunit ni ne se lasse; il faut
qu'il y ait eu une certaine tension dans ces caractères pour
que s'explique leur nonchalance, — laisser-aller de fils de
guerriers et qui très vite eux-mêmes le redeviendraient. S'ils
n'étaient capables du contraire de ce qu'ils paraissent, très
vite ils s'amolliraient, tomberaient dans la vulgarité.

Lisez, au reste, les histoires contemporaines des estampes,
qu'a rapportées Mitford [1], les Amours de Gompachi et de
Komurasaki, la Revanche de Kazuma, l'histoire de l'Otokodaté de Yedo, les Aventures de Funakoshi Jiuyemon : ce ne
sont que gens tranquilles, mais qui, un beau jour, malgré
qu'ils en aient, tirent le sabre sans hésiter, tuent net leurs
adversaires, fuient leur foyer, leur famille ou leur poste et
prennent la route, la main au sabre. Et ce sont aussi chez
Mitford, comme dans le répertoire de l'estampe, à côté de
tableaux de la vie de tous les jours, des peintures de miracles, d'exploits légendaires, de monstres, de fantômes :
toujours le Japon de brume, d'hallucination, de terreur
doublant le Japon de plein soleil, de sourire et de calme...
Les manières des belles ont aussi un fond d'héroïsme : elles
aiment la nature en filles de guerriers et c'est pour plaire à
des guerriers qu'elles se parent et qu'elles dansent. Il y a
dans leur prédilection pour tout ce qui est à l'image de
leur destinée qui passe, nuages, fleurs, insectes, un souvenir des morts brusques sur les champs de bataille de
jadis : elles ne signaleraient pas avec une si fervente
mélancolie la beauté de l'éphémère si elles n'avaient été

---

1. A. B. Mitford, *Tales of old Japan*.

L. AUBERT — *L'Estampe japonaise.* 5

habituées de longue date à admirer des morts plus belles
que la vie.

Toujours au fracas des armes s'est mêlé le murmure de la
prédication bouddhique. Les « mangeurs de démons », leur
attaque réussie, sont capables de retours sur eux-mêmes, sur
les conséquences de leurs actes et les malheurs inéluctables
qu'ils entraînent. Kumagaï est contraint de tuer le jeune
Atsumori : il doit compte de ses actes à son parti et puis il
y va de sa réputation ; mais, la flûte et la tête de sa victime
dans ses mains, il rejoint son fils : « Regarde ceci, dit-il,
il s'était nommé le *mukwan taiyu* Atsumori, fils du Seigneur maître des bâtiments impériaux et âgé de seize ans.
J'aurais voulu le sauver. En songeant à la fin que te
réservent l'arc et les flèches, ah! quelle douleur j'éprouve
d'un pareil malheur! Même quand Naozane ne sera plus de
ce monde, tu devras avec grande pitié prier pour son existence future. » Telles furent ses recommandations. Après
cela, des sentiments de foi s'excitèrent dans son cœur et
désormais il ne prit plus part aux combats. » Ayant gagné
près de Kyôto l'ermitage forestier d'un fameux moine bouddhique, il attacha son cheval et suspendit son armure aux
branches d'un pin, prit les voiles des religieux et se mit à
prêcher par le pays la doctrine du Maître.
En vertu de la même culture bouddhique qui conseille
une égale résignation en toutes conjonctures, chez Atsumori,
la victime, c'est la même disposition que chez le vainqueur
à se soumettre à l'inévitable : « Que je me nomme ou non,
je ne puis échapper à la mort... Notre lutte et ma mort sont
les conséquences de nos rapports dans une existence antérieure. » — Un nô, écrit probablement au début du XVᵉ siècle,
représente Kumagaï sous l'habit d'un moine, revenu, après
des années, à Ichi-no-tani, avec le dessein de prier pour la

délivrance d'Atsumori : « Je regarde, et le passé me revient à la pensée comme si c'était aujourd'hui, et la roue (du Karma) ramène l'attachement. Adoration à Amitabha Buddha ! Ah ! sur ce plateau résonnent les sons charmants d'une flûte »... C'est l'esprit d'Atsumori, triste, abandonné des siens, errant le long de l'étroite plage de Suma. Et ce sont ses lamentations où revient le mot d' « Ukiyo », monde d'illusion, jusqu'à ce que les prières de Kumagaï aient tiré l'âme de sa victime de la voie des Asuras...

\* \*

Héroïsme, esthétisme, culture bouddhique sont les arrière-plans traditionnels de l'estampe. Le Japon est en paix, mais le samuraï ne quitte pas ses armes ; le temps est aux plaisirs, mais les cavaliers, efféminés au point de ressembler aux belles qu'ils courtisent, gardent pourtant une tenue de gentilshommes ; la mode est à la culture chinoise, mais les âmes profondément imprégnées de bouddhisme sont dociles à se laisser pénétrer par la nature, résignées, extasiées. Et ce sont des fêtes galantes en sabres, au son des flûtes, parmi les fleurs, au fil des heures brèves...

Personnages assez réels dans un franc décor de rêve qu'enveloppe une atmosphère d'illusion ; types encore un peu épais et solides au physique, mais d'un extrême raffinement dans les manières, les pensées, les divertissements et qui ne se plaisent que dans un monde transparent et subtil : légères discordances sur ces estampes des Primitifs, et qui iront s'atténuant pour disparaître avec Harunobu et Outamaro. Si les cavaliers sont assez efféminés, leurs compagnes sont plutôt masculines. Chez Moronobu, chez les artistes de l'atelier Kwaigetsudo, chez Torii Kiyonobu, ce sont de grosses filles mafflues, avec des soupçons d'yeux, de nez et de bouche, des sourcils haut marqués, des cheveux

descendant sur la nuque en épais chignon. Elles sont engoncées dans des robes et des manteaux empesés que cassent
de petits plis raides, selon le style Tosa, et qui reparaitront
toujours sur l'Estampe toutes les fois qu'elle figurera des
dames de haut rang, des *shira byoshi* dansant, ou des personnages classiques, — ou bien plus légèrement drapées du
kimono dont les artistes au Japon ont revêtu les divinités
bouddhiques[1] ; car il y a toujours eu moins de différences
entre les voiles du Bouddha et les vêtements du peuple au
Japon, qu'il n'y en a eu entre ces derniers et l'uniforme de
cour. Là encore, à propos de robes et de manteaux, on saisit
cette survivance de la tradition dans la vie quotidienne de ce
pays, où le costume, peu soumis à la mode, « date » beaucoup moins que sur nos portraits d'Occident. Les plus beaux
costumiers de l'école sont les artistes de l'atelier Kwaigetsudo ; ils ont besoin de grands et forts « mannequins », assez
peu animés pour porter solennellement les pesantes parures
dont ils les chargent. Plutôt simples et schématiques en leurs
courbes et leurs droites, nuancées de pleins et de déliés, qui,
à défaut de couleurs sur les estampes, suggèrent modelé et
relief, ces draperies rappellent les amples et longs costumes
du théâtre des nô que continueront d'endosser les acteurs
populaires dans leurs rôles de jadis[2]. Beauté calligraphique
de ces robes dont les lignes ont l'allure décorative des grands
caractères d'écriture sur les enseignes. Il arrive, au reste,
que les Primitifs emploient ces caractères à orner les kimono
de leurs modèles[3], et qu'avec les contours des draperies ils

---

1 Cf. C. 1, 3, le kimono de Kwannon sur une image « d'édification »,
antérieure aux estampes de Moronobu L'échevèlement des voiles et leur
évasement en forme de cloche vers le bas, nous les retrouverons dans
maints kimono de l'école populaire.

2. V. pl. IV, L'acteur Nakamura Senya dans le rôle d'une femme qui
porte un parasol.

3. Cf. Torii Kiyonobu, C. 1, 29, Bijin dont la robe est décorée de
caractères d'écriture ; Okomura Masanobu, C. 1, 110, Bijin vêtue d'une

forment des chiffres désignant les mois [1]. De longue date, au Japon, la calligraphie a eu son dieu, ses demi-dieux et ses miracles [2].

Sur les estampes de Kiyomassu, de Masanobu, de Toyonobu, le type de femme change [3] : à côté de ses aînées engoncées dans d'épais voiles, elle paraît moins cérémonieuse, plus désinvolte, plus fluette ; son chignon se raccourcit, une partie de ses cheveux étant relevée en une coque sur le haut de sa tête. Sans doute, elle conserve son masque d'étonnement et de résignation ; son visage rond avec un minimum de sourcils, d'yeux, de nez, de bouche ; ses bonnes joues qui font le bas de sa figure plus large que son front, et aussi son râble solide ; mais d'allure elle est plus vive, plus mobile, et, comme elle, les plis de son kimono se dégonflent et se dégourdissent. Lorsque le vent feuillette leurs robes, comme il ferait des pages d'un livre, et qu'il étale leurs grandes manches en forme d'ailes, les petites baissent la tête pour que l'échafaudage de leur coiffure donne moins de prise à la bourrasque [4]. Elles sont naturellement si dociles à la brise et à ses caprices que, sur une estampe de Toyonobu [5], elles personnifient les vents du printemps, de l'été et de l'automne, qui bousculent et éparpillent indistinctement plis

robe à décor de livres illustrés de personnages avec caractères d'écriture. Cf. aussi Torii Kiyonobu, C. I, 37, Couple d'amoureux lisant une affiche du théâtre Nakamuraga où est contée une nouvelle pièce dont l'héroïne est incendiaire par amour. Les kimono du couple ont les plis tourmentés de l'annonce écrite en caractères *kana*.

1. Cf. Torii Kiyomassu, C. I, 91. Ces estampes-calendriers sont très fréquentes dans l'École, — par exemple chez Harunobu.

2. Le dieu est Sugawara no Michizane (v. p. 15) ; l'un des trois demi-dieux est Ono no Tofu (v. p. 94). De beaux spécimens de calligraphie sont montés en kakémono et exposés dans le tokonoma avec la même révérence qu'une peinture de paysage ou une figure.

3. Cf. Torii Kiyomassu, C. I, 105, Servante enlevant la neige des *geta* de sa maîtresse.

4. Cf. Okomura Masanobu, C. I, 116, Jeune femme par un jour de vent.

5. Cf. pl. v, Toyonobu, Trois geisha personnifiant les vents du printemps, de l'été et de l'automne.

des voiles, feuilles des arbres, caractères d'écriture de la
légende... Ainsi, peu à peu, par l'amincissement des formes,
par la simplification du kimono qui de manteau de cour
en vient à ressembler à un peignoir de bain découvrant le nu
des jambes et des bustes[1], par l'affinement du trait qui perd
de son épaisseur, de son relief, par le sacrifice de la calligraphie et de la parure au profit de la simplicité, par l'égaie-
ment progressif des estampes qui se colorent de plusieurs
tons clairs, bref par la substitution d'un lyrisme familier à la
tradition épique et un peu grave, nous tendons vers le type
de bijin qu'a peint Harunobu, de plain-pied dans la vie et
dans la brise où elle oscille et ploie, tandis que son kimono
règle l'allégresse ou la lassitude de ses plis sur l'humeur
changeante du cœur qu'il enrobe...

Malgré que les belles des Primitifs n'aient pas encore
l'exquise souplesse de leurs sœurs plus jeunes à se plier au
rythme du paysage, la nature les envahit, fleurissant et ornant
les kimono de pins, de nuages, de torrents, de vagues, d'iris,
de paulownias, et même de ponts et de roues hydrauliques[2],
faisant glisser, d'une taille, une ceinture avec l'impétuosité
lisse d'une cascade, sautiller les plis d'une robe, au-dessus
d'un genou, comme les vaguettes d'un rapide sur un roc[3].
Le long de la robe d'une courtisane qui murmure à sa suivante un message à l'adresse de son amant, une grosse
carpe, flairant qu'il y a un secret à happer, donne de grands
coups de queue pour remonter le rapide figuré par le ruissellement des plis[4].

---

1. Cf. Torii Kiyomitsu, C. 1, 276, Jeune femme, le buste nu, poursui-
vant les lucioles, une nuit d'été (les caractères d'écriture de la légende
volent comme les lucioles) ; Okomura Masanobu, C. 1, 135, Jeune femme
sortant du bain.

2. Cf. Kwaigetsudo, C. 1, 21, 22, 25.

3. Cf. Kwaigetsudo, C. 1, 23-24; Torii Kiyomassu, C. 1, 81, Courtisane
jouant du shamisen pendant qu'un coiffeur lui arrange les cheveux.

4. Okomura Masanobu, C, 1, 115.

Harmonie immédiate des belles et du paysage composant
des accords au timbre subtil et étrange... Sur une terrasse,
une dame, entourée de cinq compagnes, écoute un air de
flûte qu'exécute, juché sur un bœuf, un jeune gentilhomme,
suivi par de petits paysans[1]. La terrasse avec ses stores à
glands ; la dame accroupie, une jambe ployée dans un mouvement souvent repris par les peintres des belles, les longs
plis de ses robes coulant jusque sur le promenoir de la
maison ; le groupe des trois suivantes qui plient sur les
genoux et titubent d'aise ; le décor d'arbre fleuri, de nuages
inquiets autour de la lune, de ruisselet qui se hâte en ser-
pentant, c'est le Vieux Japon frémissant sous l'aigreur du
printemps, à laquelle se mêlent le froissement des damas,
le son aigu de la flûte, le murmure de l'eau, le sifflement
de plaisir des belles auditrices..... Remous d'un torrent,
frisson d'un coup de soleil sur l'eau, papillotement de la
lumière à travers les arbres, neige de pétales sur les kimono,
griserie des geisha et de leurs admirateurs qui, comme les
poésies qu'ils suspendent aux arbres et jettent à la rivière,
s'abandonnent à la brise et au courant[2] : les combats sont
dans les romans, les guerriers chez les courtisanes ; les sabres
restent au fourreau, les guitares sortent des boîtes, c'est le
printemps, la saison des amours sous les fleurs. Un jeune
samuraï revient d'une partie de campagne, un mouchoir
noué autour de la tête, rapportant une branche de cerisier
au-dessus de ses sabres, par souvenir sans doute des fleurs
que brandissait Kagiwara à Ichi-no-tani[3]. Les belles, le soir
venu, rêvent dans l'air chaud, caressant, parfumé : sur un
balcon vers lequel un cerisier hausse sa tête fleurie, une belle

1. Moronobu. V. pl. vi. C'est vraisemblablement la sérénade donnée par
Ushiwakamaru à sa maîtresse Jorurihimé. Kiyonaga et Outamaro reprendront ce thème.
2. Moronobu. Cf. C. i, 13, Pique-nique sous les cerisiers en fleurs, et Masanobu, C. i, 143.
3. Okomura Masanobu. Cf. C. i, 133.

qui passait s'arrête, se détourne, brusquement saisie par la
suave odeur ; une autre délaisse sa guitare ; les paravents des
chambres sont eux aussi tout fleuris : l'un d'eux représente,
sous les érables, un cerf dont le bramement à l'automne, —
selon une poésie célèbre du *Hyakuninn isshu* qu'illustrera
Hokusaï, — éveille le désir d'amour[1]... Ou encore, allongés
sur une branche de prunier en surplomb au-dessus d'un petit
ruisseau, un homme et plusieurs courtisanes s'imaginent par
jeu qu'ils sont en barque : ils ont mis à la voile, poussent à
la gaffe et appareillent aux sons du *shamisen*, cependant qu'ils
éparpillent des poèmes sur l'onde[2]. Cette insouciante jeunesse
naviguant sur ce prunier fleuri, sous un ciel changeant, au-
dessus d'une eau qui s'écoule, quel embarquement pour
Cythère, quelle culture de l'illusion !... Ces décors où se plaisent ces héros de l'estampe populaire, comme ils rappellent
les paysages qui sur les estampes bouddhiques accompagnent
la figure de Kwannon[3] : torrent dont les petites vagues s'aigui-
sent en griffes, nuages rôdant entre des bambous flexibles,
oiseau passant à tire d'aile !... *Ukiyo*, monde éphémère...

Et leur aisance est la même à quitter la vie présente pour
errer par l'imagination dans des lieux et des temps d'autrefois. La vie populaire, les beautés naturelles de Yedo viendront plus tard. La mode, chez les Primitifs, est aux légendes
chinoises ou traitées dans le style chinois, avec un grand

1. Okomura Masanobu, C. i, 155. Cf. aussi Toyonobu, C. i, 203, Jeune
femme se promenant par un soir d'été, avec un éventail et une petite
lanterne, et Masanobu. C. i, 135 : une jeune femme, sortant du bain,
regarde un coq et une poule ; un petit poème nous apprend qu'à contempler ce couple la jeune femme regrette sa solitude.

2. Okomura Masanobu. V. pl. vii.

3. Cf C. i, 1, Kwannon à l'enfant : une inscription en bas, à gauche,
indique que cette estampe est une empreinte prise sur une pierre gravée
de Fusadan, à Nankaï (Chine).

4. Cf. Moronobu, C. i, 11, Dames visitant le temple de Kiyomizu à
Kyôto — Les sites des estampes chez les Primitifs sont difficilement
localisables. Cf. cependant Masanobu, C. i, 137 : dans le voisinage d'un
théâtre, une rue entièrement occupée par des agences de spectacles.

Phot. Longuet.

HOMME ET COURTISANES SUR UNE BRANCHE DE PRUNIER

Collection Fèvre.

L. Aubert. L'Estampe japonaise.

Pl. VII.

luxe de voiles, d'écharpes, de plumes, de nuages, de rapides,
de cascades, de fleurs et de rochers : Seiobo et sa suivante
qui lui offre des pêches ; un couple circulant parmi les nuées
dans un char en forme de nef, que guide un *tennin*, et qui
est supposé représenter un heureux rêve ; la belle Yokiki,
favorite de cet Empereur chinois Genso auquel l'estampe de
Harunobu fera si souvent allusion [1]... La mode est aussi
aux légendes bouddhiques, telle l'aventure de Kumé no
Sennin, qui, ayant aperçu une jeune femme lavant son linge
dans un ruisseau, alors qu'il planait dans les airs, descendit
vers elle, se posa sur une branche, puis alourdi par son désir
n'eut plus la légèreté de remonter vers l'azur [2]. Et ce sont les
héros du Japon, le poète Teïka, le rédacteur du *Hyakuninn-
isshu*, voyageant à cheval, guidé par une jolie jeune fille ; la
poétesse Ono no Komachi, lisant un livre ; le fameux Tum-
mangu Sugawara no Michizane avec son pin et son prunier
fidèle ; le Chunagon Yukihira et ses deux maîtresses Matsu-
kagi et Murasame, rencontrées pendant son exil, et qu'il appela,
l'une : « bruissement du vent à travers les aiguilles de pins » ;
l'autre : « petite pluie tranquille tombant sur un vieux village de jadis [3] »..... Et ce sont des rêves heureux, les trois
rêves heureux d'une nuit de nouvel an : le Fuji, le faucon-
nier, l'aubergine ; des images d'une union heureuse, le fiancé
et la fiancée tenant les masques de Jo et de Uba, le vieux
couple de Takasago, tandis que près d'eux on voit un

1. Cf. Torii Kiyonobu, C. 1, 33 ; Torii Kiyomassu, C. 1, 88 ; et C. 1, 319,
auteur inconnu, interprétation japonaise, peut-être même copie d'une peinture chinoise.

2. Masanobu, C. 1, 134, Scène figurée par les acteurs Ichimura Kamégo
et Nakamura Kumétaro

3. Cf. Torii Kiyomassu, C. 1, 91 ; Masanobu, C. 1, 184 et 122 ; Torii
Kiyomitsu, C. 1, 269. — Cf. encore Toyonobu, C. 1, 228, Portraits, dans
le style populaire, de trois fameux poètes et poétesses, composant des
vers sur un soir d'automne ; Masanobu, C. 1, 178. Pièce centrale d'un triptyque intitulé Portraits de trois personnages célèbres, passés après leur
mort à l'état de divinités : la poétesse Sotorihimé marchant sur un tapis
de fleurs.

emblème composé de la grue, du pin et de la tortue, symboles de longévité [1].

\*\*

Les Estampes des Primitifs nous sont un précieux document sur l'âme populaire du Japon, alors que la vie y était une fête galante au lendemain de guerres civiles. C'est un mélange de stricte étiquette et de laisser-aller instinctif, de vie saine à la campagne et de sentiments raffinés sur l'éphémère, de réflexes guerriers au milieu de divertissements pacifiques. La bravoure de ce peuple sans quoi l'on comprendrait mal la simplicité de sa vie, la durée et la fraîcheur de son esthétisme au milieu des plaisirs, y apparaît à nu. Point de scènes de rue, peu de sites localisés; des amants et des amantes attirés vers des rôles d'autrefois et des décors d'illusion, comme s'ils ne demandaient qu'à échapper à la trop réelle société où ils vivent. Sur les formes encore massives des belles, ondulent légers, transparents, sinueux, les plis des kimono et leurs décors de fleurs, d'eaux vives et de nuées. Le branle est donné. Les Primitifs sont encore à mi-chemin entre la tradition et la nature : pleins de gravité, un peu militaires d'allures, ils n'ont pas encore une parfaite aisance à mêler le rêve à la vie ni la finesse d'intuition psychologique d'un Harunobu ou d'un Outamaro; amateurs de beaux gestes et de costumes, ils n'ont pas la simplicité classique d'un Kiyonaga ; sensibles aux sons, aux parfums et aux mouvements des paysages, ils n'ont pas encore l'art de les animer d'une vie propre, selon les saisons et les heures.

A mesure que les cavaliers se soucieront moins des guerriers, que les belles oublieront les amazones d'autrefois, que

1. Cf. Okomura Masanobu, C. 1, 179 ; Kiyohiro, C. 1, 293.

le goût des armes et des bêtes de proie le cédera à la tendresse pour les oiseaux des bois, à l'adoration des grandes
forces de la nature, à la curiosité de l'amour, à mesure que
les masques héroïques des rôles laisseront percer la bestialité
des acteurs, et les gestes des truands le grand flux de la vie
universelle, alors la grâce de Harunobu et d'Outamaro, la
fantaisie satirique de Shunsho et de Sharaku, le lyrisme
de Hokusaï et de Hiroshigé inspireront des images du monde
éphémère, plus déliées, plus subtiles et plus colorées que
ces touchantes estampes primitives, où s'équilibraient si
sainement l'héroïsme, l'esthétisme et la pitié du vieux
Japon.

# CHAPITRE II

# HARUNOBU

# HARUNOBU

Le charme de jeunesse et de printemps que gardent
encore en sa fleur les « images de brocart » peintes par
Harunobu[1] enchanta ses contemporains. Comme naguère
Moronobu et Masanobu, il se vantait d'être un peintre du
Yamato, de ne pas abaisser sa dignité jusqu'à représenter
des acteurs, « humbles individus qui ne valent guère mieux

1. Harunobu Suzuki, appelé communément Jihei Hozumi et aussi Chô-
yeiken, naquit à Yedo et y mourut en 1770. Il fut l'élève de Shighenaga
Nishimura. — L'attribution et le classement de toutes les estampes qu'on
range d'habitude sous son nom présentent des difficultés que M. R. Kœchlin
a exposées dans son introduction au Catalogue. Harunobu eut beaucoup
d'imitateurs : nous citons l'aveu de Kôkan Shiba (1747-1822) dans son livre
*Kôkwai-Ki*. D'autre part, beaucoup d'estampes qu'on croit être de Harunobu sont signées d'autres noms qui ne sont pas toujours des noms de
graveurs, tel Kiosen. Et puis comment faire tenir la plus grande partie
de son œuvre entre 1765, date présumée du développement de l'impression
en couleurs (c'est vers 1764 que parurent les calendriers dont les illustrations étaient tirées avec cinq ou six blocs), et 1770, date de sa mort? —
Comme points de repère, il y a les estampes de sa jeunesse, évidemment
imitées de ses maîtres (elles sont classées en tête du catalogue), et
dix-neuf pièces datées de 1765; or, sur ce nombre, remarque M. Kœchlin,
« huit, et les plus belles d'impression, sont des tirages en bistre, d'aspect
presque monochrome, gravées avec trois blocs au plus ; d'autres, cinq,
ajoutent au bistre une ou deux couleurs plus vives, et six tendent vers la polychromie ; mais aucune pièce véritablement polychrome ne porte ce millé-
sime. Le plein développement de la polychromie serait-il donc postérieur
à 1765 ? » — Le mieux est de classer provisoirement les estampes selon le
nombre des couleurs employées à les tirer, avec cette présomption que les
estampes polychromes sont les dernières, et de distinguer, à l'intérieur des
diverses catégories établies d'après la couleur, les estampes signées Harunobu, les estampes non signées, les estampes signées d'autres noms. —
Malgré son mépris public à l'endroit des acteurs, Harunobu en a peint
quelques-uns.

que des mendiants » ; mais, tandis que ses prédécesseurs
avaient dû se contenter de traits noirs avec rehauts de rouge
ou de laque, puis d'impressions en trois couleurs, lui para
ses belles des cinq ou six tons que les progrès de l'estampe
mettaient à sa disposition. Et ce fut le triomphe de l'*Azuma
nishiki-ye*, de la gravure en couleurs, gloire de Yedo. « Soudain les peintures destinées à l'Estampe, dans la capitale de
l'Est, ont grandement changé. Maintenant, les feuilles en
rouge ne trouvent plus de clients. Pourquoi donc les élèves
de l'école Torii ne cherchent-ils pas à dépasser Harunobu
qui représente dans le style à la mode les mœurs des hommes
et des femmes ? » demande une poésie chinoise de 1767, et
nous avons aussi l'aveu d'un plagiaire, Kôkan Shiba : « A
ce moment le maître de l'*Ukiyo-ye*, Suzuki Harunobu, excel-
lait à peindre la vie des dames ses contemporaines ; mais à
peine avait-il dépassé la quarantaine qu'une maladie l'em-
porta. Alors je me mis à dessiner des compositions tout à fait
analogues que je fis graver et imprimer, et je l'imitai si bien
que le public me prit pour Harunobu. J'ai péché contre lui
alors et mon cœur est aujourd'hui profondément contrit. Parfois j'ai peint les jolies femmes de mon pays à la manière des
peintres chinois Kyuyei (K'ieou-Ying), Shushin (Tchéou
Tch'en) et autres ; sur des feuilles qui figuraient les mois d'été
je représentais d'après des modèles chinois la transparence
des gazes qui laissent apercevoir les corps nus ; pour
les mois d'hiver, c'était un bois de bambous et une hutte
de roseaux avec une lanterne de pierre dans le jardin,
le tout couvert de neige, et je prenais du papier mince
de manière à marquer les contours en relief, comme ont
fait les Chinois. C'était le temps où les femmes se mettaient dans les cheveux peignes et épingles et adoptaient
une mode nouvelle pour leur coiffure ; je n'eus garde de
la négliger et le public se plut beaucoup à mes estampes.
Je craignis alors qu'elles ne fissent oublier mon nom et

KORIUSAÏ

COURTISANE ET SES DEUX « KAMURO »

*Collection Manzi.*

Pl. VIII.

L. Aubert. *L'Estampe japonaise.*

bientôt et pour toujours je renonçai à ces imitations. »

Pourtant, il n'est pas d'œuvre de dehors moins révolutionnaires, d'une poésie plus simple, plus directe et plus intime que ces estampes, au format modeste, qui firent une telle sensation. « Fait en un jour heureux de printemps », cette mention que porte un des livres de Harunobu convient à toutes ses peintures [1]. L'héroïne en est quelque trois cents fois la même fillette qui, très affairée, ne cherche pas à s'imposer au regard. On l'aime d'abord pour la seule grâce de ses gestes, cette gamine de seize ans, qui, les cheveux bien tirés et comme en peignoir, erre dans des paysages non attifés qu'inquiète la lumière du renouveau ; puis on s'avise que cette enfant, dont les occupations paraissent si banales en des décors sans façons, est une perpétuelle allusion à un passé d'histoire et de légende, et que Harunobu n'est pas seulement le peintre exquis de la jeune fille en sa première fleur, mais encore l'artiste qui a le plus poétiquement féminisé la tradition japonaise.

*<br>* *

Mêmes coques de cheveux au sommet de la tête, tenues par les mêmes peignes, même front découvert, mêmes sourcils haut placés, mêmes yeux bridés, même nez long, et toujours son museau frais de lapin blanc. Si mince de corps, si menue des épaules qu'elle pourrait passer dans un médiocre anneau, de ses yeux qui ne cillent point, elle nous regarde avec un petit air impassible et affété. Ce n'est plus la femme rondelette de Moronobu, ce n'est pas encore la courtisane de Kiyonaga qui, dans son ample kimono, a le port de certaine grande dame de Gainsborough ; plus fluette que sa sœur aînée, plus simplette que sa cadette, la jeune fille de Haru-

1. V. note 1, p. 27.

nobu est-elle plus japonaise? Peu importe, car c'est non pas
de portraits d'individus ayant leur caractère, leur rayonne-
ment de vie intérieure, leur histoire, ni même d'un portrait
assez exact de la femme de son temps que Harunobu, non
plus d'ailleurs que Moronobu ou Kiyonaga, s'est jamais
soucié, mais d'un type qu'il a créé une bonne fois à son
goût et auquel, sa vie durant, il s'est tenu[1]. Jeune fille ou
jeune mère, cette femme oppose à toutes les aventures le
même air étonné de bourgeoise réservée ou de courtisane
rompue à l'étiquette.

Le miracle est qu'elle ne lasse pas à la longue, et même
qu'à la voir, nous éprouvions, chaque fois, cette petite
secousse de surprise contre quoi l'on n'ergote point. Les
décors d'intérieur et de paysage où elle évolue, sont pourtant bien sommaires, si on les compare aux intérieurs et
aux paysages de Koriusaï[2], de Kiyonaga, d'Outamaro : un

1. Il y a une légère transformation dans le type de femme de Harunobu.
Sur un de ses livres daté de 1763, *Scènes de la Vie ordinaire*, le visage
est assez rond comme chez Kiyonobu ; le galbe s'allonge sur quelques
estampes, datées de 1765, et sur un livre daté de 1770, *Rivalité de Beauté
au Yoshiwara*. — La preuve que Harunobu se préoccupait peu de portraits
nous est fournie par une estampe (C. ii, 255) qui représente trois beautés
de l'époque : Kagiya O Sen, Sakaïya O Sada, Yojiya O Fuji. C'est seulement par le style et la couleur de leurs *kimono* et de leurs *obi* qu'on peut
les distinguer, et qu'on peut reconnaître l'une d'elles, O Sen, sur une
estampe (C. ii, 148) où elle cause avec des marchands d'écrans décorés de
portraits et de scènes de théâtre, et sur une autre (C. ii, 249) où elle passe
devant une *chaya* du temple de Kagiya shinto.

2. Koriusaï (milieu du xviiie siècle) est vraiment original, et tout à fait
différent de Harunobu dans une suite de grandes estampes qui représentent
des courtisanes, les cheveux relevés sur le haut de la tête, ramenés en
ailes sur les oreilles et tout piqués d'épingles (selon la nouvelle mode
signalée par Kôkan Shiba). Au surplus, ces femmes se détachent sur des
fonds de paysages ou d'intérieurs mieux en perspective et plus étudiés que
les fonds de Harunobu (v. pl. viii, Courtisane se reposant dans un restaurant du district de Miméguri, accompagnée de ses deux *kamuro*, dont
l'une tient en laisse un chien noir, et C. ii, 364, Jeune homme et geisha
sur le balcon d'une auberge d'où l'on découvre la Sumida et le pont Riyôgoku, et 382, Sortie de courtisanes avec *shinzo* et *kamuro*). Il y a chez
Koriusaï une tonalité rougeâtre et grise qui n'est pas chez Harunobu, et
aussi une prédilection pour les estampes longues et étroites que l'on pendait dans le *tokonoma* en manière de kakémono. — Nous parlerons plus
loin de la grande originalité de Koriusaï; qui est dans le genre *Kwacho* :
animaux, oiseaux et fleurs.

paravent, une cloison de papier, le bord d'un ruisseau, une
branche d'arbre, — tout cela peu en perspective ; — les
scènes où elle paraît sont toutes simples : elle se peigne,
se lave les cheveux, sort du cuveau, encore humide du
bain, surveille son moutard, lit à sa servante l'intermi-
nable lettre de l'absent, peint des messages d'amour, hésite
avant de se glisser sous la moustiquaire, tant cette cage
de gaze lui paraît vaste depuis qu'elle y dort seule, rêve
au moyen de retrouver son galant : un saut par-dessus le
mur, l'écharpe liée à une branche, il sera là, pour recevoir
le frêle corps pesant, le joli cavalier qui, n'étaient ses deux
sabres, ressemblerait en sa glabre jeunesse à son amante.
Enfin, après l'absence, l'harmonie qui jaillit des rencontres : elle pose ses doigts sur les cordes du *biwa*
ou du *koto*, tandis que lui les touche du plectre ou de l'ar-
chet.... Voilà qui est charmant, mais qui pourrait être
ridicule, et que de fois nous pâmons-nous sans même comprendre la légende qui reste enclose dans les caractères
chinois !

Sujet, décor, en effet, qu'importe ? c'est bien la même
femme qui trois cents fois nous charme. Son visage n'exprime
guère son humeur, mais que le kimono qui l'enrobe est
éloquent ! Grandes courbes calmes de ses pans qui s'évasent,
tels les pétales d'une corolle renversée, grandes manches
qu'une bourrasque rejette en arrière, étale en ailes de papillon [1], quelle gaieté parfois dans l'envol léger des plis, mais
quelle tristesse quand ils pendent accablés ! Et comme,
serré à la gorge et à la ceinture, le kimono sait, à l'occasion, se dénouer, s'entr'ouvrir, glisser, défaillir ! Ses
lignes serpentines obéissent aux mouvements d'un corps
qui, par ses ploiements et ses ondulations, par sa souple

----

1. V. pl. ix. Jeune femme luttant contre le vent qui lui a enlevé ses épingles à cheveux, son *kami-iré* et, parmi les papiers qu'il contenait, une lettre
à son amoureux.

et frêle jeunesse fait songer à la grâce fugitive, à la beauté
lisse et qu'il faut se hâter de cueillir, d'un mince bambou, d'une herbacée frémissante à la moindre caresse...
« Plantes toujours vertes », disait Sukénobu de ses modèles.

La vie d'une femme, chez Harunobu, cela devient des
oscillations de fleurs : le cou, tige trop faible, cède sous la
masse des cheveux noirs ; hors des kimono, les corps
s'élancent, se courbent, les bras s'allongent, s'étirent : un
geste désespéré désigne une branche fleurie que submerge
l'eau d'un torrent, une main câline tend un éventail à un
cavalier, et une lanterne à un galant. Accroupies ou étendues sur les nattes que les sièges n'encombrent pas, ou flâneuses dans des sites célèbres, il y a mille façons pour ces
femmes de se mirer, de converser, de rêvasser, de ne penser
à rien ; mais, vienne un coup de vent, un chagrin, une petite
surprise, une brusque peur, tout le corps penche et verse :
sauve qui-peut sous l'averse, hanchement d'une craintive
que surprend le raccourci de son ombre, arrêt d'une peu-
reuse que retient une main d'homme, qu'un crabe pince au
pied, qu'un chat ou qu'un bébé tire par son kimono, affaissement de la femme jalouse devant le triomphe de la rivale,
défaillance d'une pauvrette qui se penche sous prétexte de
rattacher sa ceinture, mais sans doute parce qu'une
confidence de son compagnon vient de faucher un cher
espoir.

Aussi docilement que les plantes, ces femmes suivent le
rythme irrégulier des saisons et des heures, chez ce peuple
de visuels accoutumés à chercher dans leurs paysages des
symboles de leurs émotions. L'hiver, les petits arbres, les
petits toits ploient sous leur charge de neige et, saisi par le
froid, le paysage sonore des torrents et des rizières soudain
se tait ; la neige pèse aux parapluies, comme elle pèse aux
branches du bambou. Émus par tant de solitude et de

Phot. Longuet.

JEUNE FEMME LUTTANT CONTRE LE VENT

*Collection Chausson.*

Pl. IX.

L. Aubert. *L'Estampe japonaise.*

lumière, deux amoureux encapuchonnés, lui de noir, elle de
blanc, rapprochent leurs mains au manche de l'ombrelle et,
à pas feutrés, cheminent par la campagne [1]. Enfin la nature
frissonne et, capricieuse, au printemps, sourit de soleil pour
se rembrunir d'averses ; à peine écloses, les fleurs de cerisier qu'emporte l'aigre bise jonchent l'herbe et le ruisseau
de pétales que les jeunes filles balayent ou repêchent ; c'est
le temps des danses sous les fleurs, et, la nuit venue, les
belles, avec leurs lanternes, éclairent les pruniers qu'elles
ont devinés dans l'ombre à leur parfum. L'été, les branches
assoupies penchent vers l'eau d'où la grenouille saute, espé-
rant trouver quelque fraîcheur dans l'air : c'est le moment
de la chasse aux lucioles et des promenades en barque sur
les étangs parsemés de lotus : aussi voluptueusement qu'ils
s'inclinent sous la risée, la femme cède à l'amour. Puis vient
la mélancolie de l'automne : les jeunes filles se hâtent de
lancer les coupes de saké dans la mer, et d'effeuiller auprès
des torrents les chrysanthèmes sur quoi elles ont calligraphié
de minuscules poésies de dix-sept syllabes ; c'est alors que
d'une frêle terrasse de bois et de papier, au-dessus d'une cascade qui pleurniche, les belles accompagnent de gestes las
les passages d'oiseaux migrateurs, guettent les couchers de
soleil sous les havres couverts de voiles brunes — feuilles
mortes sur un étang — et regardent la lune d'automne qu'il
est si triste d'être seule à contempler.

Tendre comme une porcelaine de Chine, en sa blancheur de

1. Sur une épreuve parfaite de tirage (pl. x), voir les fines valeurs du ciel
lourd de neige et du sol éblouissant Le contraste de noir et de blanc entre
les deux amoureux est suggéré par l'opposition du corbeau et du héron.
La jeune fille représente *Sagi musumé*, la femme héron qui est l'âme de la
neige. Le saule qui l'abrite est l'arbre qu'on associe toujours au héron.
— Le même motif a été repris dans des estampes en hauteur par Harunobu lui-même (C. ii, 256 et par Koriusaï. Entre les deux estampes de
Harunobu, il y a des variantes : mouvements des mains sur le manche
de l'ombrelle, groupement des deux figures. Il est curieux de constater
que Koriusaï a pris comme modèle la petite plutôt que la grande estampe
de Harunobu, bien que celle-ci fût du même format que la sienne.

désir forcené de persévérer dans son être, de manger [1], de
se reproduire ! tout comme sous les airs câlins, les enthou-
siasmes et les lassitudes des belles, on sent la fougue de
l'amour.

Et frères des bêtes, en brutalité, en sauvagerie, en cruauté,
voici d'autres idoles du vieux Japon, les acteurs [2], dans leur
loge avant la représentation [3], avec leurs traits familiers à
tout le peuple de Yedo : Danjuro [4], à la mâchoire carrée,
au nez long, à la large bouche dont les commissures tom-
bent ; les acteurs chargés de rôles de femmes, Segawa Kike-
mojo, Iwaï Hanshiro, les Nakamura [5] ; puis voici les portraits
de leurs rôles. Ces rôles, c'est du fond du passé de grin-
çants retours de héros de bataille et de fantômes nocturnes
dans le Japon de Harunobu où la vie paraît couler si paisible et si ensoleillée, au parfum des fleurs, au son des
guitares. En l'absence de guerres, comme on a toujours le
goût des nobles gestes et des morts en bravoure, on exalte
les échauffourées des routes et des villes : un beau fait-divers
comme l'histoire des 47 Rônin du début du XVIII° siècle

1. Dans le livre de Koriusaï. *Diverses choses en dessin cursif*, deux
admirables estampes en noir : carpe bondissant hors de l'eau pour avaler
une grenouille ; fuite d'oiseaux qui, sur l'eau, ont aperçu l'ombre de l'aigle
planant au-dessus d'eux.

2. Shunsho, 1726-1792, fut le chef de l'École Miyagawa qui, elle-même,
par Chôshun se rattache à Moronobu et aux artistes de l'atelier Kwaigetsudo. Il est de la génération de Harunobu, de Koriusaï : comme eux,
il peignit des belles : mais c'est surtout comme peintre d'acteurs et de
scènes de théâtre qu'il est connu. Il créa un style qui s'est prolongé jusque
vers le milieu du XIX° siècle. Il a laissé de beaux livres, « Miroir des Beautés
des Maisons vertes », 1776, et « La Culture de la Soie », en collaboration
avec Shighémasa Kitao. De Shunyei, le meilleur des élèves de Shunsho,
1768 1819, les œuvres les plus marquantes sont cinq volumes d'Apparitions et des estampes représentant de grandes têtes d'acteurs, C. II, 519-522.

3. Cf. Shunsho, C. II, 473.

4. Cf. les portraits de Danjuro dans différents rôles par Shunsho, C. II,
450 458 V. pl XI, Ishikawa Yebizo, un des noms de Danjuro, en *Shibaraku*. Son vêtement est rouge, et porte deux *mon* blancs décorés de langoustes.

5 Cf. Shunsho, C. II. 459-473. La plupart de ces acteurs dans des rôles
de femmes sont représentés dansant.

*Phot. Longuet.*

DEUX AMOUREUX SOUS UNE OMBRELLE
*Collection Bullier.*

Pl. X.

L. Aubert. *L'Estampe japonaise.*

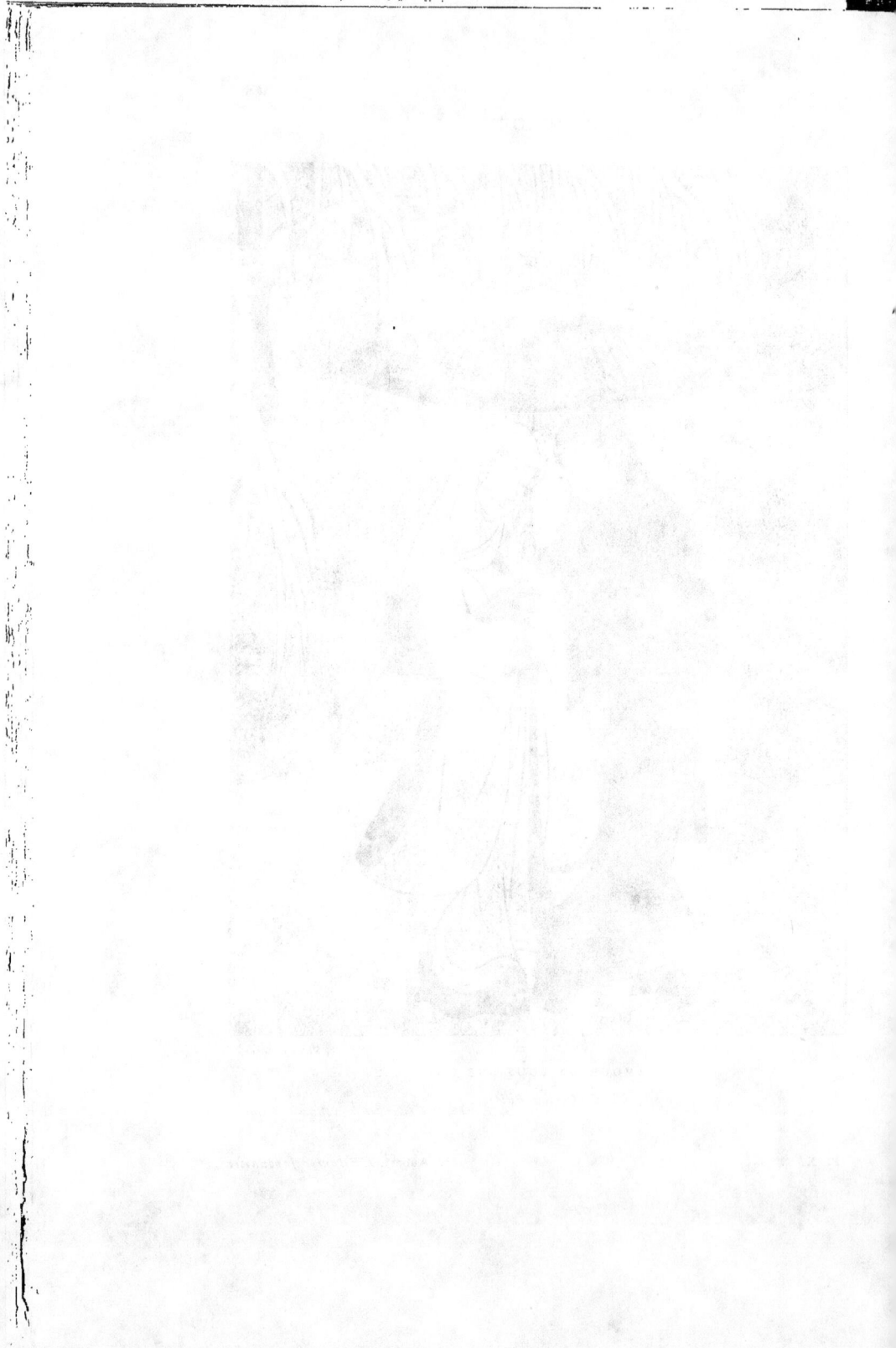

défraye la littérature, le théâtre et l'estampe pendant cent
cinquante ans. Il est si touchant, par toutes les traditions
qu'il exalte, le loyalisme de ces 47 serviteurs envers leur
maître, condamné au harakiri pour avoir menacé un autre
seigneur à la cour du Shôgun ! Débandés, devenus *rónin*,
ils ne pensent qu'à la vengeance, mais il faut tromper la
méfiance de l'ennemi. Voulant espionner sa maison, ils se
déguisent en artisans, en colporteurs ; ils feignent la débauche
et l'ivresse afin de donner à croire qu'ils ont oublié leur
devoir ; n'osant pas éveiller les soupçons par l'achat d'armures, ils en fabriquent. Puis, une nuit, après ces préparatifs où se plait le goût japonais de la ruse et du secret,
c'est l'attaque brusquée, à la manière des assauts illustres.
Discours du chef : « N'avez-vous pas juré ? Seriez-vous des
lâches ? » Grande politesse pour inviter l'ennemi à se donner
lui-même la mort ; et puis toutes les précautions préalables :
ne tuer ni vieillards, ni enfants ; prévenance à l'endroit des
voisins : « Restez tranquilles, nous ne sommes pas des
voleurs ; nous sommes des samuraï qui vidons honorable-
ment une honorable querelle », et, avant de quitter la demeure
de leur ennemi enfin assassiné, souci d'y éteindre feux et
lumières par peur qu'un incendie ne nuise aux entours. Enfin,
c'est, au petit jour, la publication de leur vengeance par les
Rônin escortés de leurs admirateurs, leur réception par le
prince de Sendaï, leurs dernières recommandations à un
bonze sur les soins à donner à leurs corps, et les 47 harakiri de ces héros de la maxime de Confucius : « Tu ne
vivras pas sous le même ciel que l'ennemi de ton père [1]. »

   Belle transposition dans le Japon contemporain, malgré
qu'il soit en paix, de la bravoure classique des guerriers
d'Ichi-no-tani [2]. En place d'illustres gentilshommes et de

   1. Voir Danjuro dans le rôle de Akagaki Genzo, un des 47 Rônin, C. II, 452.
   2. Chez Shunsho on trouve encore des scènes où figurent Benkei et un
officier de Yoshitsuné, C. II, 475 et 502.

batailles historiques, les héros des estampes deviennent des
*rônin*, des *otokodate*[1], vivant d'expédients, mais braves et
toujours prêts à défendre faibles et opprimés, des *chônin* ou
chefs des quartiers qui, dans les villes japonaises, groupent
marchands et artisans, et des voyageurs, des pèlerins, des
maquignons, des chasseurs[2], habitués des grandes routes
japonaises, champs de disputes, d'embuscades, de guets-
apens et de vengeances. Toutes les occasions de dégainer
qu'a ce monde d'errants, leur code d'honneur, leur souci du
rôle, leur physionomie de masque, leur raideur de marionnettes et leurs vêtements de mannequins, mêlés à des traits de
bravoure, d'humanité et de bassesse, voilà les thèmes familiers
des drames et des estampes où figurent les acteurs, équivalent
populaire de cette vie légendaire des héros d'autrefois, dont
tout le Japon rêve encore. Crânes rasés, cheveux ramenés en
ailes de chaque côté de la tête, puis tressés en queue, faces
glabres, yeux dilatés et rougis, nez crochus, bouches tordues
vers le menton, airs de bellâtres et de matamores à outrance,
mais de grand style, c'est à qui des acteurs fera la plus hor-
rible grimace, gesticulera, grincera, se désespérera, à qui
prendra l'expression d'un carnassier, d'un oiseau de proie,
à qui donnera le mieux l'impression d'apparition, de fantôme, car le public japonais aime la vie jusque dans ses
déformations, ses aspects rares, macabres. C'est Danjuro
en squelette terrorisant une jeune femme[3], ou représentant
le spectre de Taïra no Tomomori qui se tua quand fut
perdue la bataille de Dan no ura, en se jetant à la mer,
l'ancre de son bateau fixée à son casque[4]. Et c'est encore,

---

1. Cf. l'acteur Otani Hiroji, dans le rôle d'un otokodate, au bord d'un
ruisseau, C. II, 479, et C. II, 500, les *gonin Otoko*, les 5 Otokodate.

2. Cf. C. II, 478, L'acteur Ishikawa Yawozo figurant un *bakuro*, maqui-
gnon conduisant une génisse au marché, et C. II, 496, Un chasseur, la nuit,
près d'un pin, la main sur son sabre.

3. Cf. C. II, 450.

4. Cf. C. II, 455, par Shunsho.

dans les *Contes des Monstres d'antrefois*, livre où Shunyei et Shunsho sont vraiment les précurseurs de Hokusaï, « peintre des apparitions », une goule macrocéphale aux pattes minces, poilues et griffues, tourmentant les âmes des simples, hantant leur sommeil, les harcelant par les champs et par les mers...

Car le Japon, si modéré dans l'expression de ses sentiments quotidiens, aime par contraste les images de l'inquiétude et de la passion. Ce fut toujours un thème familier du théâtre populaire, reprenant de vieilles légendes consacrées déjà par des nò, que les amours des bonzes. Voici Seigen, décharné, en haillons, qui avilit en une coupable passion son caractère sacré[1]; voici surtout les héros du drame fameux qui, au $x^e$ siècle, eut le temple du Dojoji pour théâtre : le moine Anchin, épris d'une femme, Kiyohime, s'enfuit pour ne pas renier ses vœux et se cacha sous la grosse cloche du monastère. Kiyohime, brûlant de passion et de rage, se transforma en gros dragon, poursuivit l'infidèle, et entourant la cloche de sa queue étouffa son amant dans le bronze qu'elle fondit. Chez Harunobu et chez Shunsho, nous voyons les moines qui dorment la tête entre leurs mains, une *shirabyoshi* dansant la danse du Dojoji, coiffée d'un *éboshi* jaune, tapant à deux baguettes sur son *tsutsumi*, tandis qu'au fond de la scène on aperçoit, sur le ciel bleu, un prunier et une cloche, la grande cloche du temple, fameuse dans l'art du Japon depuis une dizaine de siècles[2].

Enfin, parmi la foule lilliputienne, sur le pont Riyôgoku, défilent les énormes et impassibles lutteurs : fronts bas, lourdes bajoues, nez cassés, démarche pesante, mais souple, de ces balles de muscles et de graisse qu'une sélection et un régime sévères conservent encore, trait pour trait, au Japon

---

1. Cf. C. II, 488, par Shunsho.
2. Cf. C. II, Shunsho, 477 ; Harunobu, 144, 215.

d'aujourd'hui, — idoles des badauds qui, à trois ou quatre,
n'équilibreraient pas sur la balance un seul de ces exception-
nels rejetons d'une race fluette, — idoles des amoureuses
geisha que, géants au sourire fat, ils haussent d'un seul doigt
jusqu'à leurs paupières lentes. Sur une estrade dressée au-
dessus d'un parterre de crânes, qui frénétiquement s'exclament, les deux lutteurs se baissent, s'étreignent, essayent
de se jeter hors du cercle, tandis qu'autour de ces taureaux
qui s'affrontent, un meneur du jeu, gros comme un insecte,
agite les élytres de sa robe et ses bras en antennes[1].

En ces décors, c'est un même débordement de l'instinct ;
mais, de toutes ses incarnations, plus que les lutteurs ou
acteurs de Shunsho et de Shunyci, assez monotones sous
leurs masques, et plus même que les animaux de Koriusaï,
c'est l'image de la femme peinte par Harunobu que l'on garde
en tête, c'est elle que l'on revoit offrant son pâle visage, son
corps souple et son kimono en fleur, au jour qui palpite et
rit entre deux averses, frissonnant en sa jeunesse timide
sous la lumière neuve du printemps, joli animal à peine
apprivoisé, douce biche à l'œil inquiet, reine gracieuse du
monde sauvage, fougueux et candide des eaux, des forêts,
des nues, sourire de ce Japon qui nous apparaît toujours, à
nous autres raisonneurs d'Occident, comme une capricieuse
terre de conte de fées.

*       *
*

Derrière cette héroïne occupée à des besognes ou à des
divertissements de tous les jours, à première vue la longue
perspective des traditions n'apparaît pas, si modérés et si
naturels sont les gestes par quoi elle rappelle les rêves et les

---

1. Cf. C ii, 506. La lutte à Yékoïn ; 507. Lutteurs s'affrontant ; 509, Le
cortège sur le pont. Les badauds qui s'exclament devant ce défilé de poids
lourds ont la gaieté gesticulante des personnages de Hokusaï.

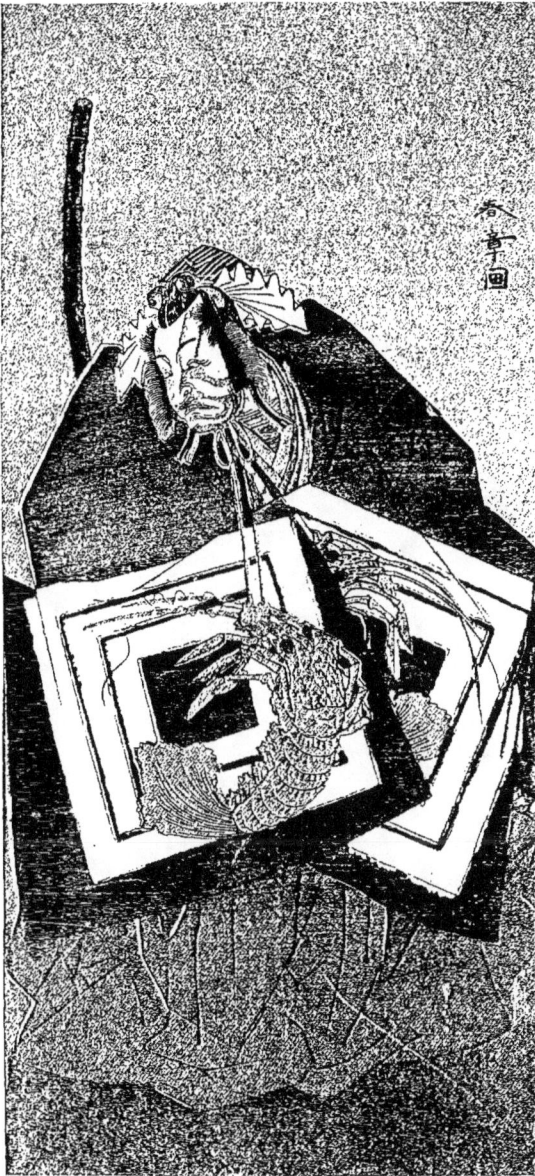

*Phot. Marty.*

L'ACTEUR DANJURO EN « SHIBARAKU »

*Collection Mutiaux.*

Pl. XI.          L. Aubert. *L'Estampe japonaise.*

actions notoires de jadis. Elle a pourtant double vie et ses
actes sont à double sens ; très présente, elle est toujours
plus qu'à demi engagée dans le passé ; et avec la même
aisance qu'elle se trouve de plain-pied avec la vie et les
paysages quotidiens, la voici qui s'envole dans les nuages,
parcourt les siècles, jouant tous les rôles, évoluant dans tous
les décors du répertoire classique.

Sans l'inscription portée sur l'estampe, quiconque ne serait
pas familier avec les inévitables allusions aux classiques dont
fourmillent la littérature et l'art de l'Extrême Orient, ne s'avi-
serait pas que telle scène doit suggérer plus qu'elle ne représente et, loin du Japon du xviii<sup>e</sup>, siècle nous transporter dans
la Chine d'autrefois. Deux amoureux sont assis et jouent de
la flûte : c'est une figuration en style populaire de l'empereur
Genso de la dynastie Tang et de sa concubine Yokihi[1] ; une
jeune femme au large chapeau cherche sur un sol couvert de
neige de jeunes pousses de bambou[2] : c'est Moso, un des
*Vingt-quatre parangons de piété filiale*, qui brave le froid afin
de satisfaire l'appétit d'un de ses parents ; sept jeunes
femmes sont assemblées : c'est une allusion aux *Sept sages
dans la Forêt de bambou*, prudhommes illustres qui, au temps
de la dynastie Chin, avaient coutume de se réunir pour échan-
ger des propos choisis et que l'humour de l'*Ukiyo-ye* transforme en sept Beautés, une dame noble, une jeune femme,
une geisha, une prostituée, une veuve, une fiancée et une
concubine[3].

1. Cf. ii, 172.

2. Cf. ii, 160 et 211. Le n° 15 du *Hyakuninn-isshu* est une poésie sur ce
parangon de piété filiale. Au temps de Harunobu, l'influence chinoise est
très forte sur les hautes classes au Japon.

3. Cf. C. ii, 16. Ce thème a été souvent repris par les artistes de l'École
populaire : Shunsho, par exemple. — Citons encore comme allusions à
l'histoire ou à la légende chinoises : C. ii, 203, Une jeune femme représente Kikujido, jeune Chinois, favori de l'Empereur Muh Wang. Il est
banni de la Cour ; l'Empereur lui enseigne avant son départ une sen-
tence du Bouddha, qu'il a rapportée de l'Inde et qui doit assurer salut

Et ce sont des allusions aux héros du Japon. Une dame
dissimulée derrière un *sho-ji* attire à elle un cavalier : c'est
l'entrée, dans la chambre de Jorurihimé, de Minamoto no
Ushiwakamaru, que Moronobu, Kiyonaga et Outamaro représentent ailleurs en donneur de sérénade; un jeune homme
maintient le bois d'un arc dont deux jeunes filles essayent en
vain de tendre la corde : c'est l'arc fameux dont Minamoto
no Tamétomo se servait à Onigashima et que trois hommes
pouvaient à peine bander [1]. Parfois, ce sont des allusions
à des scènes édifiantes : une jeune femme regarde une grenouille qui saute vers une branche de saule. On pense,
d'abord, devant cette estampe, que la grenouille saute pour
respirer un peu, par souvenir d'un *hakkaï* fameux de la fin
du xviie siècle : « La saison où l'étang devient chaud à en
juger par toutes les têtes de poissons », ou bien que ce saut
brusque attire l'attention de la belle sur le silence de l'eau
stagnante qu'il vient de rompre et, par analogie, sur l'idée
de méditation, comme dans cet autre hakkaï célèbre : « le
vieil étang... et le bruit d'une grenouille sautant dans l'eau » ;
mais ici l'allusion est encore plus précise : la jeune femme
figure Ono no Tofu, un des trois calligraphes célèbres du
Japon, en un épisode fameux de sa vie, au xe siècle : n'ayant
pas obtenu le rang qu'il espérait à la Cour, il allait se retirer
quand il vit une grenouille qui se reprenait jusqu'à sept fois

---

et longue vie. Kikujido, par peur d'oublier les caractères sacrés, les
peint, dans sa retraite, sur des pétales de chrysanthèmes ; la rosée, qui
les efface chaque matin, se transforme en eau d'éternelle jeunesse. Un
*nô* a repris cette légende : 800 ans plus tard, un Empereur dépêche
un envoyé pour recueillir cette eau ; l'envoyé trouve près de la source
l'esprit de Kikujido. — Cf. aussi II, 245, Trois dames de la Cour, deux
Japonaises et une Chinoise, auprès d'une grande jarre de saké. C'est
Lao-Tsé, Bouddha et Confucius qui expriment par leur jeux de physionomie que chacun trouve à la liqueur un goût différent : la vérité
est une et peut apparaître sous des aspects variés. Confucius et Bouddha
sentent l'âcreté et l'amertume de la vie, dont Lao-Tsé ne remarque que la
douceur.

1. Cf. C. II, 83 et 102.

Phot, Longuet.

JEUNE FEMME TENDANT UN ÉVENTAIL A UN CAVALIER

Collection Vever.

L. Aubert. L'Estampe japonaise.

Pl. XII.

pour atteindre la branche qu'elle convoitait. Il persévéra, obtint le poste et devint ministre de deux Empereurs [1]. Ailleurs, une jeune femme court pieds nus sur un brise-lames pour rapporter à un jeune homme, cavalier arrêté au milieu d'un ponceau, l'éventail qu'il a jeté dans l'eau ; on ne pense qu'au charme de la scène, à l'élan de la jeune femme, à son exquis geste d'offrande que l'arbre semble accompagner de ses branches : or c'est une transposition populaire d'une scène fameuse où, Kosékiko ayant jeté sa sandale dans une rivière, Choryo y plongea par trois fois pour repêcher la chaussure et en récompense reçut les secrets de la tactique [2].

L'héroïne d'Harunobu, s'affranchissant des lois de la pesanteur, se prête à de fantastiques déformations : la voici en *Rokuro kubi*, femme dont la tête, pendant son sommeil, s'allongeant au bout d'un cou filiforme, va regarder par-dessus un paravent [3] ; la voici en jeune fantôme apparaissant dans la fumée d'un bâton d'encens, par allusion à la belle Muira Yatakao qui, étant morte pour ne pas céder au daïmyo de Sendaï, apparut ainsi à son amant le rônin Shimada Jusaburo [4] ; la voici en ange bouddhique, une flûte à la main, assise entre les ailes d'un oiseau qui vole vers un paulownia en fleurs, et en *sennin* sur le dos d'une oie sauvage en plein vol [5]. Et puis elle sait se mettre dans les bonnes grâces des dieux : pleut-il, elle se fait porter par Shoki, abriter par Daruma. Avec le même Daruma, ascète grave et docile, elle marche sur les flots, l'accompagne en barque, où, pour lui

1. Cf. C. II, 117.
2. V. pl. XII. Cf. la même scène traitée par Torii Kiyonobu, C. I, 32, mais non point féminisée comme chez Harunobu.
3. Cf. C. II, 41.
4. Cf. C. II, 47. Sharaku a représenté (C. III, 333) le daimyo et l courtisane, mais sans aucun souci de poétiser leur aventure.
5. Cf. C. II, 37, 126.

plaire, il épile son visage broussailleux au miroir de l'onde. N'est-il près d'elle qu'en peinture, il suffit qu'elle lui présente sa pipe pour qu'il s'anime, et, sur une autre estampe, le gros Hotei, un des sept dieux du bonheur, n'y tenant plus, s'élance du kakémono où il a laissé son sac d'abondance, et, roulant sur son ventre, s'approche pour caresser la belle qui sommeille[1].

Il est vrai qu'outre sa jeunesse et sa beauté elle a pour attirer les dieux une honnête piété et une solide superstition : elle monte aux temples shintoïstes tenant à la main les baguettes divinatoires par lesquelles elle apprendra la volonté des *Kami*[2], et, pour savoir si Bouddha exaucera ses désirs, elle s'élance de la plate-forme du temple de Kiyomizu cramponnée à son ombrelle ouverte. Si Bouddha lui est favorable, elle arrivera saine et sauve sur le sol du vallon, sinon... ; mais Bouddha lui sera certainement favorable. Sur la foi d'une vieille légende, elle jette du mont Atago dans la vallée des coupes à saké en terre où son nom est inscrit ; si elles ne se cassent pas, elle réussira dans ses entreprises amoureuses... Il est vrai que si elle échoue, elle n'aura, à l'imitation de *Ushi no Toki Maïré*, la femme jalouse, qu'à gagner un temple shintoïste, vers deux heures du matin, à l'heure du bœuf, et, là, qu'à planter un long clou dans le tronc d'un cèdre, pour que son amant envoûté languisse ou meure[3].

Même quand elle contemple, le plus simplement du monde, le paysage où elle trotte avec l'incohérence et la surprise d'un enfant lâché dans un grand jardin, il faut chercher dans l'attitude de cette petite un souvenir. Regarde-t-elle un cerisier en fleurs ou bien la cascade Otawa dans la cour du

1. Cf. C. ii, 24, 34, 48, 49, 131, 134, 170.
2. V. pl. xiii.
3. Cf. C. ii, 25, 138, 210.

*Phot. Marty.*

JEUNE FEMME MONTANT A UN TEMPLE SHINTOÏSTE

*Collection Vever.*

Pl. XIII.

L. Aubert. *L'Estampe japonaise.*

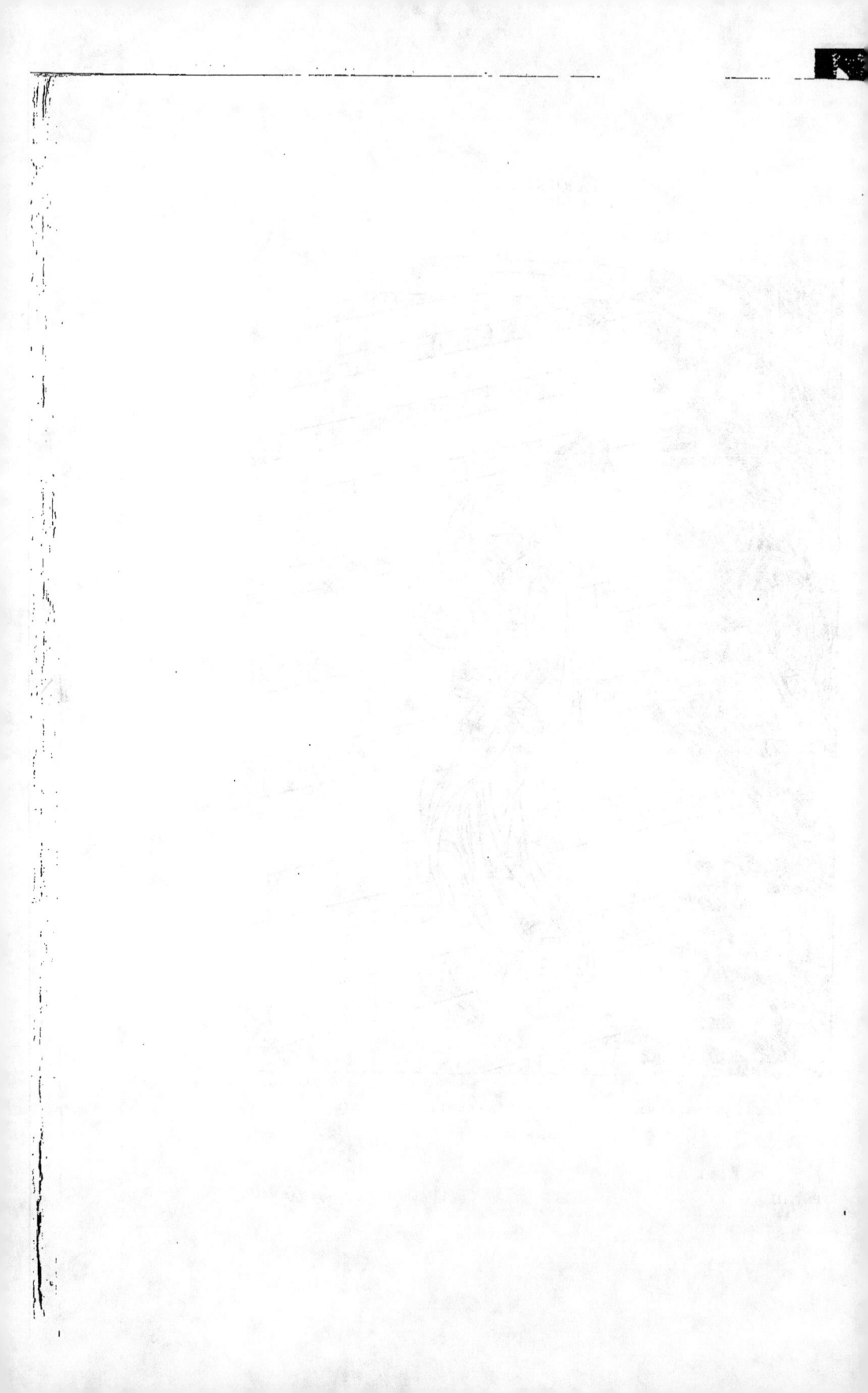

temple de Kiyomizu, fait-elle flotter un minuscule bateau
sur une pièce d'eau : ces curiosités et divertissements naturels sont des allusions, dans le style populaire, à une poétesse du ixᵉ siècle, Ono no Komachi [1], célèbre par une
tanka conservée dans le *Hyakuninn-isshu*, où elle compare
la couleur de la fleur qui passe sous la pluie à sa propre
beauté qui s'est fanée, tandis que vainement elle la contem-
plait. L'univers se dissout : des gestes émouvants de regret
et d'émerveillement ont été trouvés jadis devant cet universel écoulement : ce sont ces gestes que l'héroïne de Harunobu reprend, que ses sœurs, les belles de Kiyonaga, d'Outamaro, reprendront, et leurs réflexes, même quand ils ne
rappellent pas des réflexes notoires, historiques ou légendaires, sont traditionnels, car c'est la vieille sensibilité de la
race qui anime leurs jeunes beautés, et ce sont les attitudes
où cette race a mis sa dignité et sa consolation qu'elles
perpétuent avec l'exactitude rituelle de prêtresses entretenant
un feu sacré.

Les paysages qui forment les fonds des estampes de Harunobu sont exquis, mais sommaires. L'héroïne et le décor
s'y découvrent l'un l'autre par bribes, par fragments; ils
sourient, soupirent, pleurent ensemble; dans les quelques
œuvres où son rôle est plus important, le paysage conserve
encore les apparences que le sentiment chinois, taoïste et
bouddhique, lui avait prêtées dans l'art des Kano, depuis
le xviᵉ siècle : sur la page de garde de tel des livres de Harunobu, *Rivalité de Beauté au Yoshiwara*, la lune émerge des

---

1. De la Série *Furyu Nana Komachi*, les sept attitudes de la poétesse
Ono no Komachi. Cf. C. ii, 4, 22, 81, 82. — Cf. encore 44, Jeune femme
auprès d'un volubilis qui s'enroule le long d'un tuteur : figuration de la poétesse Kaga no Chiyo qui composa un poème sur le volubilis ; 27 et 150, A
Ishiyama dera, temple que Hiroshigé a représenté dans ses Huit vues
d'Omi, la poétesse Murasaki Shikibu écrit le *Genji Monogatari* : pensive.
elle contemple des pêcheurs qui jettent leurs filets dans le lac Biwa.

nuages au-dessus des vagues. Une estampe représente en
hauteur un paysage dans le goût des paysages de Sesshû et
de Kano Monotobu : c'est, au-dessus d'une crique, la même
superposition de bateaux, de moraines neigeuses, de pins,
de temple, de nuages et de lune; ailleurs, sur un ponceau,
un *jicho*, serviteur impérial, s'est arrêté pour contempler
une cascade, ou bien le vieux couple Jo et Uba salue le
lever du soleil à Takasago[1] : c'est l'extase bien connue du
petit contemplateur des kakémono chinois. Et il en va de
même toutes les fois que les héroïnes de Harunobu regardent l'eau, les fleurs, la lumière : le frémissement qui secoue
leur frêle figure trahit la pensée qu'il leur faut se hâter
d'aimer ce qu'elles ne verront pas deux fois. Point n'est
besoin de sites d'exception pour que naisse en elles ce sentiment; c'est une émotion de toutes les saisons, de toutes
les heures, à propos de paysages de tous les jours... Elles
sont nombreuses les heures contemplatives de cette petite
rêveuse devant les lointains où sur une mer de brumes se
posent des voiles, des arbres, des temples[2]; devant l'eau
vertigineuse des torrents, l'eau calme des rivières, l'eau qui
entraîne les minuscules feux d'artifice, que les belles y
lancent du bout de leur pipette; l'eau sur quoi dansent si
vifs les reflets de la lune, retentissent si clairs les chants
des pluviers, passent si rapides les bandes d'oiseaux, s'écoulent si tristes les pétales tombés, s'épanouissent si purs les
lotus[3].

1. Cf. C. II, 110, 86, 87.

2. Contemplation de lointains, C. II, 29, 135.

3. Contemplation de l'eau, C. II, 36, Une jeune fille, passant sur un pont,
met sa manche devant ses yeux, pour ne pas voir le torrent. — Promenades
en barque, 104, et 72, représentation populaire de *Asaza buné*, allusion au
bateau où en compagnie de sa maîtresse le Shôgun Iétsune, au XVIIe siècle,
aimait à fuir les soucis du gouvernement. — Lancement de bateaux et de
*hanabi*, minuscules feux d'artifice, 82, 74, 176. — Reflets de lune, 141 et
261, de la série des Six Tamagawa; 182, Jeune femme près de sa terrasse contemplant le paysage lunaire; c'est l'automne, elle pense à son époux qui

Entre toutes les fleurs, le Japon a toujours chéri la fleur de prunier, parce que timide, hésitante, un peu transie sur sa branche, toute menue dans l'espace encore vide et mort, elle est le premier sourire du renouveau... Le prunier, c'est sous son invocation que se place la fillette peinte par Harunobu : sans doute, elle aime à recueillir au fil d'un ruisseau les pétales de cerisier, neige tiède et rosée, qui ne vient pas du ciel; elle aime à gagner en barque les champs aux larges feuilles sonores où les lotus s'épanouissent au-dessus des impuretés; mais les cerisiers parlent de plein printemps; les lotus, de plein été. Sa saison à elle, c'est le premier printemps, au moment qu'il s'éveille et qu'il pointe; ses grandes sœurs, chez Kiyonaga et chez Outamaro, n'ont plus sa prédilection pour le prunier : lui dans l'année, elle dans la vie ne sont-ils pas du même âge et de la même humeur ? Suivre son instinct, se laisser guider dans la nuit par l'odeur des fleurs, l'héroïne de Harunobu prête l'oreille à cette leçon de sagesse japonaise : aux lanternes, quand elle vient penser à son galant ou que par la vérandah elle le guide silencieusement vers sa chambre, le prunier est là dans l'ombre, tout blanc comme sa petite protégée qu'il encourage d'un sourire, d'un parfum [1].

voyage au loin. — Passages d'oiseaux : cf. C. ii, 259, Jeune femme écoutant chanter les pluviers à Michinoku (série des Six Tamagawa) ; 184, Jeune pêcheur contemplant des grues, illustration populaire d'un poème de Fujiwara no Kiyomasa sur le vol des grues. — Fleurs : cf. C. ii, 240, Jeune fille recueillant des fleurs de cerisiers au fil d'un ruisseau ; 169, Jeune femme contemplant un cerisier en fleurs, tandis que sa compagne balaye les pétales tombés, allusion à un poème de Ki no Tsurayuki, où les fleurs qui s'effeuillent sont comparées à une neige qui ne serait pas froide et qui ne viendrait pas du ciel. — Pour les lotus et les iris, fleurs de l'été, cf. 53, 253.

1. V. pl. xiv, et C. ii, 66, Jeune fille éclairant avec sa lanterne un prunier en fleurs ; 166, Jeune homme attirant son amie qui s'attarde à regarder les fleurs de pruniers. — Contemplation des pruniers : 151, 190. Cueillette des fleurs de pruniers : 149, 115, 193, Jeune homme grimpé sur une balustrade et coupant une branche de prunier pour l'offrir à son amie, qui, pendant ce temps, cache la lumière d'une lanterne de pierre pour qu'on ne la voie pas en si douce compagnie.

\* \*

Tant de légendes historiques, de beautés naturelles, de dieux, d'empereurs, de sages, de poètes, incarnés par cette fillette menue! Elle reste elle-même et en même temps elle est en confiance avec tous les personnages de la tradition, avec tous les aspects de l'univers ; elle paraît être à son aise sur le dos de Daruma ou d'un oiseau légendaire ; les attitudes d'Ono no Komachi, on dirait que ce sont les siennes. Un tel naturel dans des rôles aussi variés, une telle familiarité avec le plus beau style d'autrefois, une telle souplesse à mêler tout le passé au présent sans qu'il y paraisse, voilà qui suppose chez cette jeune fille ou cette jeune femme, — qui rarement chez Harunobu est une courtisane, — une jolie nature, point habituée à ne penser qu'à elle, un raffinement inné dans les manières, et surtout l'âge heureux où l'on vit encore à moitié dans le rêve et déjà à moitié dans la vie qui vous appelle, où l'on est soi-même et d'autres personnages, dans une atmosphère semi-poétique, semi-réelle, au caprice de l'imagination qui préfigure l'avenir. Poète des seize ans et aussi poète du vieux Japon évoqué sous les dehors d'une belle, Harunobu est le peintre de l'âge où l'on vit d'imitations, et son héroïne la plus jeune de toutes les belles de l'Estampe en est aussi la plus traditionnelle.

Et puis si cette *bijin* exprime avec tant d'aisance les attitudes, les sentiments d'autrefois, c'est qu'elle est d'une race où la moindre allusion au temps jadis est saisie, sans qu'il soit besoin d'insister. Une inclinaison de la tête ou du corps, un geste devant une branche d'arbre, un vol d'oiseau : c'est assez. Les individus ne comptant pour rien auprès de l'éternité de la race qui vit en eux, c'est à la voix de la race que les vivants sont attentifs.

*Phot. Longuet.*

BELLE GUIDANT UN JEUNE HOMME

*Collection Moreau.*

Pl. XIV.                    L. Aubert. *L'Estampe japonaise.*

L'héroïne de Harunobu participe à la grâce, à la poésie,
au style du passé qu'elle figure; à force de les incarner,
elle se nimbe du halo des traditions, et à son tour elle leur
prête son charme et sa jeunesse : elle aussi, elle surtout
peut-être, parmi ses sœurs dont l'art japonais, depuis ses
origines jusqu'aux dernières années de l'estampe, s'est toujours plu à représenter les traits, a contribué à féminiser
la tradition, la nature japonaise. A force de symboliser
les dieux, les sages, les empereurs, les guerriers, les poètes,
les saisons, les heures, par des femmes, de noter les affinités de poses, les harmonies de couleurs entre les belles
et les sites où elles passent, l'Estampe a jeté sur l'histoire et sur le paysage du Japon une grâce de femme. De
tous les poètes de la femme « image de ce monde éphémère », Harunobu reste le plus simple, le plus immédiatement accessible tout en étant le plus hanté par les allusions au passé, le plus humain tout en étant le plus japonais.

Car la radieuse jeunesse de son héroïne si évocatrice de
traditions illustre à merveille la miraculeuse survie du passé
en ces îles, où jamais il ne se juxtapose au présent sous des
apparences vieillottes et boudeuses. Rien de fané, de décré-
pit; c'est la fraîcheur, le luisant, l'éclat d'un éternel présent :
les très vieux arbres sont de l'espèce des toujours verts ;
les cerisiers, les érables, les camélias ont une gloire fragile,
mais qui tombe brusque, sans déclin, il n'est point de
pierres ruinées en ce vieux pays qui rebâtit sans cesse et
toujours pareil, à la manière antique et toujours jeune d'un
essaim d'abeilles construisant sa ruche. Au regard de la
régularité organique de l'espèce se reproduisant toujours
semblable, les écarts individuels ne comptent pas. Les vénérables temples d'Isé, les plus anciennes reliques architec-
turales de l'Empire et qui ressemblent à des huttes homé-
riques, sont reconstruits tous les vingt ans, toujours les

mêmes. C'est un style préhistorique dans du bois neuf. De même, la vénérable antiquité des gestes, des attitudes, des émotions et des croyances se survit sans ride chez les jeunes filles de Harunobu.

# CHAPITRE III

# KIYONAGA

UNE MAISON DE
Collecti

PL. XV.

炭南見十二候

NAGAWA

L. Aubert. L'Estampe japonaise.

# KIYONAGA

L'héroïne de Moronobu était une grosse fille courtaude, robustement sensuelle, mais très noble dans les manteaux qui l'engonçaient. Ses grands-pères avaient escarmouché, à travers tout le Japon, pendant un demi-siècle de guerres civiles, et ils avaient envahi la Corée : elle se rappelait encore leur rude vie quand, par divertissement, sur des poneys capricants et acharnés à mordiller, elle chevauchait, amazone hérissée de flèches, d'antennes et de sabres.

Puis vint la *bijin* de Harunobu. Adorable apparition de l'enfant de seize ans sur un ciel qui sourit entre deux bourrasques ! Offrant au vent son museau futé, elle s'avançait, avec les bonds et les subits arrêts d'une biche, folâtrant souvent seule, parfois avec une amie ou un amoureux, courant dans la brise, baignant ses mains dans les ruisseaux, troublée la nuit par le parfum des fleurs. Bras longs, jambes maigres, cheveux tirés sur le front, roulés en coque au sommet de la tête, rassemblés en chignon très bas, la nuque un peu courbée, aux atours elle préférait ses aises ; pourtant femme déjà par son désir un peu maniéré de plaire, son émoi en certaines rencontres, devant certaines confidences, alors que son kimono trahissait, par la lassitude ou l'allégresse de ses plis, la tristesse ou la joie que voulait cacher l'impassible physionomie. C'était l'éveil à l'amour et à la douleur d'une fillette chagrine ou radieuse, de grâce un peu aigre comme la

naga, bénéficiant de cette remontée vers les origines, est
devenu pour beaucoup de connaisseurs la figure centrale de
l'École. Il n'a plus l'inexpérience touchante des Primitifs ;
pourtant il est leur frère en esprit plus qu'aucun de ses successeurs et il est l'héritier direct de leurs découvertes techniques. Après les tirages en noir et blanc de Moronobu, légèrement teintés à la main de rouge et de jaune (début du
XVIIIe siècle) ; après les tirages en deux tons, rose et vert,
obtenus avec deux planches, de Shighemasa (vers 1740-1745),
puis à trois tons (vers 1755), dont les couleurs fondamen-
tales étaient le carmin, le bleu et le jaune, la complète
impression polychrome est utilisée à partir de 1765 par
Harunobu, et c'est dès lors une variété de rouges, de violets, d'ocres, de bleus, de verts-olive et de noirs[1]. Kiyonaga
est l'esprit synthétique, le constructeur, le classique qui
résume cent années de l'art de l'estampe[2].

Il meurt, en 1815, à soixante-quatre ans ; depuis une
vingtaine d'années, bien qu'il eût conservé la direction de
l'école des Torii et qu'il prêtât sa signature pour les annonces
de la corporation des acteurs, il ne peignait plus guère.

1. La seule innovation technique, — le style de son dessin et son coloris
mis à part, — qu'on puisse, peut-être, attribuer à Kiyonaga, c'est l'emploi
de bleu et de noir diaphanes, à travers quoi paraissent dessins et couleurs
des kimono.

2. Notez l'agrandissement du format de ses estampes comparées à celles
de Harunobu, et leurs groupements en diptyques, triptyques, et même en
scènes s'étalant sur cinq feuilles — Kiyonaga, comme Harunobu, a souvent publié des estampes en séries sous un titre poétique qui est inscrit
dans un coin de chaque feuille. Par exemple : *Minami juniko*, les douze
mois du Sud ,du sud de Yedo. c'est à-dire Shinagawa), série qui comprend
les deux scènes d'auberge. v. pl. xv et C. iii, 57 ; *Cha-ya* au clair de lune,
C. iii, 56 ; La sortie nocturne, C. iii, 60. Citons encore : *Fuzoku Azuma
no Nishiki*, « Brocards de l'Est ou costumes et manières des divers habitants de Yedo illustrés par l'estampe » (la planche xvi appartient à cette
belle série, ainsi que C. iii, 63, Deux porteuses de sel : C. iii. 65, Trois
jeunes filles se promenant un jour de pluie ; C. iii, 70. La sortie du bain
avec un enfant : C. iii, 71, Deux jeunes femmes achetant des arbres nains) ;
*Hinagata wakame no hatsumoyo*, « Dessin d'après des légumes nouveaux » (les primeurs, ce sont les jeunes femmes), et enfin les séries : « Sept
chauds printemps à Hakone », et « Jeux d'enfants pour les cinq festivals ».

Masanobu et Harunobu étaient morts en plein travail ;
Koriusaï et Shunsho n'avaient abandonné l'estampe, devant
la gloire de Kiyonaga, que pour se consacrer à la peinture :
pourquoi donc Kiyonaga abdiqua-t-il en plein triomphe,
quelque vingt ans avant de mourir ? « Son génie, — nous
dit l'un des juges réputés en art japonais, Fenollosa [1], —
était devenu trop noble et ses modèles de beauté trop purs,
pour être plus longtemps appréciés par une population essentiellement vulgaire et désireuse de changements..... A partir
du moment où les changements faits par d'autres mains.....,
conduisirent lentement, mais sûrement, à la décadence...,
Kiyonaga, comme un roi, abdiqua, quand il sentit qu'il
n'était plus utile. » Dans l'empressement que Yeishi, Shuntcho, Outamaro mirent à imiter le type de femme que Kiyonaga avait popularisé, on ne voit pas la preuve d'une désaf-
fection du public à l'endroit de l'artiste qu'il avait tant fêté,
bien au contraire : pourquoi dès lors Kiyonaga aurait-il
laissé le champ libre aux décadents ?

Au reste, cette retraite n'est pas prouvée : on croit connaître de Kiyonaga une estampe postérieure à 1795. Et même
si ce ne fut qu'une demi-retraite, point n'est besoin pour
l'expliquer de supposer une solennelle abdication. Au vieux
Japon, c'était une très ancienne coutume bouddhique que l'on
quittât le monde, que l'on devînt *inkyo*, afin de mieux s'affranchir, par la réflexion, du grand cycle d'illusions où, doulou-
reusement, les hommes renaissent tant qu'ils restent prison-
niers des passions. Un tel usage se répandit dans toutes les
classes : vers la quarantaine, on se retirait des affaires pour
laisser la place aux jeunes que, dans la coulisse, on continuait à guider, pour acheter des bibelots, pour s'amuser. Or
c'est vers 1795 que Kiyonaga ralentit sa production et qu'il
ne dirige plus que de loin l'école des Torii ; il a quarante-

1. *The Masters of Ukioye*, by E.-F. Fenollosa, New-York, 1896.

quatre ans, l'âge où l'on songe à devenir *inkyo*. Moronobu, son illustre devancier, lui avait donné l'exemple, près d'un siècle auparavant. Une telle retraite spirituelle, n'est-ce pas la fin qui convient à la vie de deux illustres artistes de l'*Ukiyo-ye*, — des peintres de ce « fugitif et misérable monde si plein de vicissitudes » ?

*
* *

Au temps de Kiyonaga, sous le maître absolu, la politique chôme et aussi les aventures : c'est la paix imposée à ce peuple de batailleurs dont les nobles ont gardé, des siècles de guerres civiles, l'habitude de porter toujours les deux sabres : en cette paix niveleuse, sans riches ni pauvres, où la moitié du Japon emprunte à l'autre moitié pour entretenir ses plaisirs, il ne fait pas bon amasser des richesses que pourrait envier le maître averti par ses espions. A défaut de gloire et d'argent, restent la culture, les divertissements, qu'encourage le Shôgun : le poids de cette autorité tyrannique établit, entre gens de toutes classes, une ressemblance, un certain ton égalitaire, un commun besoin de plaisirs et de sociabilité. Marionnettes et combats de coqs, guets-apens et vengeances privées, romans et drames, intrigues et escapades nocturnes, arrangements de fleurs et cérémonies de thé, voilà qui occupe l'ardeur et l'imagination des jeunes féodaux et de leurs imitateurs populaires depuis qu'ils sont contraints d'user leur vie à des riens.

Large public, et que les tirages peu coûteux des estampes permettent d'atteindre individuellement. Les artistes se gardent des allusions politiques, des allusions sociales aussi : en 1787, sévit une terrible famine qu'a racontée le romancier Bakin ; il n'est pas trace de ce fléau chez Kiyonaga, non plus que de métiers au travail. Non, rien que des oisifs et des oisives dont la grande affaire est de se distraire et d'aimer [1].

Le quartier d'amour à Yedo est le Yoshiwara : derrière ses fossés et son unique porte, trois mille femmes de tous rangs. Cette petite société a son code d'honneur, ses rites, ses légendes et ses fêtes ; elle prend le ton des courtisanes les plus huppées, des *oïran* des Maisons vertes, et de leurs jeunes suivantes, les *kamuro*, *oïran* en herbe. — Tout le monde fréquente au Yoshiwara. Le soir, gentiment, sans hypocrisie, on s'y promène en famille, hommes, femmes, enfants, aux visages ébahis devant les cages blondes de nattes, de dorures et de lumières, où, en grand arroi, trônent, avec une immobilité d'infantes, les jolies filles, coiffées, parées, fardées [2]. En ce rendez-vous de bonne humeur, les courtisanes, par représailles, n'ont pas à insulter les passants ; c'est un décor romanesque, tant les estampiers, familiers des maisons vertes, en ont popularisé les héroïnes, tant les romanciers y ont situé d'émouvantes histoires. Qui ne connaît les amours du samuraï Hirai Gompachi ? Avant d'épouser une jeune fille qu'il a délivrée des brigands, il va chercher fortune à Yedo ; un soir, ses amis l'entraînent au Yoshiwara, en lui vantant le charme candide d'une nouvelle venue, Komurasaki (Petite Violette) ; c'est sa fiancée, qui, par piété filiale, a accepté que ses parents ruinés la vendissent..... Le samuraï, en quête d'une rançon, vole, assassine et est exécuté. Alors Komurasaki s'échappe du Yoshiwara et se poignarde sur la tombe de son ami. On l'y enterre et désormais des générations d'amoureux viendront y honorer le souvenir de sa fidélité.

1. Quelques estampes représentent des scènes traditionnelles. Cf. C. III, 134 *bis* ; sur la terrasse d'un palais, deux dames de la cour, les cheveux épars sur les épaules.

2. Cf. C. III, 168, une estampe de Buncho : Courtisane du Yoshiwara écrivant une lettre tandis que des passants la regardent.

A la fin du XVIII<sup>e</sup> siècle, l'*oïran* n'est plus enfermée au Yoshiwara. Elle habite où il lui plaît ; en hiver, la ville ; en été, les faubourgs de Yedo, près du golfe, ou Mukôjima, sur la rivière Sumida, que bordent des auberges et des lieux de plaisir. Romanciers et peintres la suivent, commentant ses faits et gestes ; l'héroïne de Harunobu, c'était une jeune femme, très souvent une jeune fille rappelant par un geste ou une attitude une figure légendaire ; « les journées d'une Courtisane », tel pourrait être le titre général des estampes de Kiyonaga.

Réveil sous la moustiquaire, la nuque sur le chevet ; bain ; coiffure ; puis les sorties cérémonieuses, en kimono ramagés. Les kamuro servent de pages à cette courtisane de plein air. Au printemps, sous la gaze rose des cerisiers, l'éventail déployé contre le soleil, on s'installe en compagnie de geisha musiciennes, et de maïko, petites danseuses ; on célèbre, en *hakkai* de dix-sept syllabes, le fragile miracle de ces fleurs à la merci d'un coup de vent ; on soulève de terre les kamuro pour qu'elles attachent aux branches les banderoles de papier où sont calligraphiées les minuscules poésies. L'été, on flâne sous les grappes de glycine qui fléchissent en larges ondes vers l'eau où elles se mirent ; on rend visite aux iris dont les feuilles sont courbées comme des sabres de samuraï, aux pivoines dont l'éclat pâlit devant le brocart fleuronné des kimono[1] ; on gagne, en chaise, Enoshima, l'île sacrée, flottant, verte comme une feuille de lotus, sur la vasque de l'immense golfe que hante le blanc fantôme du Fuji-Yama, au sommet luisant de glace, là-haut, dans l'air

---

1. Comparer une des premières estampes de Kiyonaga, La belle Takao et sa suite visitant les cerisiers en fleurs, au triptyque C. III, 117, où sont représentées trois courtisanes célèbres, défilant avec leur suite de *shinzo* et de *kamuro* dans un jardin fleuri de pivoines, à Asakusa : le thème est plus développé, le dessin plus sûr, le coloris plus éclatant. — Sur les estampes sont indiqués les noms des courtisanes, de leurs kamuro, et des maisons auxquelles elles appartiennent. Cf. aussi C. III, 90 : la Courtisane Hana ogi, de la maison Ogiya, accompagnée de deux shinzo, Yoshino et Tatsuta.

KIYONAGA

DÉBARQUEMENT SUR LE QUAI DE LA SUMIDA

*Collection Salomon.*

*Phot. Longuet.*

Pl. XVII.

L. Aubert. *L'Estampe japonaise.*

bleu. Les buts de promenade ne manquent pas : Hakone et Miyanoshita dans la montagne [1], les « huit paysages de Yedo », les « neuf endroits propices aux bains de mer » où des centaines de têtes braillent en grenouillant, les jardins célèbres aux mamelons hérissés de rocailles, de pins tordus, de lanternes et de portiques aux cornes retroussées. Avec de petits cris, on saute de pierre en pierre, par-dessus le torrent en miniature : on minaude devant cette nature de guingois, dont les terrains ont une mine chiffonnée, les arbres, des attitudes de chorégraphes, — nature capricieuse et fougueuse avec ses brusques abats d'eau, ses radieuses embellies, et que les couleurs somptueuses des saisons habillent en courtisane. — Le long de la route, des auberges s'ouvrent, avenantes, abritant des parties fines à tous leurs étages, frémissant tout entières de leurs montants de bois et de leurs portes en papier, au moindre pas, aux appels des clients, aux réponses aiguës des servantes. Halte de la courtisane, de sa suite d'amoureux et d'admirateurs, de ses kamuro, de ses geisha, de ses maïko, et tout le monde s'entasse dans une chambre bien intime, — cloisons tirées, vantaux extérieurs s'ouvrant sur des coins de mer encadrés de collines.

La mer est toujours proche et toujours recherchée, soit qu'on y vogue en barque, soit qu'on la contemple d'une terrasse, — non pas la pleine mer à l'horizon libre, mais une mer de golfes semés d'îlots, reposoirs pour la vue, une mer aux lames courtes et brisées et qui murmure sous les arbres. Du balcon de l'auberge, entre deux danses, entre deux nasillements de guitare qui se mêlent au soupir du flot sur le sable, entre deux coupes de *sake* à la ronde, entre deux bouffées de tabac, entre deux chansons, se lever et suivre

1. Cf. C. III, 92, de la série des « Sept chauds printemps à Hakone », et C. III, 93, Une terrasse à Miyanoshita.

L. AUBERT. — *L'Estampe japonaise.*                            8

les indolentes voiles entre les îles, au ciel un vol d'oiseaux migrateurs, puis, à jour faillant, guetter le moment où la lune émerge de l'horizon et s'en va guéant de nuage en nuage, alors méditer en silence, le menton dans la main, versifier, rêver [1]...

Et voilà les divertissements d'une courtisane. Peu de scènes malicieuses, hormis le Bain [2] que guigne par une lucarne l'œil dilaté d'un indiscret, et cette déroute sous la pluie que nargue le dieu de l'orage et ses séides bien au sec [3], ou encore ces deux jeunes femmes qui ont planté un petit drapeau dans les cheveux de leur servante endormie [4]. Peu de scènes amoureuses, si fréquentes chez Harunobu, hormis la rencontre de Minamoto Ushiwakamaru et de sa maîtresse Jorurihimé [5] : c'est le soir, Jorurihimé entend un son de flûte ; elle s'avance sur le promenoir extérieur de la maison ; une amie porte la lanterne ; elles traversent le jardin et trouvent devant la porte Ushiwakamaru qui régale sa belle d'une sérénade ; elle le contemple et peut-être pense-t-elle à la poésie célèbre : « A l'automne, le joueur de flûte imite la plainte de la biche : trompé, le cerf accourt, on le tue. En été, la flamme brille, les moustiques s'y brûlent. Ainsi des jeunes filles et de l'amour. »

Quelle décence, quelle tenue, quelle dignité de ces femmes aux coiffures savantes, — deux coques sur le dessus de la tête, deux ailes mi-déployées sur les oreilles, le tout hérissé de peignes et d'épingles, — aux kimono de soie, de damas,

---

1. Cf. C. iii, 56, Deux courtisanes lisent une lettre à la clarté d'une lanterne ; une troisième regarde, à travers la fenêtre, la lune sur la baie de Shinagawa, où des barques pêchent au flambeau.

2. Cf. C. iii, 118, Un bain public à Yedo.

3. Cf. C. iii, 108. Les dieux du tonnerre sont représentés par des *Haï Kaïshi*, qui sont des poètes comiques. Voir l'estampe de Harunobu où le dieu du vent se joue des belles et leur dérobe leurs lettres d'amour.

4. Cf. C. iii, 73.

5. Cf. C. iii, 109.

de satin, de brocart, décorés d'éventails, d'oiseaux, de fleurs, longues robes, qui étoffent la fluette Japonaise et lui donnent le port majestueux des grandes dames de Gainsborough ! Et quel raffinement dans l'harmonie des couleurs vives, — beaux noirs opaques et qui font chanter des roses, des tons saumon, des ocres jaunes, des ocres-rouges, des verts-olive, des gris, des jaunes clairs [1] ! Rien qui soit à la galopine ou à la gourgandine chez ces courtisanes, qui gardent leur dignité même sur les albums érotiques, et qui prêtent de leur noblesse même à leurs servantes.

Des couleurs pimpantes, des lignes élégantes, des plaisirs simples et sains au grand soleil... Dire qu'au temps de Kiyonaga voilà plus d'un siècle et demi que les Japonais mettaient dans l'amour leur principale affaire ! Échappaient-ils donc à la rançon de lassitude, d'usure et de dégoût que traîne avec soi, sous notre ciel, l'habitude des passions ? N'avaient-ils donc pas de vices, ces hommes et ces femmes aux dehors paisibles, inoffensifs ? Étranges îles fortunées où, parmi d'éternelles fêtes galantes, aucun de ces désœuvrés ne s'ennuie, ne souffre, ne vieillit, ne meurt ; heureux paysages où ne s'allongent pas d'ombres !

*
* *

Sharaku [2], dans une salle voisine, nous présente l'envers

1. Les estampes, aux couleurs délavées, que de mauvais traitements et une exposition prolongée au soleil ont fanées, ou qui, par oxydation, ont viré au gris ou au noir, peuvent plaire à nos sens accoutumés aux tons rompus ; mais Kiyonaga les répudierait, lui qui aimait les tons frais et vifs et les oppositions brusques de tons chauds et de tons froids. Son Débarquement, pl. xvii, est une symphonie en noir et rose.—Il a heureusement manié le noir ; peut-être, toutefois, n'a-t-il pas d'aussi beaux noirs que Shuntcho et Sharaku. Les plus subtils de nos harmonistes contemporains peuvent se plaire devant telles des estampes de Kiyonaga : un kimono rose entre un kimono noir et un kimono brun-rouge ; un kimono gris sur jupon rouge ; un *obi* rouge sur kimono blanc légèrement soufré...

2. M. Raymond Kœchlin, dans son intéressante préface au Catalogue des 105 estampes de Sharaku qu'avait exposées en 1911 le Musée des Arts

des héroïnes de Kiyonaga : après les flâneuses de jour, les
rôdeurs de nuit. C'est un effrayant musée de dégénérés, à
la trogne bestiale et méchante, de forcenés ou d'abrutis, de
physionomies stupéfiées ou grimaçantes. Finis, les gestes
mesurés, les scènes de pleine lumière, les attitudes harmonieuses, les expressions réservées : sur fonds nocturnes, une
mimique frénétique de fantômes au teint blanchâtre, aux
kimono bordés de noir, aux cheveux noirs ramenés en ailes
de corbeaux de chaque côté du crâne rasé. Dans le vide de
ces faces glabres, les petits yeux bigles, cernés de rouge,
aux pupilles rencognées, collées au nez, les sourcils cassés
en accents circonflexes, les bouches courbées en arc de
cercle jusqu'au menton, ont le champ libre pour leur danse
macabre : on dirait des fols sanguinolents qui se trémousse-
raient sur un parvis au clair de lune. Chacun tire à soi, —
les sourcils en haut, la bouche en bas ; d'un côté, les lèvres

Décoratifs, — jamais un tel ensemble et de si beau choix n'avait été réuni, —
a cité. d'après l'ouvrage de Kurth sur *Sharaku*, un document japonais qui
résume tout ce que nous savons de cet artiste : « Sharaku travailla durant
la période Kwansei (1789-1800) Il se nommait Toshusai, et Saïto Jurobei
de son nom ordinaire Il habitait à Yedo le quartier Hachobori. Son
maître est inconnu. Il fut danseur de nô du prince d'Awa ; il peignit des
portraits d'acteurs. Comme à les peindre de façon trop réaliste, il en arrivait à des formes éloignées de la nature, le public ne le goûta pas longtemps ; après avoir travaillé un an ou deux, il s'arrêta. Il avait peint des
bustes d'acteurs ; les fonds de mica qu'il y plaça le premier ont fait donner
à ses nombreuses estampes le nom d'estampes micacées. » — Contemporain de Shunsho, de Kiyonaga et d'Outamaro, Sharaku eut le même éditeur
que ce dernier, et. comme Outamaro, il se plut à peindre des figures à mi-
corps. sur fonds micacés, sans qu'on puisse décider si cette double innovation doit être attribuée à lui ou à Outamaro.
¶La classification adoptée par MM. Kœchlin et Vignier, en l'absence de
dates et d'indications précises. paraît rationnelle : d'abord le jeune phénomène Owarawayama et les lutteurs, C. III, 250-251 ; — les Bustes d'acteurs
sur fond jaune, C. III, 252-260, v. pl. xviii ; — les Bustes d'acteurs sur
fond argenté, C. III, 261-283, v. pl. xix ; — les vingt-trois estampes représentant les principaux personnages du drame des Quarante sept Rônin ;
puis les doubles portraits d'acteurs en pied, deux séries dont l'une sur
fond argenté, C. III, 284-287 et 288-289. Puis la série des *hossoyé*. represen-
tant des acteurs en scène, série qui doit se répartir sur toute la durée de
la production de Sharaku, car elle témoigne souvent de l'influence de
Shunsho ; enfin les scènes à plusieurs personnages (v. pl. xx, Komurasaki et Hirai Gompachi, et pl. xxi, Deux Samuraï) Cf encore C III, 332-334.

L'ACTEUR SAKAIYA SHAKWAKU DANS UN RÔLE D'OTOKODATÉ

*Collection du Pré de Saint-Maur.*

*Phot. Marty.*

Pl. XVIII.

L. Aubert. *L'Estampe japonaise.*

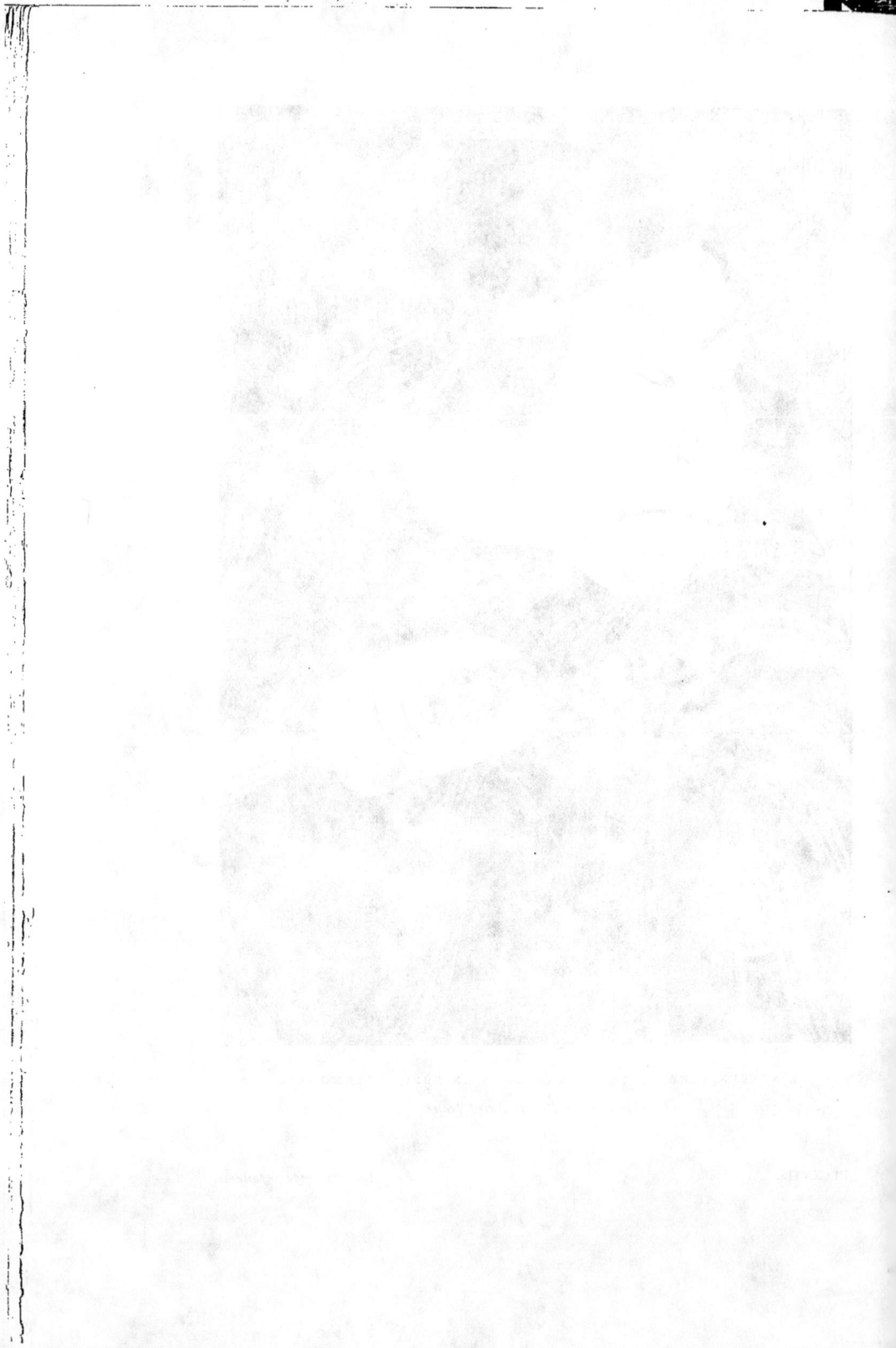

sont serrées ; de l'autre, les commissures se décollent, baveuses : — un tel déséquilibre inquiète comme des propos incohérents et exaltés. Têtes emmanchées de longs nez et qui ressemblent aux *Tengu*, aux farfadets prétentieux et stupides, dont le théâtre japonais se moque ; têtes enfarinées de Pierrots déniaisés, qui font peur tant eux-mêmes ont peur, lâches matamores qui, la main sur le sabre, jurent à pleine voix en renâclant, — combien différents de notre Pierrot familier, de ce bon diable de Pierrot montmartrois, grandiloquent, mais inoffensif, et surtout de ce bon petit naïf de Pierrot fils, à qui, sur les panneaux de Willette, de gais croque-morts font avaler un doigt de vin, après le service, convoi et enterrement de son digne père !

Les Primitifs avaient peint surtout des personnages légendaires ; Shunsho, lui, s'était surtout intéressé à tel ou tel acteur dans des rôles de dieux, de moines, de guerriers, de fantômes, d'*otokodate* ou de *rónin*... Sharaku représente encore à l'occasion quelques figures du répertoire aristocratique : jardiniers du palais impérial, dignitaires de la cour [1] ; mais ses modèles préférés, ce sont des héros de faits-divers. Voyez sa série d'illustrations du drame populaire des Rônin [2] : tous, dans leurs attitudes cauteleuses et féroces de fauves qui guettent leur proie, peuvent être identifiés, et aussi les figures de femmes mêlées épisodiquement au drame : la courtisane Okaru ; Oishi, l'épouse du chef ; Kouami, la fiancée de son fils ; Kaoyo-gozen et Tonasé, femmes de deux autres compagnons [3]. Et sans doute les expressions des physionomies sont schématisées et amplifiées comme sur ces masques de nô que Sharaku avait peut-être portés

1. Cf. C. ɪɪɪ, 291 et 328.

2 Vingt-trois estampes, C. ɪɪɪ, 261-283, v. pl. xɪx. Cf. aussi 292 et 293, la querelle entre deux seigneurs de la Cour du Shôgun, qui fut l'origine du drame.

3. Cf. C. ɪɪɪ, 267, 269, 272, 275, 282.

naguère, mais comment nier au surplus son intention satirique à l'endroit des acteurs aussi bien que des personnages
qu'ils figurent[1]? Voyez l'estampe[2] représentant Komurasaki
et son amant Hirai Gompachi, partant pour l'exil, étroitement appuyés l'un contre l'autre, sous un vaste parasol dont
ils tiennent le manche chacun d'une main; rappelez-vous
la touchante légende de ces illustres amants, dont le malheur,
après avoir fait pleurer le Yoshiwara, continuait d'attirer sur
leurs tombes tous les amoureux du Japon, rappelez-vous
aussi la pose analogue des amoureux en noir et en blanc
chez Harunobu[3], puis remarquez les mâchoires, les pieds et
l'expression des figures que Sharaku a peintes[4]!

Sous prétexte de masques d'acteurs, les voilà au pilori, les
idoles du vieux Japon : les guerriers aux yeux hors de la
tête, les courtisanes sveltes... Où sont les belles de Kiyonaga? Des singes prognathes, au front étroit, aux sourcils
remontés, à la nuque ployée ; des faces fripées, flasques,
vicieuses, comme abruties d'alcool, des corps aux sens

1. L'invective chez Sharaku, plus violente que chez ses prédécesseurs,
Shunsho, Shunyei et Shunki, s'explique-t-elle par son dédain d'ancien
acteur de nô pour l'acteur populaire, de serviteur d'aristocrate pour
la plèbe? Il est possible : le mépris, le souci de la vengeance sont certains
dans son œuvre véhémente. Il est difficile d'admettre que ses estampes ne
représentent qu'un an ou deux de travail. Le motif donné de la désaffec-
tion du public à son endroit est contradictoire : « A peindre les acteurs de
façon trop réaliste, il en arrivait à des formes éloignées de la nature ».
Le réalisme de Sharaku me paraît être du même ordre que le prétendu
« réalisme » d'Outamaro, dont les « formes éloignées de la nature » ne
déplurent pourtant pas au public japonais. Et Sharaku inspira de
près Toyokuni dans ses grandes têtes d'acteurs et dans ses scènes de
théâtre, qui furent très en faveur. — Les épreuves de Sharaku sont rares,
mais elles sont superbes de tirage : il est un des peintres, avec Harunobu
et Outamaro qui ont été gravés avec le plus de soin.

2. V. pl. xx.

3 V pl x.

4. Cf. encore deux estampes représentant deux faits-divers amoureux :
la belle Ohan et son amoureux Choyémon qui, épris l'un de l'autre, se
tuèrent parce que lui, âgé de quarante-cinq ans, était marié, et qu'elle
n'avait que seize ans (Cf. C. III, 332), et le daïmyo de Sendaï qui tua sa
maîtresse, la courtisane Takao, parce qu'elle refusait de le suivre dans
sa province (C. III, 333).

Phot. Marty.

L'ACTEUR MORITA KANYA FIGURANT UN RÔNIN

Collection Doucet.

Pl. XIX.

L. Aubert. L'Estampe japonaise.

émoussés et qui tout de même, de leur passé de jeunesse et
de fraîcheur, ont conservé des gentillesses navrantes, voilà
tout ce qui les rappelle.

Vous attardiez-vous, vers la tombée de la nuit, dans la salle
où Sharaku était exposé au Musée des Arts Décoratifs : ces
silhouettes de rôdeurs et de filles sortaient de leurs cadres,
ces mines patibulaires se risquaient aux lumières ; ils allaient
former leurs groupes, et, le sabre dissimulé, sous leur kimono,
dans une botte de paille ou dans un bâton, s'embusquaient
pour le coup de main, bêtes de proie à la détente toute prête.
L'homme aux cheveux trop noirs, trop pommadés, rasés
trop net sur les bords et trop ornés de bouffants et d'ac-
croche-cœurs, avec son foulard noué autour du crâne ou
du cou, son kimono voyant, son pantalon à grands car-
reaux, tenait à ses pieds la fille soumise, pitoyable sous sa
parure de fête.

La voici, la fissure dans l'armature de cette société dont
Kiyonaga ne nous montre que les brillants dehors. Est-ce
donc le même peuple que lui et Sharaku ont représenté dans
des images qui s'opposent comme le jour et la nuit ? L'un
et l'autre a raison : le Japonais, au plein jour, est simple,
bon enfant, enjoué, sensible au charme ; mais en lui sommeille le goût du fantastique, du cruel, qu'il satisfait à
observer la sauvagerie de l'instinct chez les bêtes, et, la nuit
venue, à entendre des récits de vengeances, lentement tra-
mées, brusquement exécutées, de sublimes bravoures et de
félonies dégradantes, des histoires de monstres poilus et
griffus qui troublent le sommeil des humbles et les tour-
mentent.

Et puis le Japonais raffole de caricatures ! Depuis un
siècle, les Torii peignaient leurs masques d'acteurs, tandis que Masanobu, Harunobu, Koriusaï, Kiyonaga exal-
taient l'élégance des belles. C'est la même opposition que
connut la Grèce entre les statuettes de *Korés*, de jeunes filles,

et ces figurines d'acteurs qui, sorties du répertoire d'Aristophane, servaient à satiriser les gens de toutes classes.

Elles sont d'une familiarité gênante, ces effigies de Sharaku, tant elles nous rappellent certaines physionomies fâcheuses de nos contemporains : de race à race, si éloignées qu'elles soient dans le temps et dans l'espace, il y a plus de ressemblance dans l'hébétude, la cruauté et la laideur que dans la beauté et dans la grâce..... Retournons aux princesses de Kiyonaga.

\*
\* \*

Ce n'étaient pas toutes les femmes de son temps ; peut-être même n'était-ce aucune des femmes de son temps, mais simplement une image qu'il avait lentement ébauchée et caressée[1]. Kiyonaga, à ses débuts, adopte le type de Harunobu[2], puis il vient au type de Koriusaï, plus orné en son kimono et sa coiffure, plus imposant en sa démarche, mais encore un peu ramassé[3]. Enfin, dans les estampes qui sont de sa meilleure manière, nous assistons à la brusque croissance[4], à l'épanouissement en femme de cette fillette qu'était restée la Japonaise.

Depuis cent ans. Moronobu, Harunobu, Koriusaï, chacun de ces artistes, pour fixer la grâce de la femme de son temps, avait eu sa formule, mais qui ne dépendait pas de son pur caprice : une image commune les hante, et leur effort est

1. Les petites figures de ses premières estampes (1760-1770) présentent encore quelques uns des détails de visage, de coiffure, de costume, familiers aux Primitifs.

2. V. aussi le type de Buncho, C. III, 154, La *Sagi musumé*, et 161. Une tenancière de cha-ya, en kimono rouge, jouant avec un petit chien.

3. Comparez les promenades de courtisanes chez Kiyonaga, C. III, 90 et 96, et chez Koriusaï. C. II, 382.

4. La Pluie et le Bain, C. III, 108 et 118, sont, probablement, parmi les premières estampes où le type de femme se transforme.

Phot. Longuet.

LA COURTISANE KOMURASAKI ET SON AMANT
PARTANT POUR L'EXIL

Collection Marteau.

Pl. XX.                                    L. Aubert. L'Estampe japonaise.

continu pour en préciser les contours : le corps s'affine,
s'élance, la tête est moins enfoncée dans les épaules, les
mains, les pieds grandissent... Après un siècle de tâtonnements, le rêve de cette race aux pattes courtes, de face large,
de nez camus, prend sa forme achevée chez l'élégante de
Kiyonaga, au corps long, au visage ovale, aux membres
déliés. Désormais, elle sera la sœur aînée que toutes les
cadettes admireront: c'est à la femme de Kiyonaga, entre toutes
les héroïnes des estampes, que ressemblent encore aujour-
d'hui les plus fêtées des *geisha*. Les Grecs aussi, race à la
tête forte, au corps trapu, ont toujours rêvé de femmes
minces et gaiement parées : καλή τε μεγαλή τε καὶ ἄγλαα ἔργα
ἰδυῖα[1], dit Homère en vantant les femmes syriennes, et Xénophon, dans l'*Anabase*, nous montre, au lendemain de Cunaxa,
ses soldats qui hésitent entre la Grèce à revoir et les belles et
grandes filles de Syrie à quitter : καλαῖς καὶ μεγάλαις γυναιξὶ
καὶ παρθένοις ὁμιλεῖν[2] : c'est la femme de haute et fine taille,
à la tête petite, que les peintres grecs ont dessinée sur les
vases, que les coroplastes ont modelée.

« Plantes toujours vertes », « fleurs des maisons vertes »,
disent Sukénobu et Outamaro de leurs modèles : la femme,
longue, souple et onduleuse, pour la première fois a jailli, à
sa vraie taille, dans l'imagination de Kiyonaga. Cette grande
fleur, Shuntcho, Yeishi, Outamaro la cultiveront; mais à
force d'en amincir la tige, ils l'exténueront, la dessécheront :
elle perdra de sa sève; elle n'aura plus ce jet souverain ;
chlorotique, elle penchera et s'étiolera. C'est une plante saine
et de plein air chez Kiyonaga.

L'harmonie est encore parfaite au Japon d'aujourd'hui
entre les paysages et les figures de femmes, dont les costumes
et les poses commentent si heureusement les formes des

1. *Odyssée*, XV, 418.
2. Xénophon, *Anabase*, III, 2, 25.

terrains et les hanchements des arbres dont elles paraissent
les compagnes : commentaire inconscient et comme spon-
tané, mais qui suppose des siècles d'entente et de jolies
concessions mutuelles... Tout est naturel en cette femme-
fleur, tout est féminin en cette nature japonaise, — candeur
des neiges, caprice des bourrasques, alanguissement des
étés, brumeuse mélancolie qui traîne sur les automnes ;
depuis toujours, ce peuple de campagnards, accoutumé à
chercher dans les métamorphoses des saisons des images
de ses sentiments, a résumé toutes les beautés de ce qui se
passe en des « images de femmes de ce monde éphémère » :
beauté des vents du printemps, de l'été, de l'automne, beauté
des douze mois, beauté des différentes heures du jour [1]...
C'est un spectacle inoubliable que des Japonaises saluant la
première pousse sur un prunier que l'on croyait mort, ou la
brusque éclosion des cerisiers sur les bords de la rivière
Sumida [2]. Dans un herbage jauni par le soleil, un verger
rose, des voiles roses, des mouchoirs roses et des kimono
qui, à frôler les arbres en fleurs, à fouler les prés en fleurs,
paraissent s'être chargés de pétales ; air subtil, joie subtile ;
les groupes titubent, un peu fous, dans la lumière où rient
les têtes rondes des cerisiers ; les nuances des robes répon-
dent aux tons froids des rizières ; les gestes vifs des promeneuses, puisant de l'eau, s'exclamant, s'interpellant, frissonnant, s'accordent avec le frémissement joyeux des petites
vagues. Femmes, arbres, ciel, se grisent du renouveau.

Ce maniérisme reste sain parce qu'il est en pleine brise, et
que l'entente est immédiate entre ce paysage et cette femme :
on dirait qu'ils ont même âge, même humeur. A miniature

---

1. Par exemple : de Toyonobu, trois geisha personnifiant les vents du
Printemps, de l'Eté et de l'Automne ; de Koriusaï, 8 feuilles représentant
les diverses heures du jour par des femmes ; de Kiyonaga, les douze mois
figurés par des femmes, etc.

2. C. III, 110.

de femme, miniature de paysage, chez Harunobu, — paysage
d'un seul ton, que la neige a vêtu de candeur, — tandis qu'en
l'honneur d'une belle qui soigne sa mise et qui, plus cons-
ciente de ses charmes, sait se grouper avec des compagnes, il
vaut la peine que la nature fasse un brin de toilette, prenne
le soin d'étaler les plis de ses terrains, de déployer ses
rideaux d'arbres et de s'illuminer. Tout est plus sage : le
premier printemps du cœur et des sens est passé [1].

Pourtant il vient un temps, dans l'œuvre de Kiyonaga, où
cette femme si indifférente aux anniversaires des hommes, si
attentive à fêter les anniversaires des fleurs, si engagée par
mille liens subtils dans les paysages touffus, papillotants, où
elle s'épanouit [2], s'en isole, pour ne plus figurer que sur des
perspectives lointaines de rivière ou de mer [3], dans des
décors très sommaires de rues, de fêtes populaires [4], d'intérieurs [5], ou sur des fonds neutres [6]. Et ce sont assurément les
plus belles silhouettes de Kiyonaga, celles où le dessin et la
couleur, tout en étant le plus simples, ont le plus d'éclat, de
sûreté et de force. Pourquoi donc, après avoir mêlé ses
héroïnes aux paysages, les en détache-t-il ? Ce n'est pas pour

1. De Harunobu et même de Koriusaï à Kiyonaga, il y a progrès dans
l'art de la perspective, qu'il s'agisse de scènes d'intérieur ou de scènes de
plein air. Un peintre, Kôkan Shiba 1737-1818), propagea cette influence
occidentale. Voir la perspective des bâtiments sur l'estampe de Toyoharu
représentant le bateau des Sept dieux du Bonheur arrivant dans la baie
de Yedo, C. III, 178. Peut-être Kiyonaga a-t-il déjà profité des modèles
que, vers 1780, notre art occidental fournit aux estampiers japonais par
l'intermédiaire de Kôkan Shiba. — Il est de Toyoharu une vue de Colisée,
gravée sur bois, d'après une eau-forte apportée sans doute par des Hollandais, C. III, 183.

2. La sérénade, C. III, 109: Les cerisiers de la Sumida, C. III, 110; Le
temple de Kaméïdo au temps des glycines, C. III, 115; La promenade à
Enoshima, C. III, 123, etc.

3. V. pl. XVII, La Sumida ; pl. XV, La baie de Yedo.

4. Cf. C. III, 71, Deux jeunes femmes accompagnées d'un petit domestique vont acheter des arbres nains en pots.

5. V. pl. XVI, Trois jeunes femmes se rhabillant après le bain.

6. Cf. C. III, 60, La sortie nocturne.

prêter plus d'expression à leurs physionomies ou à leurs
nus : que le galbe de leurs visages s'allonge, peu importe ;
la mine reste la même et il est bien inutile de les regarder,
comme, en occident, nous regardons les beaux portraits, aux
lèvres, aux yeux. Non, s'il l'abstrait pour la mieux étudier
en détail, c'est que de toutes les formes naturelles, la plus
décorative, celle qui, par son intelligente mobilité, les résume
toutes, c'est la femme. L'anthropomorphisme des Grecs
exaltait la beauté humaine aux dépens de la flore et de la
faune : même privée de ses chers paysages, la femme de
Kiyonaga en garde toujours le charme enveloppant, la grâce
insinuante, — longue herbe qui ondule nonchalante et qui
cède à l'amour comme un lotus s'incline sous la risée.

Désormais les courtisanes ne superposent plus les kimono d'apparat dont les étoffes apprêtées engoncent ; elles
portent des kimono d'intérieur ; peignoirs à étoffe floche
dont les plis se modèlent aisément, ils n'ont plus de coupe
convenue et ils collent aux corps. Souveraine aisance de ces
femmes qui, après le bain, s'essuient : quelle nonchalance
dans ce kimono qui découvrant la gorge, s'entr'ouvrant sur
la jambe nue, glisse à terre, presque fluide[1] ! et dans ce voile
rouge, draperie de style grec par l'accord de ses plis avec
l'adorable dessin du visage, du cou et de l'épaule nus[2] !
Fonds neutres, couleurs mates et bien tenues, tout concourt
à accuser une ligne essentielle, et cette ligne n'a plus la
valeur symbolique qu'elle avait souvent chez Harunobu ; elle
ne sert à signifier ni la joie, ni le découragement, selon
qu'elle s'élance ou qu'elle fléchit : elle n'est là que parce que
rien sous le soleil n'est plus beau qu'un profil parfaitement
pur. Les robes ont de grandes courbes qui, à terre, s'évasent
tels les pétales d'une corolle renversée : qu'un coup de vent

1. Voir pl. xvi, la femme de gauche.
2. Cf. C. iii, 42.

寫樂齋洲東

Phot. Longuet.

ACTEURS REPRÉSENTANT DEUX SAMURAÏ
S'APPRÊTANT A COMBATTRE

Collection Camondo.

Pl. XXI.                                                    L. Aubert. L'Estampe japonaise.

en soulève les pans ou les grandes manches, et voilà le lis
qui s'ouvre et s'épanouit[1].

Mais la préférence de Kiyonaga va encore au calme des
longues et minces femmes qui, le manteau frileusement
ramené, se dressent engainées dans leurs kimono comme les
tiges des graminées dans leurs feuilles[2]. Il est une estampe
dont les draperies sont des chefs-d'œuvre[3] : au second plan,
une femme, penchant légèrement vers la gauche ; la ligne de
son kimono monte, se courbe, tombe et remonte, indéfiniment jaillissante et captive comme un jet d'eau, tandis qu'à
côté, par défi d'élégance, svelte s'élance la silhouette d'une
compagne ; après une chute vertigineuse, les étoffes se brisent
à terre avec les mêmes bouillonnements que l'eau d'une cascade en larges ondes dans un bassin. Souvent Kiyonaga
s'est plu à balancer ainsi deux figures hiératiques, et à les
faire tantôt converger, tantôt diverger[4]. Ou bien il a opposé
des courbes à des lignes presque droites : courbes des ailes
des cheveux, courbes de l'échancrure du kimono au col,
courbes des manches, courbes des robes sur le sol, et, longi-
tudinalement, des plis presque rectilignes. Voyez encore,
dans cette scène d'auberge, deux femmes, l'une assise sur
les nattes, l'autre accoudée à la balustrade ; toutes deux
s'appuient sur l'un de leurs bras[5], qui, tendu, porte tout le poids
du corps et contraste avec les courbes molles du torse
et de la croupe[6]. Cette même estampe a comme deux axes

1. V. pl. xxii, les grandes manches d'une des promeneuses.
2. Ces figures ont le style hiératique des primitifs ξόανα grecs ou des
statues de reines aux vieux portails de Chartres ou de Corbeil : même
évasement des voiles autour des pieds ; mais dans les figures japonaises
les lignes de la gaine sont moins droites ; leur légère courbure laisse deviner le corps prisonnier.
3. V. pl. xvi, les trois femmes se rhabillant.
4. V. pl. xvi, où les figures convergent, et voir, pl. xv, les deux figures
debout à droite, qui divergent.
5. Cf. C. iii, 57, Scène d'auberge.
6. Même disposition dans la femme accroupie au milieu du diptyque,
pl. xv.

parallèles, les bras tendus de l'homme debout et de la femme accroupie au premier plan : symétriquement, les deux groupes de personnages se font pendant. De telles réussites de lignes, de tels équilibres de masses [1] ne se décrivent pas : là est le triomphe de l'art de Kiyonaga.

Par la beauté calligraphique et l'élégance schématique de son dessin, Kiyonaga s'apparente aux artistes de l'atelier Kwaigetsudo ou à Torii Kiyomassu [2]. Toutefois, chez Kiyonaga, le trait, plus fin, accuse moins les pleins et les déliés, et les droites et les courbes que les Primitifs opposent sur le même kimono dont les plis foisonnent, Kiyonaga les distribue entre les diverses figures qu'il se plaît à grouper [3]. Dans la Scène de *chaya*, les lignes droites des grandes femmes, symétriques à l'axe formé par le bras gauche de la geisha assise au centre, s'opposent aux courbes des personnages accroupis [4]. Cette répartition entre plusieurs personnages des droites et des courbes que les Primitifs rassemblaient sur la même figure permet à Kiyonaga de simplifier les kimono de ses modèles. Comparés aux héroïnes des Kwaigetsudo, on dirait d'ombrelles qu'après avoir vu largement ouvertes on reverrait au fourreau.

Et encore par la prestance et la démarche de ses héroïnes, Kiyonaga, élève des Torii, rappelle la mimique du théâtre classique des nô, bien antérieur au théâtre populaire : c'est le même art noble, hiératique, un peu froid, mais si beau d'attitudes, de gestes, de groupements ! Les mouvements de ses belles sont rares, toujours sobres, jamais brusques. Voyez-les marcher au bord de la Sumida [5] : leurs bustes

1. Notez comme les noirs, les bruns, les rouges, couleurs sombres, juxtaposés à des roses, des verts, des gris, couleurs claires, contribuent à équilibrer ces masses.

2. V. pl. IV, un acteur dans un rôle de femme, par Tori Kiyomassu.

3. V. pl. XV.

4. Même opposition entre les femmes debout et la femme assise dans la pl. XVI.

5. V. pl. XXII.

qui à peine se balancent, leurs bras serrés au corps, leurs
genoux légèrement fléchis, leurs pieds qui glissent à plat,
développent heureusement les plis de leurs robes. Dans le
Débarquement[1], point de désordre ni de bousculade : c'est
une théorie qui tranquillement se déroule. Les figures pré-
férées de Kiyonaga sont presque immobiles : elles esquissent
un très léger mouvement des épaules, comme pour provo-
quer l'épanchement de la longue ligne fluide de leurs voiles :
c'est la grâce liquide des *Nymphes* de Jean Goujon et de la
*Source* d'Ingres.

\* \*

Seuls, les peintres de vases grecs ont été hantés à ce point
par la pureté des profils[2]. Au dire de Pline l'Ancien, Apelle
et Protogène se seraient défiés à qui tracerait la ligne la plus
parfaite, la plus déliée. J'ai vu, au Daitokuji, temple bouddhique de Kyôto, un kakémono de Sesshu qui représente un
simple cercle. Pour un amateur japonais, ce cercle est sans
prix, tant il a été lancé, de la pointe effilée du pinceau, avec
une infaillible sûreté de bras, de poignet, de main. Grecs et
Japonais, si sensibles aux mouvements des êtres, ne les ont
jamais dessinés en les décomposant partie par partie : chez
eux, point de ces reprises du trait qui correspondent à une
analyse progressive du modèle, point de ces consciencieux et
géniaux tâtonnements qui apparaissent dans les eaux-fortes
d'un Rembrandt, toujours acharné à disséquer un caractère
d'homme. A la volée, ils saisissent la totalité d'une attitude,
puis, de souvenir, partant de cette image complète, ils cher-

1. V. pl. xvii.
2. Sur ce point, M. Edmond Pottier a présenté des observations inté-
ressantes dans un article de la *Gazette des Beaux-Arts*, 1890, t. iv, et
dans son *Catalogue des Vases antiques de terre cuite*, 1re partie. — Cf., du
même auteur, *Douris et les Peintres de vases grecs*.

chent à la traduire en quelques touches essentielles qu'ils veulent hardies, élégantes, décisives : ce sont des dessinateurs calligraphes. Chez Euphronios, comme chez Kiyonaga, même épuration des lignes, et même insistance à souligner les silhouettes des corps, les plis des draperies. Les Grecs, quand le vase encore cru était presque sec, repassaient avec une pointe sur certains traits, afin de mieux sertir la composition. De même, le pinceau des Japonais appuie sur certaines touches qu'ils jugent importantes. Enfin, pour faire saillir la beauté des contours de leurs figures, Grecs et Japonais les ont teintées de couleurs posées à plat [1], sans ce modelé par lumières et par ombres qui enveloppe et noie la ligne, au profit du relief.

Peintres de vases en Grèce, peintres d'estampes au Japon ne voient dans la figure humaine que prétexte à décor ; ils ne se soucient pas de varier l'expression des physionomies et se tiennent à un type très général qu'ils ont tendance à allonger. Naturellement, ce type humain varie de race à race : chez le Grec, c'est l'éphèbe souriant ou l'homme barbu, la déesse ou la courtisane, au nez droit prolongeant le front, aux yeux fendus et bien ouverts, aux longs pieds, aux longues mains ; chez le Japonais, c'est le cavalier ou la courtisane, au nez busqué, aux yeux bridés, aux mains et aux pieds très petits. Toute la vie est dans les attitudes : Grecs et Japonais savent opposer les mouvements d'un corps, soulever une épaule quand l'autre s'abaisse, raidir un bras ou une jambe quand l'autre ploie, incliner une tête, faire hancher un torse, comme ils savent « mettre en page » une composition, en équilibrer les groupes, y balancer les pleins et les creux, y résumer un paysage en un sarment de vigne ou une palme sur un vase, une branche de cerisier sur une estampe Aussi la scène se lit-elle clairement, tant elle est habilement abrégée,

---

1. Même recherche du beau noir, franc, épais, dans les vases grecs et dans les estampes japonaises.

Phot. Marty.

LA PROMENADE AU BORD DE LA SUMIDA

*Collection Camondo.*

Pl. XXII.

L. Aubert. *L'Estampe japonaise.*

et toujours, malgré leur simplification, les formes gardent une plénitude saine.

Les personnages, sur la panse des vases grecs, défilent en bas-reliefs, de profil, avec un grand flegme le plus souvent : même les combats respectent la symétrie. A défaut des physionomies, les nus sont toujours expressifs : ce sont des nus de héros et de dieux. Chez Kiyonaga, le plus calme pourtant des estampiers, le plus « classique » par le style de son dessin, par les groupements de ses personnages et leur disposition en frises [1], le dessin n'a pas cette rigueur que l'imitation des bas-reliefs sculptés a donnée au dessin des peintres de vases : avec ses dissymétries, ses raccourcis, ses ellipses, son parti de ne jamais présenter une figure de profil ni de face, mais toujours de trois-quarts, le dessin des Japonais est beaucoup plus souple à croquer une silhouette, beaucoup moins sûr à construire un nu [2].

N'importe, l'air de gaieté, de grâce, de jeunesse, des estampes de Kiyonaga, la sérénité que gardent ses héroïnes, éveillent en nous des souvenirs de vie antique : femmes à leur toilette, scènes de banquets et de danses, scènes amoureuses, éphèbes et courtisanes que les peintres athéniens gravaient au trait noir sur les fonds blancs de leurs lécythes.

1. Dans les cinq feuilles des Cerisiers de la Sumida C. III, 110), la ligne des promeneurs est brisée et ondule : ce n'est pas du tout l'allure de personnages défilant en procession. De même, C. III, 114, Un soir d'été sur le balcon d'un restaurant de Shijo-gawara, au bord de la rivière Kamo, à Kyôto : les personnages debout, accroupis, couchés ou penchés, forment une ligne brisée.

2. Sur l'anthropomorphisme de l'art grec et de notre art occidental, et, par contraste, sur la place secondaire que la figure humaine tient dans l'art japonais ; sur l'influence qu'eut, par l'intermédiaire de l'art gréco-bouddhique dans l'Inde, puis en Chine, l'art hellénistique sur l'art bouddhique au Japon, cf. les articles que j'ai publiés dans *la Revue de Paris*, 1er et 15 juin 1909, *L'Art japonais et la Figure humaine*.

*
* *

Cette vie facile représentée avec cet art facile prend pour notre inquiétude un prix incomparable : elle nous introduit de plain-pied dans d'anciennes civilisations dont à distance nous ne pouvons plus, nous ne voulons plus voir que les dehors heureux. L'art d'un Polyclète et d'un Phidias, l'art d'un Jôcho, d'un Yenshin, d'un Kano Monotobu, exigent pour être entendus une initiation à des idées religieuses qui sont très différentes des nôtres. Mais, en marge de ces arts classiques, Grecs et Japonais ont laissé des œuvres destinées aux divertissements de tous les jours, et dont les auteurs et le public ne cherchaient pas à surfaire l'importance.

Cet art de Kiyonaga, en sa réussite aisée, nous paraît une œuvre de récréation, de passe-temps, à peine de métier ; il semble qu'il ait dû trouver en se jouant ces raffinements de lignes et de couleurs, que sa légèreté de rêve et de main soit toute naturelle. Mais, derrière cet artiste et la foule qui le comprit, il y avait un long passé de culture. Ces estampes enluminées supposent des siècles d'art grave, ascétique, de rêves profonds sur la vie, un long assouplissement de la main, une lente éducation de l'œil, une initiation à la beauté des grandes courbes très ouvertes, aux suaves harmonies des noirs, des roses, des ocres et des verts. Les kimono de bains, chez Kiyonaga, n'auraient pas leur exquis négligé si, pendant des siècles, sculpteurs et peintres japonais ne s'étaient appliqués à vêtir de plis calmes les gras Bouddha, si les dessinateurs chinois, leurs maîtres, n'avaient peiné à devenir de hardis calligraphes. L'estampe, c'est la suprême fleur d'un art déjà vivace depuis onze ou douze siècles quand vint Kiyonaga.

Et derrière ces petites planches coloriées, de même qu'il y a des siècles d'apprentissage plastique, il y a des siècles de sagesse morale. Cet univers sans épaisseur, sans clair-obscur, en plein soleil, ce monde que les êtres traversent si légèrement, cette nature où tout est prétexte à songes et qui ne semble pas avoir même consistance que la nôtre, n'est-ce pas, plutôt qu'un monde réel, le paysage d'une certaine philosophie ?

Une douce lumière qui ne projette point d'ombres, une douce jeunesse sans crainte de vieillir... Et pourtant, sur ces paysages et sur ceux qui les hantent, ne pèse pas la monotonie d'un paradis éternel. Les fleurs de cerisiers se hâtent de sourire avant que la brise les fauche ; les amoureuses de Kiyonaga se hâtent d'admirer ce qu'elles ne verront pas deux fois. Point de joie qu'émousse l'habitude ; une infinité d'impressions fugitives en des êtres qui sans cesse se renouvellent et frémissent. L'extrême sensibilité de ces belles esthètes, et en même temps l'air détaché qu'ont ces vaillantes filles à qui toute la nature japonaise est dévotement soumise, mais qui savent danser et mourir pour plaire aux guerriers, — elles les tiennent du bouddhisme.

A ces ondoyantes femmes-fleurs, « images de ce monde éphémère », à ces héroïnes dont la joie légère nous vient du bout du monde, si nous demandions le secret de faire bonne figure à la vie !

# CHAPITRE IV

# OUTAMARO

# OUTAMARO

Sur une estampe, Outamaro s'est représenté dans une
« maison verte » du Yoshiwara, le quartier d'amour à Yedo.
Jeune cavalier soigneusement vêtu et peigné, deux femmes
s'empressent autour de lui, tandis que des servantes appor-
tent le thé ; le jour baisse ; un ruisselet serpente entre les
rocailles d'un minuscule jardin ; un haut flambeau laqué
rouge éclaire le crépuscule[1]... C'est en un tel décor qu'Outamaro use sa vie[2]. Le jour, il travaille chez son éditeur Tzu-
taya Juzabro, où il rencontre des acteurs, des écrivains de
romans-feuilletons, des graveurs sur bois ; la nuit, il la passe
au « quartier des fleurs », en compagnie de courtisanes, de
pages *kamuro*, de *geisha* musiciennes et danseuses, de *tai-
komati*, amuseurs et entremetteurs. Le temps, en cette fin
du xviiie siècle, n'est propice qu'aux plaisirs : le lieutenant
temporel du Mikado, le Shôgun, qu'inquiète l'éducation du
peuple par les estampes, les livres illustrés, le théâtre, les

1. Cf. C. iv, 160, avec cette mention : « A la demande générale, Outamaro a représenté ici son gracieux portrait. » Au dire de certains critiques,
il se serait flatté, car il était gras et avait les yeux fatigués.

2. Kurth a affirmé qu'Outamaro ne fréquenta pas autant qu'on l'a
dit au Yoshiwara ; pourtant il est incontestable qu'il en a pris très souvent la courtisane pour modèle, qu'il s'y est représenté lui-même, qu'il a
consacré tout un album à la vie des Maisons vertes, que ses estampes en
vantent au physique et au moral telle ou telle beauté, qu'il a peint de
nombreux albums érotiques, et qu'enfin il dédaigna les acteurs et adora la
femme.

romans, les rapports avec les Hollandais à Nagasaki, fait peser sur le Japon son pouvoir absolu. A des mœurs de décadence convient un art de décadence : Outamaro[1] serait un décadent.

« Peintre des Maisons Vertes » : le nom lui est resté depuis qu'Edmond de Goncourt, curieux surtout d'anecdotes et d'usages, a consacré environ un tiers de sa charmante étude sur Outamaro à décrire les deux volumes de l'Annuaire des Maisons Vertes. Puis, Outamaro ayant été adopté par le goût français qui le rapprochait de nos artistes du XVIIIe siècle,

---

1. Outamaro (1753-1806) eut plus de douze surnoms, noms de famille et pseudonymes. Les critiques ne s'accordent ni sur son lieu de naissance, ni sur le nom de son père. Il est probable qu'il naquit à Kawagoye, province de Musachi, près Yedo, et que sa famille, les Kitagawa, appartenait au clan des Minamoto. Il aurait reçu les leçons du peintre Sekiyen Toriyama ; puis, élève de l'école Kano, il aurait débuté, dès 1775, en illustrant des *Kibiyoshi* (livres jaunes), des poèmes satiriques, et en dessinant des estampes. — 1790 est l'année de sa pleine maîtrise ; à trente sept ans, il a déjà publié, comme livres, Les Insectes choisis, les Trésors de la Marée basse, les Cent Crieurs (1789), et, comme estampes, probablement les deux séries des figures à mi-corps sur fond micacé. Kiyonaga est à la veille de la retraite ; Outamaro éclipse ses rivaux, Yeishi, Toyokuni. Il dédaigne les portraits des acteurs, et, comme peintre des belles, il est célèbre dans tout le Japon.

Aucune de ses estampes ne portant de date ou d'indication permettant de leur en attribuer une, — hormis les œuvres probablement du début, parce qu'elles décèlent une imitation du style de Masanobu C. IV, 9) et de Kiyonaga (C IV, 10 et 11), et certaines œuvres probablement de la fin, parce que bâclées, — il est difficile d'arrêter un classement rigoureux. Les livres sont datés, mais il n'est pas aisé d'établir des correspondances entre eux et les estampes. Le classement le plus vraisemblable est celui qu'ont adopté MM. Kœchlin et Vignier dans leur catalogue : après les deux séries d'estampes à fond micacé (C. IV, 32-41 et 62-73), viendraient la série des figures sur fond jaune (C. IV, 86-96), puis les Pêcheuses d'awabi, les « Maternités », la Sortie nocturne, le Billet doux, et les Triptyques (la Fête de nuit sur la Sumida, Femmes sur le Pont Riyôgoku, les Lucioles). En 1804, l'année de l'Annuaire des Maisons Vertes, Outamaro est condamné à la prison pour avoir publié, à propos d'une biographie illustrée du Taïko Hideyoshi, quelques estampes où le Shôgun au pouvoir, Iyenari, vit une critique indirecte de sa vie dissolue (cf. les Plaisirs du Taïko avec ses cinq femmes, dans la capitale de l'Est, C. IV, 235). Outamaro meurt en 1806, à cinquante-trois ans, accablé de commandes par les éditeurs qui sentaient sa fin prochaine. C'est des cinq dernières années de sa vie que datent ses œuvres les moins bonnes, les grandes figures, — dont plusieurs doivent être attribuées à ses très nombreux disciples, — et quelques grandes scènes : « La Pluie » (C. IV, 241), « La Cueillette des kaki » qu'on dirait d'un Toyokuni. Le trait devient dur et sec ; le type, maigre et maniéré.

YAMA-UBA ET KINTOKI

*Collection Vever.*

*Phot. Longuet.*

Pl. XXIII.

L. Aubert. *L'Estampe japonaise.*

les critiques anglo-saxons [1] virent là une nouvelle preuve
que son art n'était pas sain. Fenollosa parle d' « unhealthy
aestheticism » ; il affirme que ce peintre de Yedo fut « une
manière de Parisien », et, complaisamment, il insiste sur ses
œuvres les plus mauvaises : femmes anguleuses, aux jambes
si grêles, aux faces si longues, aux yeux si petits, à la bouche
si pincée, à la chevelure juchée si haut sur une nuque fluette
et des épaules étroites, aux bras si minces, qu'elles paraissent déformées par un mauvais miroir. Et tous ces critiques
d'exalter Kiyonaga, aux dépens d'Outamaro, qui, pour
plaire à une « population essentiellement vulgaire et désireuse de changements », aurait mené l'école à la décadence.
Ainsi, quelques considérations sur la politique du Shôgun,
quelques anecdotes sur la vie d'Outamaro, une importance
exagérée donnée à son Annuaire des Maisons Vertes, et encore
à ses grandes figures, ont établi le jugement qui, sur lui, a
cours désormais : il a compromis l'héritage de Kiyonaga.

*
* *

Feuilletez le livre « Les Insectes choisis » (*Yehon Mouchi
Yerabi*) : une grenouille est installée dans une feuille de nénu-
phar, un lézard est poursuivi par un serpent ; le long des
pages rampent, sautent ou volent des chenilles, des saute-
relles, des cerfs-volants, des scarabées, des libellules, dont on
se demande comment les frêles pattes peuvent supporter les
parures de bronze ou d'émeraude. Tournez la planche-fron-
tispice des « Trésors de la marée basse » (*Shiohi-no-tsuto*),
représentant, sur une plage découverte, de petits bonshommes
en train de pêcher. Soudain, c'est fini du ciel, de la brise,
des pins et de l'eau du rivage ; nous voilà tombés dans les

---

1. Fenollosa, *The Masters of Ukioye*, New-York, 1899. — Dr Julius
Kurth, *Utamaro*, Leipzig, 1907. — W. de Seidlitz, *Les Estampes japonaises*, trad., Paris, 1911.

profondeurs immobiles et glauques où poussent fleurs et
fruits de mer, coquillages piqués, striés, gaufrés, nacrés,
roussâtres, blanchâtres, ronds ou biscornus et qui gisent
gourds entre des algues élégantes ; puis, avec la dernière
planche, nous voilà remontés parmi des femmes qui se servent de coquillages pour jouer au *Kaiawasse* : étonnante
invention de poète, ce contraste ainsi marqué entre le coquillage, tel que nous le font voir nos jeux, et le coquillage tel qu'il
somnole dans le silence verdâtre et pâle de l'Océan ! Regardez enfin le livre « Les Cent crieurs » (*Yehon Momotidori*) :
sur un vieux tronc d'arbre, un hibou, aux yeux vagues, aux
plumes gris-cendre, sommeille ; plusieurs rouges-gorges peints
à neuf, avec de petits yeux vifs et ronds de songe creux,
regardent par en dessous et avec méfiance le rêveur hagard,
l'oiseau de nuit solitaire ; des grues, gaufrées comme des
aiguilles de pin sous le givre, assistent au plongeon d'une
poule d'eau, pattes et derrière en l'air, l'avant-corps déformé
et estompé sous l'eau, où elle met en déroute un banc de
petits poissons.

Comme toutes ces bêtes ressemblent peu à des insectes
de collection, à des coquillages d'aquarium, à des oiseaux
empaillés ! C'est dans l'herbe, dans la mer, en pleine forêt
l'instinct surpris brusquement, loin des hommes. Mais
alors Outamaro, à qui l'on reproche de l'à peu près dans ses
figures de femme, a donc eu le goût de se pencher sur le
plus minuscule détail d'élytre, de plume ou de coquille, et
aussi la patience de le représenter avec une minutieuse
exactitude de dessin, une amoureuse caresse du pinceau [1].

1. Dans la préface aux Insectes choisis, voici ce qu'écrit Toriyama Sekiyen,
le maître d'Outamaro : « ... L'étude que vient de publier mon élève Outamaro reproduit la vie même du monde des insectes. C'est là la vraie peinture du cœur. Et quand je me souviens d'autrefois, je me rappelle que, dès
l'enfance, le petit *Outa* observait le plus infini détail des choses. Ainsi, à
l'automne, quand il était dans le jardin, il se mettait en chasse des insectes,
et que ce soit un criquet ou une sauterelle, avait-il fait une prise, il gardait la bestiole dans sa main et s'amusait à l'étudier. Et combien de fois

Autre surprise : Outamaro, pilier des Maisons vertes,
peintre des courtisanes, est un des artistes de tous les temps
et de tous les pays qu'a le plus émus l'élan de la mère et
de l'enfant l'un vers l'autre [1]. Une houpette de cheveux sur
son crâne rasé, la peau par endroits trop tendue et pourtant
plissée et creusée de fossettes à la cheville, au genou, au
coude et au poignet, les bras trop courts pour qu'il puisse
croiser les mains devant ses yeux, l'enfant est un gros pous-
sah. C'est aussi un charmant petit tyran, et la gloutonnerie
de son museau suceur, de sa main prenante, à l'assaut de la
frêle tige qu'est sa mère, effraye. Petite précaution, faim,
soif, cauchemar, tétée : de jour, de nuit, il la harcèle. Il
veut jouer, et la maman doit tourner la crécelle, feindre la
frayeur quand le gosse se masque, le prendre à califourchon
sur son dos pour qu'il se mire dans une fontaine, l'affrian-
der d'une sucrerie qu'elle tient entre ses lèvres, le retenir
quand il bondit sur un lapin blanc, un chat, un oiseau, et
l'empêcher de s'ébahir sur ce qu'il ne devrait pas guigner.
C'est un bousculeur des habitudes de la maison, ce gamin
dont la curiosité incohérente et exigeante provoque chez ses
victimes de curieuses poses [2]. Il est la bourrasque des scènes

je l'ai grondé, dans l'appréhension qu'il ne prenne l'habitude de donner la
mort à des êtres vivants ! Maintenant qu'il a acquis son grand talent de
pinceau, il fait de ces études d'insectes la gloire de sa profession. Oui, il
arrive à faire chanter le brillant du *tamamushi* (nom d'insecte), de manière
à ébranler la peinture ancienne, et il emprunte les armes légères de la sauterelle pour lui faire la guerre, et il met à profit la capacité du ver de terre
pour creuser le sol sous le soubassement du vieil édifice. Il cherche ainsi à
pénétrer le mystère de la nature avec le tâtonnement de la larve en faisant
éclairer son chemin par la luciole, et il finit par se débrouiller, en attrapant
le bout du fil de la toile de l'araignée. » (Traduction Hayashi, citée par Goncourt, *Outamaro*, p. 116).

1. Cf. C. iv, 182, 185, 237. Toute la série d'estampes, C. iv, 202-217,
v. pl. xxiii, consacrée à Yama-uba et à l'enfant prodige Kintoki, s'apparente
à la série des maternités. Kintoki, c'est, grossi, l'enfant glouton et forcené.

2. Dans la plupart des scènes à plusieurs figures qu'a peintes Outamaro, il est rare que parmi les grandes personnes ne se glissent pas des
enfants. Par contraste avec les gamins du peuple qui galopent en kimono
simplet, il a représenté de petites *Kamuro*, qui, en qualité de pages,
accompagnent les courtisanes dans leurs promenades solennelles.

d'intérieur : la mère est sans cesse obligée de se courber brusquement, pour le rattraper, le consolider. Elle ne fait plus ce qu'elle veut, elle ne pense plus à ce qu'elle fait, cette maman japonaise, habituée pourtant à des gestes mesurés. Que, de sa longue main caressante, elle enveloppe la rotondité de son enfant, qu'elle le serre dans les lianes de ses mains, de ses jambes, qu'elle l'enroule dans les plis de sa poitrine, de son ventre, qu'elle le porte agrippé du bec et des doigts à ses deux seins, elle et lui sont encore tout emmêlés, et la physionomie de la maman, dressée pourtant à l'impassibilité, s'éclaire d'un sourire tendre et fier. Délicieuses maternités qui rappellent les charmantes scènes des Della Robbia et de Botticelli, avec plus de laisser-aller jaseur toutefois, car, malgré le bel avenir dont rêve la maman japonaise pour son petit, elle n'adore pas en lui le Messie.

Kiyonaga s'était gardé des allusions politiques, des allusions sociales aussi ; il n'est pas trace chez lui de métiers au travail. Non, rien que des gens en fête dont la grande affaire est de se distraire et d'aimer. Outamaro, au contraire, bien que familier des oisives marchandes de sourires, se plait à représenter le peuple, et la sympathie saine, émouvante, avec laquelle il a observé la vie quotidienne des bêtes et des enfants, se retrouve dans les documents qu'il nous a laissés sur l'humeur des Japonaises à la tâche. Le jeu et la joie sont parmi ces femmes qui paraissent fort peu peiner : teinturières nettoyant dans un pré des bandes d'étoffes, paysannes cueillant des feuilles de mûriers, tisserandes, tireuses d'estampes [1]. Dans un cadre agréable, souvent en plein air, elles prennent doucement leur métier et se mettent plusieurs à la même besogne simple, car il est plus amusant et moins

---

1. Outamaro, suivant l'exemple de Harunobu, féminise la plupart des sujets. Ce sont des femmes qui tirent les estampes (C. IV, 164) ; ce sont des femmes qui, dans les romans célèbres, tiennent les rôles héroïques, cf. C. IV. 271.

TROIS JEUNES FEMMES SE RHABILLANT APRÈS LE BAIN

Collection Vever.

Pl. XVI.

L. Aubert. L'Estampe japonaise.

COURTISANE AGENOUILLÉE

*Collection Vever.*

Phot. Longuet.

Pl. XXIV.

L. Aubert. *L'Estampe japonaise.*

fatigant de besogner en compagnie. Affairées, il est clair que
leur belle ardeur tombera vite ; inexpérimentées, une erreur
leur est un prétexte à sauter, à s'écrier et à rire, comme dans
cette délicieuse scène de cuisine où une fille souffle le feu
dans un bambou avec tant de force que la fumée jaillit au
nez de sa compagne[1]. Ce travail coupé de rires, de bavar-
dages et de poses gracieuses, qui était de règle au Japon
d'autrefois, quel contraste avec le travail de l'usine assour-
dissante et surchauffée où les descendantes des modèles d'Outamaro suivent aujourd'hui. languissantes. la marche inlassable de la machine ! Parfois, Outamaro s'est apitoyé sur les
métiers les plus durs. Qu'on se rappelle le triptyque des
Pêcheuses d'awabi[2], cette femme aux cheveux noirs et broussailleux, un lambeau d'étoffe rouge autour de son corps
blanchi et déformé par l'eau, et qui, assise sur un rivage
pelé. tâte la mer du pied avant d'y plonger, et cette autre,
la chevelure ruisselante, qui, à peine sortie de l'eau, épuisée,
allaite son petit. Il y a chez ces plongeuses une grande dé-
tresse... Heureuses ou malheureuses. ces ouvrières, chez
Outamaro, sont vraiment des types populaires, un peu mas-
toques, aux chevilles épaisses, aux grands pieds, bien
d'aplomb et vêtues pour travailler. Et si, sans y tâcher.
elles sont charmantes sous le petit bonnet qui encadre leur
chignon, c'est qu'elles sont jeunes et que d'étaler des étoffes
au soleil ou d'y cueillir des fruits prête à la grâce.

* * *

Chez un artiste réputé décadent, chez ce prétendu flatteur
du mauvais goût populaire, un amour de la nature aussi
franc, aussi enthousiaste, aussi minutieux, voilà qui déroute.

1. Cf. C. iv, 90.
2. Cf. C. iv. 83.

Il est vrai qu'Outamaro fut aussi et surtout un dévot de la
courtisane, qu'il alla chercher au Yoshiwara plus des trois-
quarts de ses modèles, et qu'il leur a prêté une structure
paradoxale en son amenuisement; mais le Yoshiwara existait avant Outamaro et les plus grands artistes de l'Ukiyo-
yé[1] en avaient déjà pris les courtisanes comme modèles.

Pourquoi furent-ils des peintres de la femme, et pourquoi
glorifièrent-ils la femme des Maisons Vertes? La femme tient
une grande place dans la civilisation du Japon; la richesse
du pays, — riz[2] et soie, — est pour plus de moitié œuvre
de femme; la littérature japonaise est surtout une littérature
de femme; aux côtés du samuraï, la légende exalte fréquem-
ment l'héroïsme de la Japonaise; l'art japonais a féminisé
l'art chinois; le paysage japonais a des nerfs de femme...
Parcourez un catalogue des œuvres d'Outamaro, vous lisez:
*Six enseignes des plus célèbres maisons de saké, représentées par
des femmes; Le saké, sept sortes d'ivresses dépeintes par des
femmes; Les sept dieux du bonheur personnifiés par des femmes;
Les six bras et les six vues de la rivière Tamagawa, représentés
par des femmes; Courtisanes et geisha comparées à des fleurs;
Femmes comparées à des paysages des environs du Yoshiwara;
Neige, lune et fleurs représentées par des femmes; Femmes
représentant les quatre saisons; Femmes représentant les douze
heures du jour; Femmes représentant les cinquante-trois stations
du Tôkaidô; Femmes représentant les douze heures du Yoshiwara...* Toutes les beautés de la nature, la femme les ras-
semble; et la femme dont rêve le Japonais, la femme bien

1. Moronobu : *Guide du Yoshiwara* ; Masanobu : *Nouvelle Illustration
des Jolies femmes lettrées du Yoshiwara* ; Shunsho et Shighema-a : *Le
Miroir des Maisons vertes* ; Harunobu : *Les Belles Femmes des Maisons
vertes*, etc.. etc. Concourt note que Hayashi possédait plus de 200 livres
concernant le Yoshiwara.

2. V. C. IV. 21, représentant Saotomi ou Uyémé, la femme qui s'occupe
de la culture du riz. Selon la légende, le riz fut donné en cadeau au peuple
japonais par la déesse du Soleil Amaterasu ; depuis ce jour, sa culture a
toujours été l'affaire des femmes.

vêtue et qui parle un joli langage, qui sait les manières et les nouvelles, la femme devant qui un homme reçoit ses amis et se divertit, la femme influente et dont il est fier, ce n'est pas la jeune fille, l'épouse, la mère, celle que la culture chinoise au Japon d'alors relègue dans l'ombre. Mariée sans qu'on la consulte, soumise à son mari et à ses beaux-parents, toute dévouée à ses enfants, rarement courtisée, rarement infidèle, elle s'efface, sourit et pardonne. Sa rivale de tout temps, ce fut la geisha, la courtisane, et surtout au temps désœuvré d'Outamaro.

Naguère encore, avant que le feu le détruisît, le Yoshiwara, docile à l'étiquette, gardait ses dehors de belle humeur et de bonne tenue. Mais le Yoshiwara d'il y a un siècle, avec ses deux mille cinq cents prostituées, auxquelles donnaient le ton quelques dizaines de courtisanes de haut rang, avec sa hiérarchie d'*oïran*, de *shinzô* plus jeunes et de *kamuro* presque enfants, avec ses fastueuses théories de robes éclatantes ; le Yoshiwara, hanté, non par les seuls habitants de Yedo, mais aussi par les princes et leurs délégués, hauts seigneurs, daïmyo, samuraï, qui étaient obligés, plusieurs mois par an, d'abandonner leurs provinces, leurs châteaux et leurs rizières pour venir à Yedo rendre hommage au Shôgun ; le Yoshiwara, miroir du Japon, où les femmes affluaient de toutes les provinces, se dévêtaient de leurs nippes, de leur patois, pour prendre un langage archaïque et des vêtements de cour ; le Yoshiwara, théâtre d'intrigues, de dramatiques histoires d'amour et d'incroyables dévouements romanesques ; le Yoshiwara tout en contrastes de splendeurs et de tristesses, de pureté et de déchéance ; le Yoshiwara où, dans la même enceinte, le long d'une rue bordée de maisons de thé si propres, si belles, que, selon l'expression de l'auteur du texte de l'Annuaire des Maisons Vertes, Jipensha Ikkou, on doutait « si l'on était sur la terre », le Yoshiwara où se côtoyaient des gens de tous rangs, bien vite rapprochés par les caprices de la passion et aussi par le kimono uniforme, obligatoirement endossé à l'entrée des Maisons Vertes ; le Yoshiwara mouvementé, bariolé, cancanier, quel incomparable endroit où rêver pour des artistes !

L'héroïne d'Outamaro, c'est l'oïran de premier rang, une de ces filles du Yoshiwara dont Jipensha Ikkou dit qu'elles sont élevées comme des princesses. « Dès l'enfance, on leur donne l'éducation la plus complète. On leur apprend la lecture, l'écriture, les arts, la musique, le thé, le parfum (c'est-à-dire la recherche des différents crus de thé et de parfums). Elles sont tout à fait comme des princesses élevées au fond des palais [1]... » Déjà l'*Annuaire* gardait la réserve qui est de tradition chez les artistes de l'École populaire quand ils représentent la courtisane ; mais c'est sur les grandes estampes d'Outamaro qu'il faut la voir : détachée des menues anecdotes, le visage et le cou poudrés, les lèvres carminées, la mince, blanche et impassible physionomie ombrée par les cheveux, les sourcils et les cils noirs, et paraissant accablée par les hauts chignons hérissés de peignes, d'épingles et de fleurs, elle est vraiment une déesse. Voyez-la agenouillée, la tête mi-tournée vers la traîne de sa robe blanche à parements violets qui s'étale en queue de paon, les deux mains

---

1. L'Annuaire des Maisons Vertes (*Seiro yehon nen ju gioji*), — texte par Jipensha Ikkou, dessins d'Outamaro avec la collaboration de ses élèves, — est décrit en détail par Goncourt ; il offre surtout cet intérêt documentaire de grouper la plupart des scènes développées séparément sur les estampes : débuts d'une chanteuse, partie de cache-cache entre pensionnaires pendant l'absence de la maîtresse, prise de robes blanches le premier jour du huitième mois ; — les diverses étapes amoureuses : première entrevue, première connaissance, « connaissance mûre », puis le souper, le réveil à l'aube, l'homme contemplant, mélancolique, un paysage de neige, la conduite jusqu'à l'escalier d'où monte le jour naissant, et les adieux ; — enfin, les scènes de plein air : visites entre courtisanes, le deuxième jour de l'année ; exposition des femmes, la nuit, aux treillages de la maison, que les badauds regardent, la bouche béante ; plantation des cerisiers dans la « rue du milieu » ; fête des lanternes et procession carnavalesque ; contemplation de la lune. — Il y a beaucoup de discrétion, de poésie et même d'émotion dans ce tableau du Yoshiwara, mais les figures y sont petites et n'ont ni le style de dessin, ni le charme de couleur des figures des estampes.

六玉川

山吹の
はなの
みえつ
つ里の
そめ

哥麿画

Phot. Longuet.

LA COURTISANE HANA-OGI

*Musée du Louvre.*

Pl. XXV.

L. Aubert. *L'Estampe japonaise.*

ramenées sur la poitrine en un geste d'officiante[1] ; voyez
encore la courtisane Shinazuru de la maison Tchôsia, les
doigts aboutés sur le manche de son éventail comme en un
geste de prière[2], et cette autre les mains allongées sur une
branche de fleurs dans un geste d'offrande[3]. Attitudes
rituelles de prêtresses fardées et vêtues de clair sur fonds
d'or, gracilité, douceur, réserve dans la grâce, caresse lointaine du regard, spiritualité quasi-religieuse : on dirait des
princesses de miniatures persanes ou des madones de miniatures françaises...

Au plein jour la courtisane d'Outamaro porte une fragilité,
une flexibilité, une pâleur, une somptuosité d'idole orientale : elle traîne la pénombre du sanctuaire avec soi. Habituée par une minutieuse étiquette à n'être abordée qu'avec
précautions, familière par éducation avec un passé de
légendes, consacrée au désir, au rêve, elle apparaît distante,
et quand, au cours de ses promenades, elle côtoie les travaux
ou divertissements rustiques de jeunes gens et jeunes filles
cueillant des fleurs ou des fruits, elle ne se mêle pas à eux :
en grand arroi, elle passe... Mais le miracle est que « cette
princesse élevée au fond des palais » se trouve de plain-pied
avec le paysage, qu'elle y paraisse naturelle, que ses gestes
y trouvent des répliques, ses couleurs, des harmonies. Les
plis de ses robes et de ses voiles amoncelés, leurs teintes
franches ou rompues, les oiseaux qui les envahissent, la
souplesse de mince herbacée qu'elle garde sous la gaine de
ses vêtements, la rapprochent des paysages, tout plissés et
comme engoncés dans des étoffes trop amples, sombres ou

1. V. pl. xxiv.
2. Cf. C. iv, 39.
3. V. pl. xxv, La Courtisane Hana-ogi tenant une branche fleurie de *yamabuki*. — Série : *Mitsu no Tamagawa*, Six courtisanes comparées à six
aspects de la Tamagawa (cf. Harunobu). Ici, la fleur de yamabuki rappelle
la Tamagawa grâce à un calembour, — la Tamagawa passant près d'un
village du nom de Yamabuki.

éclatants sous leurs manteaux de pins ou d'érables, et dont
les arbres se plaisent à minauder. Car au Japon, s'il y a des
courtisanes d'apparat, il y a aussi des paysages d'apparat,
forêts et eaux demeurées sauvages à côté de rizières apprivoisées, paysages-idoles dans ces îles adorées elles-mêmes
comme des divinités, paysages réservés au rêve de la race
qui, depuis des siècles, y vient méditer aux mêmes endroits :
les *San Kei*, les trois paysages de l'Empire, — archipel de
Matsushima, îlot de Miyajima, lagune de Ama-no-Hashida te,
— les Huit Beautés du Lac Biwa, les jardins des grands
temples de la secte Zen à Kyôtô... Paysages respectés,
choyés, surchargés de légendes, sanctuaires d'un culte éso-
térique, en marge du continent asiatique, au bout du monde,
protégés pendant des siècles par la mer contre toute influence
étrangère... Dieux ou femmes, toutes les idoles sont de plein
air au Japon, où les anniversaires des fleurs comptent plus
que les anniversaires des hommes, où les sanctuaires des
divinités s'ouvrent en pleine nature, où le grand Bouddha
de Kamakura, depuis que son abri a flambé, sourit parmi
les arbres...

Une idole de plein air que relie au décor une subtile harmonie, — harmonie un peu trop subtile parfois à nos yeux
d'Occidentaux qui sommes moins habitués que les Japonais
à vivre au milieu de paysages, à y guetter, à y cueillir, au
caprice des saisons et des heures, des symboles de notre
destinée, mais harmonie toute naturelle au Japon où, depuis
des siècles, grâce à une infinité de jolies concessions réciproques, à force de se contempler amoureusement, arbres,
femmes et rocailles en sont venus à se ressembler, — harmonie encore subtilisée par la poésie d'Outamaro : gestes
des danseuses et mouvements des pins, dans la Fête de la
chaya, courbure des cueilleuses de kaki et des branches
qu'elles ploient, frissonnement des pêcheuses d'*awabi* et de la
mer, jaillissement et oscillations de fusées qu'ont les spec-

tatrices du Feu d'artifice, gravité droite des contemplatrices
des iris dont les feuilles sont sabre au clair. Hanchements
des pins, courbes des branches de kaki, frisson de la mer,
jaillissement des fusées, rigidité des feuilles d'iris, — autant
de thèmes chorégraphiques sur lesquels, inconsciemment, les
courtisanes brodent des variations. Un détail du paysage,
voilà le metteur en scène de ces promenades de femmes, qui
sont toujours des entrées de ballets ; elles glissent à petits
pas, quand, soudain, à la vue de ce détail surprenant, ces
visuelles, d'un commun accord, sans s'être concertées, sans
s'être au préalable rangées en files régulières, sans faire
face à un public imaginaire, sans s'imiter dans leurs mouvements, — toutes, spontanément, s'accordent pour obéir à la
même suggestion, où qu'elles se trouvent, en groupes inégaux, en lignes brisées. Chorégraphie naturelle et raffinée
d'êtres gracieux comme des oiseaux, légers comme des éphémères, au moment où, brusquement surpris par un rythme,
chacun, croyant encore être seul à le saisir, réagit à sa guise.

   Et la couleur aussi chez Outamaro est pimpante, fraîche
et sautillante. Ses paysages de plein jour sont des paysages
de printemps, et, si les kimono des courtisanes ont des
teintes riches et sombres d'automne, pour ne pas se confondre avec le décor clair, sur ces manteaux, aux tons d'ar-
rière-saison, le printemps du paysage éparpille ses fleurs,
ses oiseaux, sa brise. Les kimono d'intérieur, eux, sont
généralement couleur de printemps, blanc de neige, rose de
cerisier, vert de pousse de lotus, couleurs tendres et aqueuses,
tons d'aquarelle ou de porcelaine de Chine. Harunobu avait
une tendresse pour la neige [1], dont la candeur plaisait à la
jeunesse naïve de ses héroïnes ; les belles plantes saines de

---

1. Outamaro, en bon Japonais, n'a tout de même pas dédaigné les effets
de neige. Dans son livre *Waka Yebisu*, Poésies illustrées (1786), une
planche représente des enfants roulant une énorme boule de neige ; une
autre planche représente un magnifique paysage de neige sur lequel je
reviendrai.

Kiyonaga poussaient en plein midi. L'heure d'Outamaro,
c'est le crépuscule ou la nuit profonde, l'heure des scènes de
moustiquaires, des ombres portées sur les cloisons de papier,
l'heure des escapades aux lanternes, des visages mi-voilés,
mi-éclairés [1], l'heure de la chasse aux lucioles, de la recherche
d'une amie partie en escapade [2], l'heure des promenades en
barque, l'heure où l'on s'attarde sur le bord de la Sumida à
écouter le bruit de l'eau, le son des guitares, le sifflement
des fusées d'artifice, — nuits profondes de l'été où l'on voit
glisser des kimono pâles, des kimono sombres zébrés
de hachures qui frémissent comme des feux follets, constellés de fleurettes qui scintillent comme des étoiles —
figures claires d'une si impalpable beauté qu'on dirait des
lumières [3]...

\*\*\*

Heureuse canaille, pour qui tant d'élégance eût été imaginée ! Nous ne connaîtrions d'Outamaro que ses animaux,
ses maternités, ses métiers, d'une observation si juste et si
fidèle ; nous n'aurions jamais vu aucune de ses figures de
courtisanes, et nous entendrions les critiques nous répéter
qu'il a passé sa vie au Yoshiwara, qu'il y a pris ses modèles,
qu'il les a déformés pour plaire à un public asservi par ses
plaisirs, — nous nous attendrions à trouver chez les femmes
qu'il a peintes de la brutalité, de la bestialité, de l'arro-

1. V. pl. xxvi, L'Évasion nocturne de Kamiya Jihei, un marchand, et
de sa maîtresse Koharu, une geisha. Série : *Jitsu Kurabé Iro no Minakami*, « Foi mutuelle, source d'amour ».

2. Cf. C. iv, 167, Femmes avec des lanternes cherchant deux amants
cachés Interprétation dans le style populaire de la fuite contrariée du poète
Ariwara no Narihira (ixᵉ siècle), héros du *Isé Monogatari*, avec une dame
de la cour.

3. V. pl. xxvii, Fête de nuit sur la Sumida. Cf. pl. xxxi, la Jeune femme
chassant les lucioles, par Choki ; elle aussi a kimono clair se détachant
sur fond de nuit.

Phot. Marty.

L'ÉVASION NOCTURNE DE KAMIYA-JIHEI
ET DE SA MAÎTRESSE

Collection de M. Léry.

Pl. XXVI.

L. Aubert. L'Estampe japonaise.

gance, et non pas une telle décence et un si haut style, bref
nous penserions qu'Outamaro est une manière de Sharaku.
Or de la courtisane, il a fait une reine.

Pourtant, sa dévotion n'est point guindée, ni sourcilleuse ;
il faut voir avec quelle malice enjouée il dépouille soudain de
tout leur apparat femmes et paysages. Un de ses triptyques
représente la grande baie où flotte l'îlot d'Enoshima [1] : ce ne
sont que rocailles hérissées, caps biscornus, montagnes tourmentées ; mais voici que, tout au bout de la plage, sans un mot
d'avertissement, hors des plis du paysage trop étoffé, s'élance,
nu, lisse et schématique, le grand volcan, le Fuji-yama. Sur
une autre de ses estampes, une femme, hors de ses manteaux
tombés à terre, jaillit toute fine comme une tige effeuillée [2].
Un des charmes du talent d'Outamaro est dans de tels contrastes : il s'est plu à surcharger la fluette courtisane de huit
ou dix robes, il l'a rembourrée, empesée, solennisée, mais,
plus souvent encore, il a pris plaisir à jeter sur ses
épaules tombantes de jolis kimono-châles, dont les plis se
drapent sur la gorge et se nouent à la ceinture avec l'aisance
des plus belles écharpes de David ou d'Ingres ; parfois aussi,
de la chevelure bien huilée et lustrée, glisse sur le visage
une mèche folle ; des draperies de cérémonie s'échappe un
geste charmant de naturel, et sur les étoffes apprêtées s'éjouit
un décor de fleurs simples. Au surplus, les occasions ne
manquent pas où les traînes des courtisanes côtoient les
manteaux de paille des artisans, où leurs chevelures hérissées
d'épingles contrastent avec les petits bonnets posés un peu
de côté sur la tête des travailleuses. Dans les rues du
Yoshiwara, la foule des rustauds colle le nez au treillis des
cages où trônent des femmes parées comme des infantes ;
même opposition entre les bêtes : magnifiquement emplumées,

1. C. ɪᴠ, 11. Les figures y sont encore traitées dans le style de Kiyonaga.
2. C. ɪᴠ, 248. C'est une réclame pour un fournisseur des Maisons
vertes.

il en est qui paradent à côté d'autres oiseaux qui semblent s'être dépouillés de leurs vêtements pour chasser plus commodément. C'est toujours la même fantaisie, la même souplesse de poète à varier le ton. Voyez dans le *Waka Yebisu*, Poésies illustrées, un paysage de neige. Un épais linceul blanc amollit les profils, assourdit les bruits, pèse sur les arbres. Deux hâleurs, tirent une barque ; en cette torpeur le moindre mouvement semble exiger un douloureux effort. Nous voilà reportés, de trois siècles en arrière, au grand style des paysages chinois que peignaient les Kano et le plus grand d'entre eux, Kano Motonobu. Par contraste, remarquez, du même Outamaro, une rivière bordée d'humbles maisons, et, sur un pont, un paquet de petits bonshommes et de parasols, tous massés dans le bas de l'estampe : d'un paysage propice par son calme et sa mélancolie à la méditation bouddhique, nous voilà passés en un coin de Yedo[1], tel que l'aurait croqué et mis en page un Hokusaï, un Hiroshigé. Entre ces deux extrêmes, voyez cette estampe qui représente une vue d'Ishiyama au clair de lune : pins tordus, rochers effilés, temple juché au haut d'un escalier, lac au clair de lune, — ce sont tous les éléments du paysage classique, composé d'après un modèle chinois, et, pourtant, c'est bien le Japon[2].

La déformation, par Outamaro, du type de femme imaginé par Kiyonaga, les critiques l'expliquent par la dépravation du public aux entours de l'année 1800. En réalité, elle répond à une différence profonde de sensibilité entre ces deux artistes.

1. C. IV, 60. Le pont Riyôgoku sur la Sumida. C'est la même gaieté populaire que dans la foule qui assiste au défilé des lutteurs, sur l'estampe de Shuncho.

2. Cf C. IV, 38. De la série *Omi hakkei*, Huit vues d'Omi. — Avant Outamaro, Koriusaï et Kiyonaga avaient peint de jolis paysages, en fond d'estampes ; mais Outamaro. disciple de Shighemasa et de Toyoharu, est le vrai précurseur des grands paysagistes de l'école populaire. Hokusaï et Hiroshigé.

Les héroïnes de Kiyonaga sont toujours un peu marmo-
réennes : elles se tiennent bien droites, une épaule légèrement
inclinée, comme pour déterminer la chute de la grande ligne
liquide de leur profil ; groupées, elles se font pendant,
s'équilibrent, se balancent et se disposent volontiers en bas-
reliefs. Très longues, beaucoup plus longues que la Japonaise
du commun, elles conservent, néanmoins, un embonpoint
normal. Kiyonaga, c'est le classique qui résume cent années
de l'histoire de l'estampe, et qui mène à son point de maturité le type de femme dont ont rêvé tous les artistes de
l'École populaire. Sa faculté maîtresse est un sens exquis
des profils parfaitement purs ; il est le plus « grec » des
artistes japonais ; il a la sagesse un peu grave des dessinateurs
qui s'intéressent abstraitement au trait.

Après avoir allongé ses figures de femmes par goût des
belles lignes droites, lancées du bout du pinceau, il avait
enfermé cette longue graminée dans une gaine rigide, de peur
qu'elle ne versât. Outamaro arrache cette herbe de sa gaine
et tout aussitôt s'amuse à l'observer qui oscille et qui ploie.
La ligne, il ne la traite plus pour elle-même, il l'asservit à
son tempérament, à son rêve ; il la veut, non pas pure avant
tout, mais surtout expressive. L'héroïne flegmatique de son
grand devancier, il la doue de nerfs, mais aussi il l'exténue.
Que l'on compare le Débarquement, de Kiyonaga, à la Promenade en barque, d'Outamaro, puis la Sortie nocturne du premier à la Fête de nuit ou au Pont sur la Sumida [1]. Les personnages se ressemblent, mais ils n'ont plus la même âme. La
femme chez Outamaro ne jaillit plus aussi droite, elle s'étiole,
se fane, se dessèche, se lignifie. Il a encore le goût des lignes
onduleuses, mais le trait est parfois plus sec, plus schématique, plus sommaire, plus nerveux.

Par contre, la grande femme aux manières tranquilles et

---

1. La promenade en barque, C. IV, 10. — La fête de nuit (pl. XXVII). —
Le pont sur la Sumida, C. IV, 173.

distantes, il la secoue, il l'anime, il l'égaye. La Promenade
en barque, c'est sans façon : un homme enjambe le toit de
la cabine, une femme trébuche sur le bord du bateau, une
autre puise de l'eau, l'autre prépare le thé; toutes, étant
occupées, oublient de processionner, comme faisaient leurs
sœurs chez Kiyonaga. Sur le bord de la Sumida ou sur le
pont Riyôgoku, des enfants s'agitent parmi les femmes, et
leurs petites tailles, à côté de leurs longues mères, brisent
la ligne des personnages; le Nettoyage d'une maison verte[1]
est un tohu-bohu d'ivrogne qui s'affaisse, de rat qui détale,
de coups de balais et de plumeaux et de cloisons qui paraissent s'écrouler comme un décor de théâtre pendant un
entr'acte; la Fête dans une chaya, c'est l'agitation d'une
kermesse en tous les coins de l'immense pièce, dont les
paravents isolent les musiciens, les danseuses, les couples
qui folâtrent, les scènes d'ivresse et de cuisine.

Chez Outamaro, la perspective est plus « précipitée », les
personnages vus de plus haut ne sont plus tous placés à égale
distance de l'œil de l'artiste, la scène est plus de guingois,
elle a moins de noblesse, mais elle est plus animée. Et puis,
il s'arrange toujours pour glisser dans son tableau un détail
amusant : des personnages trahis par leurs ombres à travers
les cloisons de papier, des coins de visage éclairés par le cône
de lumière d'une lanterne, une femme mi-cachée par le voile
d'une compagne, une figure vue en partie à travers les dents
d'un peigne[2]. Telle de ses estampes est un chef-d'œuvre de
malice : une fillette se hausse vers une jeune fille pour lui
remettre un billet doux; de l'extrémité de son chignon jusqu'à
sa main qui glisse le poulet et à son museau tendu, il faut
voir comme la petite officieuse est pénétrée de son importance, tandis que la grande feint l'indifférence : sa large

1. *Misoka Soji*. Nettoyage d'une maison du Yoshiwara avant le jour de
l'an, C. IV, 122. — La Fête dans une chaya. C. IV, 12.

2. Cf. C. IV, 98.

OUTAMARO

Phot. Longuet.

FÊTE DE NUIT SUR LA SUMIDA

Collection Vever.

Pl. XXVII.

L. Aubert. L'Estampe japonaise.

manche où vient s'enfouir le minuscule billet paraît être
vide, vide aussi de curiosité son impassible physionomie, mais
la rouée est trahie par son autre main qui s'agite fiévreuse-
ment, et par l'inclinaison de sa tête pour entendre [1]. Et telle
autre estampe, la Courtisane ivre [2], par l'affaissement de
son corps en arrière et de sa tête en avant, par son air. fripé,
son regard fixe, ses mèches folles et sa bouche mauvaise,
rappelle les physionomies des femmes de Sharaku. Outamaro,
comme Sharaku, s'est plu à peindre de grandes figures et à
les isoler sur fond micacé : de toute l'École, ce sont les
peintres les plus curieux de la psychologie de leurs modèles
et qui vont le plus loin dans l'expression des caractères. —
Il est aussi d'Outamaro de charmantes petites estampes ou
illustrations de livres, qui, par l'imprévu de la mise en page,
le mouvement et la gaieté de la scène, l'air cocasse et bon
enfant des personnages, annoncent Hokusaï [3]. Feuilletez les
trois volumes du *Yehon Azuma Asotsi* (Promenade à Yedo),
et les *Kiô guetsu bô* (Poésies sur la lune) : à la vue de l'astre
apparaissant au-dessus des monts, des gosses trépignent avec
l'enthousiasme qu'auront les pèlerins devant les Trente-six
vues de Fuji.

On a reproché aux figures d'Outamaro leur manque d'expression, alors que nul artiste de l'École populaire n'a été
plus féru de la forme féminine : le plus qu'il peut, il
l'agrandit, il la représente en buste, il la contemple sur
toutes les faces, il aime à en dessiner la nuque, tandis que
le visage se reflète dans un miroir, et si les plus grandes
têtes qu'il a peintes à la fin de sa vie paraissent plates et
vides, c'est sans doute que, pour répondre aux commandes,

1. V. pl. xxviii.

2. V. pl. xxix. Série *Hokkoku goshiki no sumi*, Cinq couleurs de la con-
trée septentrionale, c'est-à-dire cinq aspects du Yoshiwara, situé au nord
de Yedo.

3. Cf. C. iv, 60 et 61, le Pont avec les femmes et les enfants, et le
Pêcheur à la ligne parmi les roseaux.

lui ou ses élèves les bâclaient, mais qu'aussi, étant donnée la
convention d'impersonnalité qui est de règle dans l'art
extrême-oriental pour les physionomies humaines, il était
dangereux d'agrandir à l'excès le format des visages. Toutefois, de dimensions plus modestes, il est d'Outamaro toute
une série de femmes à mi-corps, sur fond micacé et sur fond
jaune, qui sont des chefs-d'œuvre. Jamais, encore, aucun
artiste de l'Ukiyo-yé n'avait mis tant de soin à varier, chez
ses modèles, la rondeur ou l'ovale des visages, les courbes
des chignons bas ou des coques échafaudées, à dessiner les
cheveux plantés en arcade sur le front, en pointes autour
des tempes, un peu clairsemés à la racine, à indiquer les
oreilles à demi cachées sous les ailes de la coiffure, à suggérer la délicatesse des mains, à noter les inclinaisons de la
tête, légèrement renversée chez les courtisanes qui se ren-
gorgent, penchée en avant et comme débridée, chez les
femmes en déshabillé, à faire fuir les profils, pour noter
des différences subtiles dans le modelé du visage, dans le
bosselage du front, la dépression de l'arcade sourcilière, le
renflement de la joue, la ligne du cou, l'attache de la tête aux
épaules, le gonflement des seins; à grouper, enfin, sur une
même feuille, des visages que ne distinguent que d'impercep-
tibles nuances de tempérament[1]. Devant l'onduleuse élégance
de ces silhouettes aux profils si épurés, et dont le trait souple,

1. Cf. C. IV, 32-41, première série de portraits de femmes en buste, sur
fond micacé. Série intitulée : *Fujo Ninso Juppin*, Dix femmes jugées sur
leur physionomie (v. pl. XXX, Jeune femme regardant dans un miroir
le laquage de ses dents). La tablette centrale du cartouche sur l'estampe
C. IV, 41, loue les dispositions amoureuses de la « belle » représentée. Les
visages ont encore la forme ronde que l'on trouve sur les premiers livres
d'Outamaro.
Cf. C. IV, 62-73. deuxième série de portraits de femmes en buste, sur
fond micacé : les visages ont déjà une forme plus ovale. Cf., par exemple,
C. IV, 67. portrait de Naniwa Okita portant, sur un plateau laqué noir, une
tasse en porcelaine jaune.
Cf. C. IV, 86-96, série de figures sur fond jaune, intitulée : *Toji zensei
bijin soroï*. Sélection de beautés modernes. Cf. IV, 90, La Cuisine, et
pl. XXIV. Courtisane agenouillée. Série : *Nishiki ori Utamaro-gata shim-
moyo*. Nouveaux dessins de brocards d'Outamaro.

tantôt ténu, tantôt large, a la précision et la fermeté d'un
trait de pointe sèche, on pense aux plus beaux kakémono
chinois, aux sanguines de Watteau, aux crayons d'Ingres.

Enfin, il y a chez Outamaro une charmante sympathie
pour les chagrins de ses héroïnes. Rarement, il les représente en compagnie d'un homme : auprès d'elles que les
hommes ne fassent que passer, voilà ce dont elles souffrent :
« Que de fois je me sépare de l'homme, dont je ne distingue
plus l'ombre, sous la lune de l'aube ! » s'écrie, en une poésie
célèbre, la courtisane Miyaghino. L'homme, tandis qu'elles
le tiennent, elles le parent, le coiffent, le caressent ; elles le
soutiennent quand il est ivre, lui passent son manteau en le
reconduisant jusqu'à l'escalier, et parfois, à la dérobée,
entre camarades, le ridiculisent. Mais, solitaires, c'est à lui
qu'elles pensent quand elles s'étirent mélancoliques, à propos
de lui qu'elles pleurent au reçu d'une lettre. Et devant le
chagrin de la pauvrette tous ses entours sont pris de pitié :
les kimono pendent accablés, les écharpes coulent comme
des flots de larmes, et dans un coin de l'estampe, en cartouche, sous l'averse, le paysage aussi pleure[1].

Peintre d'insectes, de coquillages, d'oiseaux, peintre d'ouvrières à la tâche et de touchantes maternités, peintre de
courtisanes, semblables à des princesses, et qui font sans
cesse allusion à des légendes, peintre de paysages familiers
et aussi de paysages classiques, Outamaro fut peut-être le
plus doué de tous les artistes de l'École populaire, celui qui
avec le plus de style a été le plus sensible à la vie sous toutes
ses formes. Sa tendresse pour tout ce qui vit, ses estampes
la gardent encore en sa fleur : teintes pâles qui suggèrent
les tons des chairs, plissements des gaufrages, gazes dia-

1. Cf. C. iv, 254, La rencontre de deux amoureux, la nuit. Elle, pleure.
L'estampe, dont le titre est « Pleurs dans la nuit », appartient à la Série des
Huit vues d'Omi. Un cartouche, dans un coin, représente une averse sur un
pin : c'est une des « huit beautés » du lac Biwa : Nuit pluvieuse à Karasaki.

phanes posées sur des vêtements à ramages, poudroiement
nacré de certains fonds soyeux, laiteux, onctueux, tons
laqués ou micacés de certains accessoires, — elle est encore
là toute vive, cette tendresse qui lustre les noirs, les rouges,
les verts, les roses, les blancs, les violets des kimono et
des décors, couleurs toujours aussi limpides et humides
qu'au moment où le pinceau chargé d'eau les posait sur
le papier.

Les animaux, il les peint avec une amoureuse exactitude ;
mais quand il s'agit de la femme, il entre dans la tendresse
d'Outamaro une plus fervente et aussi une plus libre dévotion : entre toutes les formes adorables de la nature, elle
est la Demoiselle élue, la confidente de ses songes. Sensuelle
et charnue malgré sa minceur, elle sait poétiquement frémir. Avec elle, à propos d'elle, il rêve et, au caprice de sa
rêverie, elle se déforme docile, prête à s'étirer, à s'évaporer
presque, pour se modeler sur ses pensées les plus subtiles.
Et lui, pour elle, imagine un jardin secret où l'abriter, un
jardin dont les arbres, les eaux, la brise l'accueilleront gentiment, lui feront signe qu'ils la comprennent, qu'ils l'ad-
mirent ou qu'ils la plaignent, un jardin parfaitement docile
à sa grâce...

« C'est la vraie peinture du cœur... », disait, à propos de
son disciple, le maître d'Outamaro. Sans doute, c'est aussi
avec leur cœur que les Moronobu, les Harunobu, les Kiyonaga,
les plus illustres peintres de *bijin* avant Outamaro, avaient
imaginé un type de femme qui leur plût, chacun à son gré,
et sans jamais, eux non plus, s'être avisés de faire un portrait ressemblant des belles de leur temps. A côté de leur
scrupuleuse observation de la faune et de la flore, les plus
grands artistes de l'École populaire se sont surtout souciés
de beau style, qu'ils eussent le goût du fantastique, macabre
ou comique dans leurs portraits d'acteurs, ou de certaine
grâce évanescente dans leurs portraits de jeunes filles ; mais

LE BILLET DOUX

*Collection Vever.*

Phot. Longuet.

Pl. XXVIII.

L. Aubert. *L'Estampe japonaise.*

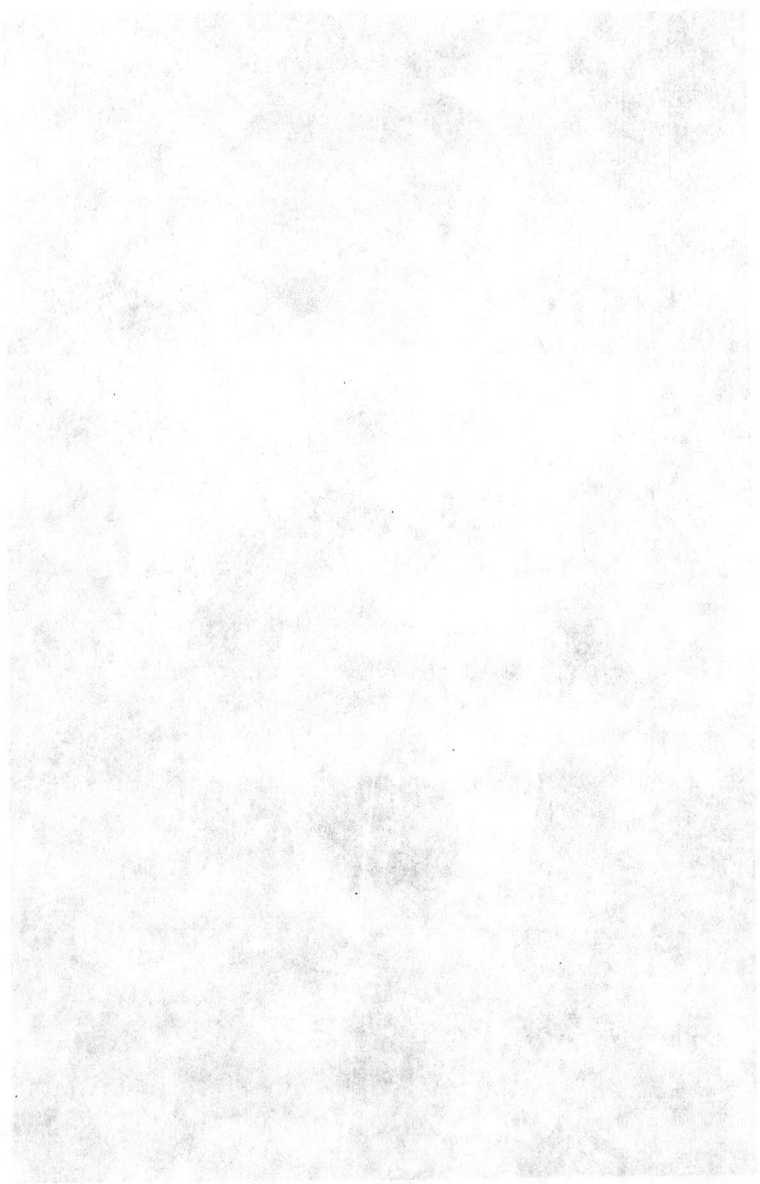

l'héroïne de Moronobu est, encore et surtout, une figure
d'histoire ; l'héroïne de Harunobu, malgré qu'elle conserve
quelque ressemblance avec le type courant de la Japonaise,
est déjà une figure de rêve : elle a la poésie de l'âge où les
passions naissent ; chez Kiyonaga, le papillon s'est épa-
noui, singulier par sa taille dans ce pays de femmes courtes,
mais, en son allongement de convention, il demeure impassible, n'osant trop s'envoler. L'héroïne d'Outamaro, la dernière venue, est, entre ses sœurs, la plus hardiment irréelle,
tant elle est effilée, nerveuse, tendre, ailée... « C'est la vraie
peinture du cœur » : Outamaro est, avec Harunobu, le plus
poète des peintres de l'*Ukiyo-yé*. Son héroïne reste dans la
tradition de l'École qui fut hantée par un type élégant et fragile, que, petit à petit seulement, elle s'enhardit à allonger ; il osa l'affranchir des derniers liens terrestres et lui
prêter la forme la plus transparente au rêve qui travaillait les
imaginations depuis plus d'un siècle. On n'alla pas plus loin ;
mais en cette femme, dont les critiques occidentaux d'aujour-
d'hui déclarent qu'elle est ridiculement hors nature, le public,
les artistes, tout le Japon d'alors, jusqu'au fond des provinces, se reconnut. Kiyonaga n'avait jamais rencontré
pareil succès [1]. Sans doute, après Outamaro, les peintres

1. Qu'on relise la préface si juste dans son enthousiasme, que Toriyama
Sekiyen écrivit pour le livre de son élève, les Insectes choisis (p. 138) ; et
qu'on écoute sur quel ton de maître Outamaro parle de ses rivaux, dans
les déclarations qu'il a inscrites sur deux très belles estampes qui doivent être de sa maturité. Cf. C ɪv, 93 et 94 (Le nᵒ 94 est notre pl. xxɪv).
   Nᵒ 93 : « Voici un spécimen des *nishiki-ye* d'Azuma (les Provinces de l'Est,
c'est-à-dire Yedo). Récemment on a vu paraître de misérables estampes,
faites par des barbouilleurs, qui, de jour en jour, pullulent comme des fourmis. Ces estampes, qui prétendent imiter le style des maîtres, sont stupide-
ment dessinées et hideusement colorées. Elles compromettent la réputation
des vrais *nishiki-ye*, non seulement au Japon, mais encore à l'étranger
(Outamaro fait allusion aux achats d'estampes faits à Yedo par des Chinois). La présente série des estampes est destinée à décourager, sinon à
éduquer ces imitateurs. »
   Et nᵒ 94 : « Mon pinceau agile, si rapidement qu'il courre, créera les
lignes gracieuses de Seishi (fameuse beauté chinoise ; cf. la phrase de
Okomura Masanobu sur les faucons de l'Empereur Kito et les pruniers
du philosophe Linna, p. 51), tandis qu'un artiste médiocre, usât-il de

fournirent encore des portraits de femmes au public des villes populaires, Yedo et Osaka ; mais leurs estampes tournent à la gravure de mode avec trop de traînes, de ramages, de fleurs et de décors fantastiques. Yeishi, Yeisho, Toyokuni combinent Kiyonaga, Outamaro et Sharaku, mais, chez ces imitateurs, le style de leurs grands modèles perd sa pureté et sa force dans le papillotement des lignes et des couleurs. Parfois, entre ces redites, des chefs-d'œuvre : deux ou trois estampes de Yeishi et autant de Choki, représentant des belles au-devant d'un soleil couchant ou d'une nuit illuminée de lucioles[1] ; mais, après Outamaro, ce fut tout de même la décadence ; il avait épuisé l'intuition qui avait tenu en haleine, depuis un siècle, tant d'artistes. Toutes différences observées, toutes proportions gardées, Michel-Ange aussi, en qui se résume le génie sculptural de Florence, prépara la décadence de la peinture italienne...

A force d'être poète, Outamaro, à mi-chemin du rêve et de la réalité, dans le domaine de l'allégorie, par delà les siècles, les races, les civilisations, en dépit des différences de philosophie et de technique, s'apparente au Ronsard des *Amours*, au Musset des *Proverbes*, au Botticelli du *Printemps*, au Wat-

toutes les couleurs de la palette, ne produira qu'une œuvre qu'on sera vite las de regarder. Et si mes prix sont élevés, — aussi hauts que mon nez, — ce que je produis a une réelle valeur. On ne compare pas une Taiyu (courtisane haut cotée) avec une vulgaire Tsugimi (pierreuse). L'éditeur qui achète des dessins à bon marché perdra son nez. »

1. Yeishi (1764-1829) avait étudié chez un Kano : ce fut un transfuge des académies dans l'École populaire. Il était le cadet d'Outamaro de dix ans, et de Kiyonaga de vingt ans. On lui attribue l'invention de l'harmonie en violet, gris et jaune. Cf. trois belles estampes, C. v, 26-29.

De Choki (appelé parfois Nagayoshi), cf. de belles demi-figures sur fond d'argent, C. v, 112, femme fumant ; 111, femme devant le soleil couchant, et pl. xxxi, la Chasse aux lucioles. Remarquer le kimono clair sur le fond sombre comme dans les estampes de Harunobu et d'Outamaro (pl. xxvii). Le kimono est parsemé d'astéries, comme la nuit est constellée de lucioles.

Utagawa Toyokuni (1768-1825) peignit à la manière de Kiyonaga, d'Outamaro, de Yeishi, de Shunsho, de Sharaku. On le tenait pour l'égal d'Outamaro et, après la mort de ce peintre, il représenta la tradition classique en face de Hokusaï.

teau de l'*Embarquement pour Cythère* : c'est le même sens
exquis du naturel en pleine convention, de la grâce en plein
maniérisme, de l'instinct en plein raffinement, — tout cela
concilié par une émotion souveraine, qui permet de reconnaître le style d'un Botticelli, d'un Watteau, d'un Outamaro
au moindre trait de leur dessin. — Ce sont trois fleurs sin-
gulières que leurs héroïnes : poussées à l'entour de villes
illustres, elles laissent percer sous leurs allures de plein air
une sociabilité urbaine. *Bosco* toscans aux fruits d'or sur
feuillage noir, vergers japonais aux cerisiers roses sur pins
sombres, parcs de l'Ile-de-France qu'embrase le crépuscule d'automne, en ces paysages nous poursuivent encore
les fantômes de ces belles, car, familières des cénacles de
Florence, des réunions de poètes au Yoshiwara, ou des
salons de Paris, elles ont prêté aux sites qu'elles hantèrent
un peu de leur noblesse platonicienne, de leur évanescence
bouddhique, ou de la grâce de leur marivaudage.

Comparez la Promenade sous les cerisiers en fleurs[1] au
*Printemps* : ce sont les épithètes souvent données à la *Prima-
vera* qui vous viendront en tête pour définir l'héroïne d'Outamaro : *snelleza*, l'agilité due à la finesse des membres ; *venusta*,
le rythme des formes pures ; *morbidezza*, la délicatesse, la
pâleur des chairs et du visage. Joie ailée de ces nerveuses,
en qui l'on prévoit le découragement ; gestes précieux de
leurs mains étroites et maigres, de leurs pas de danseuses ;
lignes onduleuses de leurs draperies ; émerveillement de tout
leur être : parmi ces personnages et ces décors emblémati-
ques, circulent un air léger et une lumière radieuse ; des
fleurs des champs, des fleurs de vergers, telles qu'elles viennent d'être arrachées et encore toutes vives, parsèment les
voiles que gonfle le souffle du zéphyr, mais cet air qui court,
ces fleurs qui volent, ces vêtements qui s'agitent, ces doigts

1. Cf. C. iv, 148.

qui se recroquevillent, ces mains qui se lient, ces pas qui piètent, ce rythme inquiet des attitudes et de la marche, c'est un émoi qui, en dépit de ses dehors naturels, est révélateur d'une poussée de rêve... Reprenez les jugements que rapporte Vasari sur la personne de Botticelli : *cervello si stravagante, inquieto sempre, fantastico, persona sofistica* : la curiosité de l'invisible, l'inquiétude de l'au-delà, le mélange de suavité mystique et d'ardeur voluptueuse, le goût un peu sophistiqué d'épurer, de sublimer une figure de femme, — tout cela n'est-il pas chez Outamaro, peintre du monde éphémère, aussi bien que chez Botticelli, illustrateur de Dante, converti de Savonarole?

Quel rêve les étranges figures diaphanes des estampes laissent-elles donc transparaître?

* *

Un long visage sur un long cou, de longues jambes, de longs bras, reliés par un soupçon de torse : l'héroïne d'Outamaro est toute en sens. Ses membres déliés et frémissants, à la fois peureux et avides de sentir, s'étirent, comme de mobiles et vibrantes antennes : elle s'avance sautillante, mais toujours en garde contre une surprise, ou renverse son buste, telle une mante religieuse battant l'air de ses pattes. Ses doigts, recourbés comme des soies vibratiles, paraissent si sensibles, même à longue distance, que la plus légère pression leur est une souffrance ; sauvages, ses mains avant de se poser tiennent le petit doigt levé, aux écoutes ; faibles, elles défaillent sous le poids d'un éventail, d'une pipette ou d'une lettre, elles appellent à leur aide tous les muscles du corps pour porter sur un plateau de laque une minuscule tasse de porcelaine ; elles ne sont à leur affaire que lorsqu'elles caressent, et surtout, quand, par contraste avec l'impassible physiono-

COURTISANE IVRE

*Phot. Longuet.*

*Collection Marteau.*

Pl. XXIX.

L. Aubert. *L'Estampe japonaise.*

mie, elles se crispent, impatientes. Cette finesse et cette
délicatesse des membres, cet air agité et inquiet, ces draperies demi-transparentes comme des ailes ou au contraire
opaques comme des cuirasses, décorées de lignes brisées
ou de courbes sinueuses, saupoudrées d'une poussière de
couleurs dont les teintes doucement se dégradent, font penser à de fragiles et somptueux insectes.

Exceptionnelle en sa construction, cette grande sensitive
est naturelle de manières : son amenuisement est ascétique,
non pas son humeur : avenante, elle fait bonne figure à la
vie. Elle est pleine de langueur, mais aussi d'inquiétude ;
bien que souvent immobile, elle n'est jamais en repos : sous
des dehors placides, ses nerfs la surmènent. Exténuée, elle
est toujours prête à réagir ; d'une souplesse paradoxale, le
corps et la nuque fléchissants, ses lèvres tremblant comme
des pétales sous la rosée, on ne la sent pas solidement ver-
tébrée : au lieu de tenir tête aux choses, de face et bien
d'aplomb, elle se présente de biais, de trois-quarts, docile à
se courber sous une invisible emprise. C'est la liane qui
ploie, puis qui se redresse. Elle a le charme de sa nonchalance, une heureuse justesse de réflexes, une humeur
égale, une parfaite entente des aîtres des maisons et des
paysages où elle fréquente. Tout paraît l'accabler, robes,
manteaux, coiffures, — son corps même. Léger et transparent, grand ouvert sur la nature, comme les maisons japonaises, ce corps « glorieux » n'est guère qu'un prétexte à
une âme...

Ainsi équipées, ces femmes restent désœuvrées. Elles
cueillent l'image qui les frôle, elles ne vont guère au-devant ;
elles ne s'attaquent pas aux choses, elles s'y soumettent ;
elles s'agitent pour ne rien faire et ce qu'elles font importe
peu : pratiquent-elles un métier, elles ont l'air de jouer
autour des ustensiles ; sortent-elles, elles paraissent s'offrir
aux branches pour être elles-mêmes caressées ou cueillies...

A la maison, étendues ou accroupies sur des nattes, la
liste de leurs occupations est bien vite dressée : lire, écrire
des lettres, disposer des fleurs dans des pots, se parfumer,
bavarder, se mirer, se laver, se peigner, jouer avec un
enfant... Et quoiqu'elles fassent, elles ont l'air de penser
à autre chose. Autour d'elles, rien ne justifie leur hypersensibilité ; la simplicité, la facilité, la monotonie de leur
vie n'expliquent guère la complication et la simplification de leur exceptionnel organisme. Elles défaillent, accablées, dans un monde où il ne se passe rien. Qu'attendent-
elles ? Quelle révélation se disposent-elles à recevoir dans
leur être si peu adapté à la vie commune, si évidemment
curieux d'intuitions rares ? Où sont-elles, avec leur air d'être
ailleurs ? Distraites, à quelle voix prêtent-elles l'oreille ? D'où
vient la brise qui les incline ? Souvent, dans le calme des
salles d'exposition, j'imaginais les murmures, les odeurs,
les visions flottant autour de ce petit monde d'autrefois :
éclat de rire, bâillement, sanglot, cri de surprise, miaule-
ment de chat, piaillement de gosse, craquement de boiserie,
frottement de pieds sur les nattes, froissement de papier ou
d'étoffes de brocart, gloussement de chanson, nasillement
de *shamisen*, sonorité de porcelaine, bruit sec d'un cou-
vercle de laque sur sa boîte ; une odeur de bain chaud,
de chair mouillée, de fard, d'huile de camélia ; un parfum de tabac, de thé, de camphre, d'encens ; un luisant de
chevelure ou de ceinture de soie : tout cela, bref, discret,
étouffé... Quelle signification ces inquiètes aux écoutes
prêtent-elles à ces murmures, à ces odeurs, à ces visions
furtives ?

Elles paraissent surtout rêver. A quoi ? Parfois, sur les
estampes, de leurs bouches un songe s'exhale, flottant dans
une légère vapeur : elles pensent à une promenade parmi
les fleurs ou sur l'eau, en compagnie de musiciennes, à un
crépuscule passé dans une auberge au bord d'un golfe où

s'enfonce le soleil, où se lève la lune... Les fleurs, l'eau,
la musique, le feu, — sensations très intenses et très brèves,
surgissant si fortes et mourant si faibles dans le vide et
le silence, — sourires des têtes roses des cerisiers dans un
ciel neuf d'avril ; murmure de la marée sur la grève ; gre-
lottement d'une corde de guitare en plein air ; éclat d'une
lumière, le soir ; feu d'une luciole, la nuit... Ces femmes,
observez-les dans un verger : elles tendent la paume de leur
main à la pluie parfumée des pétales ; parfois, d'un geste
brusque et délicat, elles les saisissent au vol. Geste révélateur, que cette saisie rapide, avide, du bout des doigts,
d'une fleur, d'un insecte[1], — cette cueillette de l'émotion
qui passe.

Les images subtiles que chasse ainsi cette grande sensitive, le jour les éparpille, la nuit les isole, — la nuit d'été
profonde et mystérieuse, la nuit chaude qui concentre et
exalte les odeurs, les sons, les lumières, — la nuit scin-
tillante d'étoiles, piquée de lucioles, adoucie par la lueur
paisible des grosses lanternes de papier. C'est l'heure propice à l'affût, l'heure où la sensibilité de notre belle se tourmente et s'aiguise, l'heure où confiante elle s'alanguit toute
molle. Debout ou accoudée sur la traverse du pont Riyôgoku,
regardant l'eau de la Sumida couler, elle ressemble sous
son ombrelle à un haut pin parasol[2], et devant le feu d'artifice, son long corps lumineux serpente, sa coiffure constellée d'épingles éclate comme une fusée... Fusées, femmes-
fusées, au-devant d'une ville flottante de barques et d'une
ligne d'auberges tremblotant avec leurs lanternes au ras de
la rivière, minutes d'illusion au milieu du battement des
éventails, du bruit des guitares, du susurrement des mous-

1. Cf. C. IV, 148, Cinq jeunes dames et une fillette sous des cerisiers en
fleurs, et C. IV, 183, La Chasse aux lucioles.
2. C. IV, 173, Le Pont : à gauche, un groupe de dames de la société ; au
milieu, des femmes de marchands ; à droite, des filles du peuple.

tiques [1], — minutes qu'aime Outamaro, minutes où son
héroïne, entraînée dans la danse des apparences, remplit
sa destinée qui est de frémir...

« Image de femme de ce monde éphémère »... Les envo-
lées d'oiseaux, les passages de voiles dans le vent, de la
lune entre les nuages, l'épanouissement et l'anéantisse-
ment presque simultanés d'un feu d'artifice dans la nuit
ou des fleurs au soleil, les caprices des risées, les bruis-
sements des insectes chanteurs, l'appel triste du coucou,
le ruissellement des averses, les pluies de pétales, c'est le
rôle de notre héroïne de les guetter, de les saisir et de
nous les révéler, car, elle-même image de l'Éphémère, elle
ne vit que pour en contempler les symboles. Sinueuse,
mais calme, elle reflète l'inquiétude des arbres, des nuages,
de la lumière. Même détachée du paysage, elle continue
d'en résumer les mouvements et l'humeur, ou plutôt dans
les lignes de son corps et de ses draperies la brise, les
eaux, la flore s'insinuent et passent rapides devant son
âme stupéfiée de joie mélancolique. Même quand elle est
enfermée dans sa chambre, on la croirait toujours au
plein air : ses vêtements volent autour d'elle, les oiseaux
les envahissent, les écussons se posent sur ses manches
comme des papillons, et, sous la brise de l'éventail, les
coques de sa ceinture et de sa chevelure sont de grandes
ailes, toutes prêtes à prendre le vent. Le long de son corps
mi-allongé, les écharpes coulent vertigineuses et lisses ; les
plis du kimono à terre s'étalent en grandes ondes ; enfin
c'est toujours aux arbres et aux fleurs que les poses et
les parures de ces femmes ramènent la pensée, qu'elles
hanchent comme des pins, qu'elles se redressent soudain
comme des feuilles d'iris, ou qu'elles se courbent comme
une fine herbacée. Jeunesse brève, mais toujours renouvelée,

1. V. pl. xxvii, Fête de nuit sur la Sumida.

OUTAMARO

JEUNE FEMME REGARDANT DANS UN MIROIR
LE LAQUAGE DE SES DENTS

*Collection du Pré de Saint-Maur.*

Phot. Marty.

Pl. XXX.

L. Aubert. *L'Estampe japonaise.*

éclat de fleurs qu'ont ces filles fraîches et parées et
qu'on ne voit pas vieillir ; courtisanes dont les noms,
les paroles, les poésies sont toutes en métaphores empruntées à la vie des fleurs, dont les promenades favorites sont pour aller voir les fleurs, dont les sorties profes-
sionnelles, comme danseuses, musiciennes ou courtisanes
sont dites : aller « à la fleur », *hana*, dont les heures sont
rétribuées par « un don de l'honorable fleur ». Des fleurs,
sur les livres, annoncent leurs apparitions [1] ; leurs attitudes,
sur les estampes, sont généralement esquissées par une fleur
de décor : leurs kimono, quand elles rentrent de promenade, sont encore parsemés de pétales. Au hasard de leur
vie elles ont des alanguissements de fleurs altérées, des airs
timides de fleurs simplettes, des orgueils de fleurs composées et soigneusement cultivées, puis, c'est leur mort, comparée à la chute brusque du camélia... Inséparable compagne
de ces femmes, une fleur, souvent, dans un coin de l'estampe, en cartouche, se glisse, comme pour rappeler aux
courtisanes qu'elles sont placées sous son invocation.

S'étant laissé envahir par le paysage, avec lui elles
s'écoulent, ou plutôt l'univers s'écoule à travers elles. Diaphanes, servies par les sens les plus fins, elles savent exprimer, par toutes les lignes de leurs corps, les frissons qu'elles
reçoivent des êtres et des choses, ou, plutôt, c'est le même
frisson qui court sur la peau de ces femmes et sur la peau de
la mer ; c'est la même ivresse qui fait tituber les arbres et
les belles, c'est le même fluide subtil qui anime et soulève
leurs corps, balaye les ombres des terrains, déblaye le ciel

---

1. Le carré de poésie en tête du 1er volume de l'Annuaire des Maisons
vertes est décoré d'une branche de pommier et d'une tige de camélia rouge ;
en tête du 2e volume sont placés des chrysanthèmes et des feuilles d'érables.
*Les Courtisanes comparées à des fleurs*, — titre fréquent dans l'*Ukiyo-yé*.
Notons d Outamaro : *Yehon Shikino hana* (1801) (Fleurs des quatre Saisons) ; *Fuguengô* (1790) (Poésies sur les fleurs) ; *Haruno iro* (Aspect du
Printemps)...

de nuages, efface les rides sur les fronts et qui répand, soudain, sur les êtres et les décors des estampes, une joie cré-
pitante, comme une flamme chassée par le vent sur des
bruyères sèches.

Ainsi captives de l'univers, bien plutôt que des portraits
de femmes réelles, elles sont les figures d'une certaine philosophie, ces belles que certains juges occidentaux jugent
dégénérées et inexpressives, mais qui apparaissent souve-
rainement expressives, quand on les replace dans leur
atmosphère de rêve. Par delà le silence et le néant de
leurs occupations, avec tous leurs sens qui se dilatent au
bout de leurs membres étirés, elles assistent, fascinées, au
monotone et prestigieux écoulement des apparences, auquel
toute race cultivée par le Bouddhisme est sensible. Elles
aussi, dès leur enfance, ont été dressées à reconnaître
dans les murmures des cascades, dans les teintes de l'automne, dans les chants de la cloche et dans les mono-
logues inlassables des bonzes, sous les grands arbres des
temples, le soir, l'hymne d'adoration au Bouddha : « *Namu
Amida Botsu, Namu Amida Botsu* ! » En poète, bien plus
mystique que décadent, Outamaro a brisé le dessin de ses
devanciers pour créer une figure féminine qui fût à la mesure
parfaite de cette philosophie; il ne s'est attaché qu'à la représentation d'une âme *vagula*, *blandula*, dont l'enveloppe mor-
telle n'eût presque aucune consistance, aucun poids, aucun
relief. Ce sont des mystiques campagnardes que ces héroïnes :
par souci de leur destinée personnelle, elles ne se cloîtrent
pas loin de la nature ; au contraire, elles l'adorent, et pâles,
émaciées, elles ne se renient elles-mêmes que pour mieux
en révéler l'essence métaphysique. Point de soubresaut,
aucune lutte contre l'univers, une entière détente, un entier
abandon... C'est la voile qui prend le vent, d'abord hésitante, puis, soudain, se penchant enchantée vers une voix
mystérieuse, — voile dont l'inquiétude ou la certitude

révèle de très loin l'humeur de la brise, la couleur du temps.

Si l'on part de l'intuition métaphysique qui fut familière aux artistes de l'École populaire et à leur public, alors le type adopté par Outamaro paraît nécessaire et logique : toujours jeunes pour être plus agiles, ces corps dégraissés et dont les nerfs sont à vif, ces membres qui portent le plus loin possible des sens ardents à capter l'éphémère, ces figures dont la souplesse est affranchie de toute pesanteur, de toute rigidité, ces êtres sublimés, spiritualisés, qui se dissolvent dans les apparences qu'ils perçoivent et dont les émotions même se volatilisent. La tragédie classique mettait en scène des princesses pour que leur loisir leur permît d'être plus accessibles à des passions qu'auréolait leur dignité lointaine. Vraie princesse de légende, créature d'illusion, éphémère entre toutes les créatures éphémères, concentrant tout l'éclat de la vie, mais vivant dans l'amertume de la jeunesse qui passe, de la beauté qui se dissout, la courtisane japonaise, dispensatrice de volupté au sourire triste, était désignée pour être la prêtresse de l'Éphémère : « Ce soir, à qui sera la douceur de mon être, en ce monde passager, avec mon corps flottant[1]?... »

Figures qui nous paraissent lointaines, dernières expressions d'une pensée qui, inspiratrice de l'art extrême-oriental pendant des siècles, après avoir été longtemps triste, aristocratique et silencieuse, est devenue gaie, populaire et chantante dans les îles du Soleil-Levant : c'est la grande trouvaille de l'*Ukiyo-yé*, peut-être la plus franche originalité de l'art japonais que la création de cette héroïne des estampes à la suggestion d'un sentiment bouddhique laïcisé. Leur perception de l'éphémère, les Japonais longtemps l'avaient exprimé dans la pénombre des sanctuaires, loin de la vie,

1. Poésie de la courtisane Azuma.

à l'écart des paÿsages, sous les espèces de Bouddha, de ses succédanés ou de ses imitateurs, Kwannon, Rakan ou bonzes, accroupis, les yeux mi-clos, la tête inclinée, les doigts aboutés, les oreilles closes, travaillant à se détacher des apparences vaines ; puis, toujours à l'imitation de l'art chinois, ils avaient représenté les passages des saisons en des sites consacrés de longue date à la rêverie, et dans chacune de ces scènes figurait un tout petit contemplateur, pour nous avertir que le paysage représenté n'était que la projection sur l'écran de l'univers de l'image que le bouddhiste se fait du monde. Mais cette haute spiritualité mystique, que l'on ne rencontrait que chez des êtres capables de méditation abstraite en des retraites choisies, voilà que les artistes de l'Ukiyo-yé l'ont répandue sur les foules de la banlieue de Yedo, et qu'ils ont confié à des courtisanes, en promenade sur les bords de la rivière Sumida, le soin de s'extasier sur l'évanescence de l'univers !

L'héroïne d'Outamaro a des origines lointaines : la sagesse hindoue, le style de l'art chinois ; sa silhouette épuisée de mystique dans un décor sans ombres témoigne que la vie et les sites dans ces îles sont teintés d'un reflet de la rêverie asiatique ; mais elle est née au Japon, elle ne pouvait naître que dans un paysage japonais où cette philosophie et cet art hautains ont appris à sourire. Outamaro est le dernier grand peintre de la courtisane idole, le dernier qui ait su résumer en une image idéale de femme le frisson devant l'éphémère. Depuis un siècle et demi, depuis Moronobu, elle allait s'affinant, se sublimant, au gré du rêve dont elle était l'interprète ; désormais, c'est fini de ses réincarnations au même âge, dans les mêmes divertissements, dans les mêmes paysages, — toujours plus immatérielle, — c'est fini du rêve qui avait animé et amenuisé tant de corps charmants. L'impalpable atmosphère où ils glissaient si fluides s'est alourdie. C'est à peine si, aujourd'hui, on retrouve épars quel-

CHOKI

JEUNE FEMME ET SON PETIT GARÇON
CHASSANT LES LUCIOLES

*Collection Kœchlin.*

Pl. XXXI.

L. Aubert, *L'Estampe japonaise.*

ques-uns de leurs traits chez les plus belles des *geisha*.

Notre personne, exigeante d'éternité, nous attache surtout, pour se rassurer, aux aspects permanents et solides de
la nature ; la pensée de la beauté fugitive qui entretenait
l'élégante tristesse des voluptueux antiques n'a jamais été
pour nous, Occidentaux, qu'un frisson de luxe. Par les sens
aiguisés de l'ondoyante femme-fleur d'Outamaro, écoutons
le murmure de l'éphémère, habituons-nous à sa chanson
douce... La chute des fleurs de cerisier devant quoi se pâme
cette belle esthète lui est une invite à mourir silencieuse.

CHAPITRE V

HOKUSAI

# HOKUSAI

La petite maison où Hokusaï[1] mourut en 1849 était son
quatre-vingt-treizième logis. Depuis près de trois-quarts de
siècle il besognait à vil prix pour des libraires, payant les

1. Hokusaï naquit à Yedo le 5 mars 1760 ; à douze ans, il est apprenti
chez un libraire ; à quatorze, il étudie la gravure ; à dix-neuf, il est élève
de Shunsho, le peintre d'acteurs, et signe *Katsukawa Shunro* ; puis il est
le disciple d'un artiste de l'école Kano, et se familiarise avec les procédés
de l'école Tosa sous la direction de Hiroyuki Sumiyoshi ; il connut certains ouvrages hollandais grâce à Shiba Kôkan et se pénétra aussi des traditions classiques de la Chine. Il a donc beaucoup appris, avant de s'affranchir de toute école. Jusqu'en 1804, il écrit en même temps qu'il dessine ;
il signe *Mongoura Shunro*, puis *Sori*, puis *Taïto*, puis, à partir de 1800, *Hokusaï* et *Gwakiojin Hokusaï*, Hokusaï fou de dessin. A la fin du XVIIIe siècle et au
commencement du XIXe siècle, il peint de délicieux *sourimono*, précieuses
estampes dorées, argentées. gaufrées, qui, commentant une poésie, sont souvent des pièces de circonstance à l'occasion de la nouvelle année, à propos
d'une représentation à bénéfice d'acteurs ou de geisha ; il publie des livres de
promenades à Yedo et autour de Yedo, des illustrations de romans ; puis,
s'étant fâché avec son principal collaborateur, le grand romancier Bakin, ses
dessins paraissent sans texte. La *Mangwa*, son principal album d'esquisses,
dont le premier volume est publié vers 1812 et dont les derniers volumes
(13, 14 et 15) paraissent après sa mort, s'échelonne sur plus de trente-cinq
années. De 1814 à 1819 paraît le *Shashin gwafu*, son plus beau livre. Les
premiers livres de la *Mangwa* résument la première période de son œuvre,
avant le *Shashin gwafu* ; dès lors, le croquis humoristique, à la diable et
bon enfant, est en partie délaissé pour un style à plus hautes visées et pour
un dessin plus large et plus ferme. En 1816, il signe : Hokusaï changé en
*Taïto* ; en 1823, *Katsoushika I-itsu* et *Guetti Tôjin I-itsu*, I-itsu fou de la
Lune. De 1823 à 1829 paraissent les Trente-six vues du Fuji ; vers 1827,
le Voyage autour des Cascades (*Shokoku Takimegouri*, 8 planches) ; de
1827 à 1830, les Vues pittoresques des ponts des diverses provinces (*Shokoku Meikio Kiran*, 11 planches) ; vers 1830, les Cent Contes (*Hiaku monogatari*, 5 planches) ; vers 1830, les Images des Poètes (*Shika Shashinkiô*,
10 planches) et ses estampes d'animaux (Faucon sur un perchoir, Tortues
dans l'eau, les Carpes, Grues et neige, Chevaux), les dix planches des
Grandes Fleurs ; le livre « Les Cent Vues du Fuji » (*Fugaku Hiakkei*) est

dettes des siens, travaillant sans relâche, mais seulement à sa guise. Quinze ans auparavant, s'étant exilé de Yedo pour échapper à ses créanciers, il se plaignait « par un grand froid, de n'avoir qu'une seule robe, à soixante-seize ans », ajoutant tout aussitôt : « Mon bras n'a pas faibli ; je travaille avec acharnement ; mon seul plaisir est de devenir un habile artiste. » De retour à Yedo, vers 1842, il se cache : « Quand vous viendrez, écrit-il à un éditeur, ne demandez pas Hokusaï, on ne saurait pas vous répondre ; demandez le prêtre qui est emménagé récemment dans le bâtiment du propriétaire Garobei, dans la cour du temple Mei-ô-in, au milieu du petit bois. » Il ne restait jamais deux mois dans le même endroit ; il changeait de nom comme il changeait de place : on compte au moins neuf signatures différentes de lui. A l'article de la mort, à quatre-vingt-neuf ans, il écrivit une brève poésie, selon la coutume japonaise : « Oh ! la liberté, la belle liberté, quand on va se promener aux champs de l'été, l'âme seule, dégagée de son corps... » Mourir, c'était se remettre en route, pour dessiner encore... Sur sa pierre tombale, on inscrivit *Gwakiôjen Manjino Haka*, tombe de Manji, vieillard fou de dessin.

Il vivait il y a un peu plus d'un demi-siècle, et nous ne savons de sa vie que tout juste assez pour interpréter la médiocre estime des esthètes japonais à son endroit. Plébéien de naissance, il peint la plèbe de Yedo, la ville neuve ; or le goût des amateurs japonais, formé, voilà des siècles, parmi les nobles de Kyôtô, la vieille capitale, n'estime que les pièces admises de longue date dans les collections, kakémono, grès ou laques, tandis que Hokusaï

de 1834. En 1834, il signe *Manji*, et de 1836 à sa mort, Manji, vieillard fou de dessin. Il quitte Yedo de 1834 à 1839 ; il publie une série de livres sur les Héros et les Guerriers, en 1839, les Cent poésies expliquées par la nourrice (*Hiakuninn isshu ouwaga yetoki*) ; 27 planches seulement furent gravées, mais les esquisses des autres étaient terminées. Sa grande planche des arpenteurs est de 1848, un an avant sa mort.

Phot. Longuet.

ACTEURS ET CHANTEURS
Collection Bing.

Pl. XXXII.

L. Aubert. L'Estampe japonaise.

travaille pour des graveurs qui, à de nombreux exemplaires, répandent son œuvre. — L'art japonais est un art d'ésotérisme et de secret ; voilà plus de six siècles que l'école Tosa, plus de trois siècles que l'école Kano, de père en fils ou par adoption, survivent. Hokusaï leur est étranger ; c'est un indépendant ; il s'en vante ; ses amis l'en félicitent : « Hokusaï ne ressemble à personne. Tandis que tous ses devanciers étaient plus ou moins esclaves des traditions classiques et des règles apprises, lui seul affranchit son pinceau pour dessiner selon les sentiments de son cœur, et il exécute vigoureusement tout ce que perçoivent ses yeux, épris de la nature [1]. » Il n'a fait que passer dans l'atelier de Shunsho ; toute sa longue vie il travaille, solitaire, à perfectionner le style de son dessin, la technique de ses couleurs, et ses trouvailles, il les enseigne au grand jour. — L'art classique au Japon exige de la culture pour être entendu : il a des visées philosophiques ; il est plein d'allusions poétiques. Hokusaï, lui, représente la vie populaire. Or, dans l'art classique au Japon, il y a une tradition de sérieux, qui vient de Chine [2]. La vieille noblesse japonaise ne riait pas ; les gestes des daïmyo étaient raides et empesés comme les plis de leurs robes ; leurs anciennes demeures ont gardé un air froid et ennuyé ; leurs divertissements, — drames lyriques aux légendes toutes nimbées de bouddhisme ; interminables cérémonies de thé, coupées de silences, de salutations et de promenades rituelles ; arrangements de fleurs symbolisant des idées abstraites, — ne prêtaient guère plus à rire que les exercices d'un ordre religieux.

---

1. Préface de Hirata au livre *Shashin gwafu*. Comparer le ton de cette déclaration à l'éloge d'Outamaro par Toriyama Sekiyen (note 1, p. 138).

2. Cf. Herbert A. Giles, *An introduction to the History of Chinese pictorial art*. « La littérature chinoise n'accorde pas de place aux romans, comédies, ou écrits d'un caractère léger ; de même, dans l'art chinois, les peintures doivent être dignes et sérieuses pour attirer l'attention des hommes cultivés. » (p. 90).

Au total, jugé selou les « canons » d'un art de « classe »,
Hokusaï est un « déclassé ». Le culte des goûts nobles, sur-
vivant à la stricte division en classes, explique encore aujour-
d'hui que les amateurs japonais ne collectionnent pas ses
œuvres. Naguère, des critiques occidentaux[1], tout à leur
fraîche découverte de l'art classique du Japon, et désireux
de prouver que Hokusaï n'en est pas le plus grand représentant, n'ont vu dans son œuvre que ce qui paraît aller à
l'encontre des traditions. Seidlitz résume ainsi leurs argu-
ments : « C'est le réalisme sans style de Hokusaï, c'est-à-
dire sans la subordination de l'observation de la nature à
une conception plus hautement artistique, qui le fait paraître
plus familier à l'œil européen ; mais c'est ce qui lui attira le
dédain de son pays, dédain dont il eut à souffrir toute sa
vie... La culture littéraire ne semble pas, non plus, avoir
été son fort, et comme ses qualités sont des dons tout à
fait naturels, il resta ainsi jusqu'à la fin de sa vie un artisan[2]... »

Or, tout au contraire, le respect de la tradition et le culte
du style me paraissent évidents dans l'œuvre de Hokusaï,
qui en sa vie de nonagénaire fut le témoin de presque tout
le développement de l'estampe depuis Harunobu jusqu'à
Kuniyoshi. Chez cet amuseur de la canaille, qu'il croque
des bonshommes ou qu'il peigne des paysages, ce sont les
qualités de rêve et de main des maîtres classiques qui
m'émeuvent.

---

1. Fenollosa ; R.-Laurence Binyon ; W. de Seidlitz. — En France, le
meilleur guide pour étudier Hokusaï est Edmond de Goncourt. Renseigné,
enthousiaste, son livre est un catalogue raisonné de l'œuvre plutôt qu'un
portrait de l'artiste. et, dans ce catalogue, une place trop grande est donnée aux romans illustrés dont les péripéties sont contées en détail, tandis
que les œuvres plus caractéristiques sont très brièvement décrites. — Nous
citerons d'après Goncourt les textes où Hokusaï a parlé de son art.

2. W. de Seidlitz. *Les Estampes japonaises*, pp. 201-202, trad. par
P. André Lemoisne.

Phot. Tanquol.

I. Aubert. L'Estampe japonaise.

Musée du Louvre.

Pl. XXXIII.

\* \*

Sa biographie est brève, impersonnelle, mais son œuvre
est une copieuse confession. La vie paraît avoir glissé sur
sa personne ; elle envahit ses livres, ses estampes. Trente
mille dessins ou peintures, quelque cinq cents volumes : le
catalogue n'en sera jamais achevé. Le rêve des aînés de
Hokusaï, Moronobu, Harunobu, Kiyonaga, Outamaro, se
résume en une figure de femme dont le physique et la grâce
sont inoubliables. Hokusaï ne se soucie pas d'une telle
abstraction, d'une telle violence imposée à ses modèles : il
les accueille pêle-mêle, comme ils se présentent dans les rues
de Yedo[1], marchands d'huile transvasant leur visqueuse
denrée, étireurs et coupeurs de berlingots, dévots compères
se versant des seaux d'eau sur la tête pour attendrir Fudo,
le dieu guérisseur, passants que l'on devine flâneurs à les
voir traîner leurs socques ou se préparer par des gestes
frénétiques à de menues tâches. Et c'est la troupe des errants :
jongleurs, avaleurs de sabre, mimes aux gestes ridicules,
flanqués de récitants aux bouches largement ouvertes[2], mas-
seurs aveugles, à la triste mélopée, moines quêteurs tapant
sur leur petit gong, mendiants, aussi nombreux au Japon,
il y a un siècle, qu'ils le sont en Chine aujourd'hui. Tandis
que les campagnards vont en ville s'extasier devant les ponts
de la Sumida et prendre un air de fête au temple d'Asakusa,
les citadins partent en promenade ou en pèlerinage, le long
du Tôkaidô, et ce sont des défilés de geisha, des processions
de bonzes, des cortèges de daïmyo... C'est une nouveauté

1. Cf. les livres *Toto meisho itiran,* Les endroits célèbres de Yedo, 1800 ;
*Yehon azuma asobi,* Promenades à Yedo, 1802 ; *Yehon yama mata yama,*
Monts et monts, 1804 ; *Sumida gawa iôgan ritiran,* Les vues des deux
rives de la Sumida, 1806 ; passim, la *Mangwa.*

2. V. pl. xxxii, Acteurs et chanteurs.

L. Aubert. — *L'Estampe japonaise.*                     12

dans l'Estampe que tout ce gentil peuple à la besogne ou
en promenade, alors que vers 1805 les élèves de Shunsho
continuent de peindre des portraits d'acteurs, qu'Outamaro
et ses élèves inondent le marché de silhouettes de courtisanes.

Délicieuse fluidité de cette vie japonaise dans un pays
calme. Tout le monde paraît heureux ; les routes sont sûres ;
cavaliers et coltineurs y errent nonchalamment ; des pêcheurs
à la ligne s'embusquent dans les rochers des baies. Le gouvernement des Shôgun Tokugawa ne badine pas : il a mis
fin aux interminables guerres entre clans rivaux, et aux
révoltes des nobles ; en paix depuis deux siècles, après
quatre siècles de batailles, à peine, de loin en loin, entend-on
parler d'une belle vengeance, à la manière des quarante-sept
Rônin...

Pourtant, parcourez les romans populaires que Hokusaï
a illustrés pendant vingt années, de 1805 à 1825 : ce ne sont,
au cours de récits d'aventures, de vengeance, de jalousie [1],
qu'engagements à cheval ou à pied, guets-apens, corps à
corps, duels héroïques, assassinats, scènes de torture, harakiri, exposition de têtes coupées : au lieu d'éclats de gaieté,
comme dans les scènes de la rue, des drames sanglants ; en
place de physionomies insouciantes, des muscles gonflés ;
plus de kimono d'étoffe floche drapant négligemment des
gens mi-nus, mais des armures aux pièces rigides ; plus de
ciels sereins, barrés par des nuages roses ; ce ne sont tout
autour des héros que rayures de flèches, zébrures de sabres.
L'esprit belliqueux des Japonais matés se revanche en imagination ; chaque jour, au reste, il aurait tôt fait de se réveil-

---

1. Cf., par exemple, *Shin Kasane guedatsu monogatari*, la Conversion
de l'Esprit de Kasane, 5 vol., par Bakin ; *Shimoyo-no-hoshi*, les Etoiles
d'une nuit où il gèle, 5 vol., par Tanehiko ; *Beibei Kiôdan*, 8 vol., par
Bakin, 1813. — E. de Goncourt a publié de très longues analyses de quelques romans illustrés par Hokusaï, dans la *Revue de Paris* du 1er octobre 1895.

ler, si l'on n'y veillait : défense de sortir avec des armes
nues qui pourraient exciter les ardeurs querelleuses, car en
Satsuma un sabre tiré du fourreau, même pour une bravade,
n'y doit rentrer qu'après un combat à mort. Le sabre à la
ceinture du Samuraï, c'est son âme même... Hokusaï ne se
lasse pas de cet héroïsme : sur la fin de sa vie, il publie des
albums consacrés aux guerriers [1]. « J'ai pensé, dit-il en 1838,
qu'il ne fallait pas oublier la gloire des armes, surtout quand
on vit en paix, et, malgré mon âge qui a dépassé soixante-
dix ans, j'ai ramassé du courage pour dessiner les anciens
héros qui ont été des modèles de gloire. » Sabres au flanc,
flèches empennées au dos, sourcils et moustaches retroussés,
casque hérissé d'antennes, ses héros ressemblent sous le
bronze et la laque de leurs jupes et de leurs corselets à de
noirs crustacés ; autour de ces êtres quasi-mythiques, ce
ne sont que pluies de traits, explosions de typhons ; ils
luttent avec les éléments et avec les monstres, se jetant dans
les flots à cheval, enjoignant à la mer de se retirer pour
laisser passer leur armée, combattant des renards à neuf
queues et des araignées géantes [2]... Nous voici, en pleine
tradition, ramenés au style des Primitifs, alors que la bravoure japonaise s'entretenait de souvenirs tout chauds, et,
encore plus loin, à la manière des anciens artistes de
l'école du Yamato, et de l'école Tosa : d'ailleurs, au temps
de Hokusaï, c'est l'armure du xiii° siècle que l'on porte
encore.

Que d'autres contrastes dans ce Japon tel que nous le

1. *Yehon wakan homare*, Héros chinois et japonais (1835) ; *Yehon saki-
gaké*, les Héros (1836) ; *Yehon Murashi abumi*, Etrier de Murashi (1836) ;
*Yehon mushaburoni*, guerriers célèbres (1841).

2. « Je trouve, déclare Hokusaï, que dans les représentations japonaises
ou chinoises de la guerre, il manque la force, le mouvement, qui sont les
caractères essentiels de ces représentations. Attristé de cette imperfection,
je me suis brûlé à y remédier... ».

voyons dans son œuvre : tout y est lumineux et souriant, et voilà qu'au cours des romans illustrés ce ne sont que possessions par des esprits, apparitions de fantômes. Voyez les cinq estampes du *Hiaku monogatari* [1] (les Cent Contes), cette lanterne de papier à figure de mort et qui se délabre comme un crâne se décharne, ce squelette soulevant une moustiquaire, ce serpent qui rôde autour de la feuille où est inscrit le nom d'un mort, cette ogresse grimaçante et cornue qui tient une tête exsangue d'enfant, ce spectre annelé comme un serpent, au-dessus d'un cuveau... Hokusaï, le « maître dessinateur des fantômes »...

Autre contraste : ses modèles, les petits boutiquiers de Yedo, les errants des grandes routes, ne pensent qu'à godailler ; or Hokusaï illustre la légende du Bouddha, la morale de Confucius : six volumes d'une Vie de Çakia Mouni [2], cinq volumes d'Exemples de piété filiale et de Modèles de sujets fidèles, et des livres sur l'Éducation des jeunes fils, sur l'Éducation familiale... Nous entrevoyons l'armature morale du vieux Japon. — Autre surprise : le Japon est un pays replié sur soi, en marge du monde, où les étrangers ne sont pas tolérés ; pourtant, dans l'œuvre de Hokusaï, le souvenir de la Chine poursuit nos insulaires : héros chinois dans les romans, poésies chinoises, paysages chinois où les nuages prennent la forme de dragons. Et aussi la civilisation de l'Europe, dont ils ne connaissent que des bribes par les Hollandais parqués dans l'îlot de Deshima à l'un des bouts de l'archipel, les intrigue et les hante : sur une estampe, on les voit qui stationnent devant une maison treillagée où sont installés des Hollandais à grands chapeaux et à culottes bouffantes ; sur une autre, représentant un levé de plans, ils s'empressent autour des instruments de précision comme

1. C. v., 311-315.

2. La Vie de Çakia Mouni est de 1839. Jusqu'à la fin de sa carrière Hokusaï eut le goût de la légende.

LE FUJI VU DE NIHONBASHI A YEDO

*Collection du Vicomte de Sartiges.*

L. Aubert. *L'Estampe japonaise.*

Pl. XXXIV.

des enfants autour de jouets nouveaux[1]. Au sixième volume
de la *Mangwa*, Hokusaï dessine des profils et des coupes
d'armes à feu, qui, dans la paix imposée par les Shôgun,
sont objets de curiosité plutôt que d'usage... Témoin ce pis-
tolet, où sous les deux chiens armés et menaçants, Hokusaï
a figuré, dans le magasin vide, un petit saule, un clair de
lune et une oie sauvage. Dessin émouvant par ce qu'il suggère : en 1853, quatre ans après la mort de Hokusaï, le
Commodore américain Perry, par la seule menace de ses
canons, brisera la coquille où le vieux Japon vivait enroulé.
Et c'est bien pour défendre les saules, les clairs de lune et
les oies sauvages de chez eux, qu'ils ont adopté nos armes...

Ainsi donc, rien qu'à plaire à son public populaire, rien
qu'à en peindre les imaginations et les dehors, voilà Hokusaï, artisan sans culture, réaliste sans style, pris par la
légende et par la manière des vieux maîtres.

Mais, dans ces romans, l'art de Hokusaï est peut-être de
convention ; voyons donc ses livres d'esquisses, où sa fantaisie se débride ; ouvrons la *Mangwa*. C'est un répertoire
qu'il a dressé pendant les trente-sept dernières années de sa
vie. Les Japonais, à l'école des Chinois, ont pris le goût du
répertoire-commentaire ; mais, vraiment, comme encyclopé-
die, la *Mangwa* paraît manquer de plan et de méthode. La
consigne sur le seuil ne semble pas y être rigoureuse : les
articles y entrent et s'y casent au petit bonheur. Dès les premières pages du premier volume, c'est une bousculade de la
création entière, hommes, femmes, rochers, dieux, légumes,
fantômes, bêtes, fleurs, monstres, — tout cela esquissé et
colorié à la diable en trois tons, noir, gris et rose, et ne
daignant ni s'installer, ni s'ordonner : les bêtes, les bonshommes, entrés en coup de vent, n'ont ni terrain pour les

1. Les arpenteurs, C. v., 356.

porter, ni fonds ni premiers plans où s'appuyer, et ils ont
l'air de se sauver des pages, sans d'ailleurs que Hokusaï, qui
le remarque [1], paraisse vouloir les retenir ; au contraire, il
paraît ravi que dans son « miroir », comme on eût appelé son
œuvre chez nous au moyen âge, la nature se reflète si vite.

Les premiers dessins de la *Mangwa* représentent des gami-
neries d'enfants ; tout au long du recueil, les hommes ont la
même allégresse que ces gosses qui sautillent et se gour-
ment : pêcheurs, constructeurs de bateaux, cultivateurs ont
l'air de jouer autour de leur métier. Et les métiers sur lesquels
Hokusaï revient le plus volontiers, de livre en livre, sont
des métiers de force et d'adresse : faiseurs de tours, lutteurs
à mains plates, tireurs à l'arc dans toutes les positions, cavaliers au trot, à l'amble, au galop ; escrimeurs à la lance, au
bâton, au sabre, et leurs torsions de corps, de bras, leurs
avances, leurs retraites, leurs voltes, leurs parades, leurs
ripostes ; acrobates, équilibristes, nageurs, plongeurs, gymnastes et jongleurs, — tous virtuoses hantés par le tour à
réussir et qui, sans y penser, donnent les mouvements les
plus justes, les plus hardis. Puis, voici des déformations :
des femmes, des hommes, gras, au souffle court, passant du
bain à la sieste, et à côté d'eux les maigres, acharnés à se
dépenser, alors que déjà leurs côtes trouent leur peau ; puis
ce sont toutes les expressions que peuvent prendre des physionomies d'aveugles, depuis la torture morale jusqu'à la
résignation, puis des monstres, *tengu* aux nez énormes et
pauvres hères dont les cous soudain s'allongent, ou bien les

1. Cf. le 2ᵉ volume de *Riakougwa haya shinan*, Leçon rapide de dessin
abrégé : « ... Je m'aperçois que mes personnages, mes animaux, mes insectes,
mes poissons ont l'air de se sauver du papier. Cela n'est-il pas vraiment
extraordinaire ?... Heureusement que le graveur Ko-izumi, très habile cou-
peur de bois, s'est chargé, avec son couteau si bien aiguisé, de couper les
veines et les nerfs des êtres que j'ai dessinés, et a pu les priver de la liberté
de se sauver... ». Le trompe-l'œil par le mouvement est l'idéal de la peinture extrême-orientale Les commentateurs chinois nous parlent de tigres
si bien peints qu'ils effrayaient les bestiaux, et encore de mouches qu'on
croyait prendre avec la main.....

fémurs... La *Mangwa,* c'est la contre-partie, l'interprétation populaire des grands livres consacrés à la légende :
des truands y manient les armes des héros avec une frénésie
toute classique ; des monstres débonnaires y rappellent les
hideuses apparitions des romans ; des processions de bonzes,
des promenades d'autels portatifs, tirés par des coolies qui
hurlent, y parlent de bouddhisme...

Et les critiques qui dénient tout style à Hokusaï d'insister
sur ce réalisme caricatural [1] comme sur sa qualité maîtresse
et sa trouvaille personnelle. Mais dans l'art japonais le goût
de la déformation ne date pas de Hokusaï. Que l'on se rappelle les statuettes en terre de la tour du Horyû-ji (de la première moitié du VIII$^e$ siècle), et, en peinture, les caricatures de
bonzes et d'animaux par Toba Sôjô [2], au début du XII$^e$ siècle,
les foules s'ébahissant devant des miracles ou des incendies,
telles que les ont représentées les artistes de l'école Tosa [3], les
scènes des rues, exécutées par des contemporains de Matabei
pour le château de Nagoya, et les croquis de Masayoshi [4]...

Au surplus, Hokusaï donne dans la caricature bien plutôt
par curiosité du mouvement que par goût de la satire. Chez
lui, aucun mépris de la vie ; du comique, de la bouffonnerie,
parfois de la mélancolie, toujours un étrange mélange de
réel et d'irréel, une titubation de rêve. Et puis l'homme tient
une si petite place dans la nature ! Les rugosités des roches,
l'échevèlement des vagues offrent autant d'intérêt que nos
grimaces. D'une page à l'autre de la *Mangwa* on change de

1. Cf., pl. XXXII, les acteurs et les chanteurs.

2. Cf. *Shimbi taikwan,* Selected relics of Japanese art, vol. I et IV, caricatures d'animaux; vol. VII, le miracle de Vaisranava, et vol. XIII, caricatures de bonshommes dont les pieds sont accolés, dont les cous sont liés
par une ficelle et qui, face à face, essayent de se dresser, tandis que l'as-
sistance s'esclaffe. — Rapprocher de cette composition un croquis de Hokusaï dans son recueil *Hokusaï fouzoku kokei hiakku.*

3. Par exemple, Mitsunobu (1434-1525).

4. Kitao Keisai Masayoshi est le créateur de la Méthode du dessin
abrégé, *Riakongwa shiki.*

règne : voici des quadrupèdes de tout poil, de tout climat ;
tous les vols, toutes les poses des oiseaux, toutes les sinuo-
sités des poissons ; puis de frêles saules hérissés par le vent,
de vieux pins se courbant vers la terre, de jeunes pins impru-
dents se penchant sur l'eau ; des légumes, des herbes ; puis
des silhouettes de côte dans la brume au clair de lune, les
divers mouvements de la mer ; presque tout un livre sur des
modèles d'architecture, des ponts de tout style, des maisons
groupées autour d'une pagode s'étirant de chaque côté
d'une route sinueuse, des ustensiles domestiques, les différentes pièces d'une armure, d'un harnachement, des armes
à feu, et des lanternes, des escaliers, des rocailles pour
décorer les jardins... Et toutes ces formes sont jetées à la
hâte, pêle-mêle ; on passe de l'animé à l'inanimé, de l'énorme
au minuscule, et partout ce ne sont qu'ébauches : jambes,
bras, pattes, ailes qui remuent, qui battent, qui s'agitent,
fragments de paysages surgissant, puis s'abîmant dans la
brume, — curiosités d'un instant... On dirait les coulisses
de l'univers, un incohérent musée de germes. C'est la vie
gâcheuse, mais indéfinie. On ferme les quinze volumes,
un peu étourdi, mais animé d'un rythme allègre, porté par
cette force même qui, en ces milliers de croquetons, lance
les lames à l'assaut des rocs, les samuraï contre leurs enne-
mis, fait virevolter les gymnastes, fuir les oies sauvages, —
visions fugaces, formes sommaires, à travers quoi apparaît
l'universel mouvement.

L'occasion de la *Mangwa*, ç'avait été, dit-on, un entretien
que Hokusaï, de passage à Nagoya, eut avec son ami Bokou-
sen sur le dessin : « Or nous avons voulu que ces leçons
profitassent à tous ceux qui apprennent le dessin, et il a été
décidé d'imprimer ces dessins en un volume. » Ce premier
livre fut suivi d'une douzaine d'autres, l'entretien se prolongea pendant trente-sept ans à bâtons rompus, au hasard

HOKUSAÏ

Phot. Lonignet.

LE FUJI VU D'UMÉZAW (PROV. DE SAGAMI)

Collection du Vicomte de Sartiges.

L. Aubert. L'Estampe japonaise.

Pl. XXXV.

des observations, mais avec la volonté ferme et méthodique,
chez ce fantaisiste de Hokusaï, de ne s'intéresser à travers les
déformations de métiers, de professions, de monstruosités,
à travers toutes les formes animales, végétales et minérales,
qu'au mouvement. Car cet homme si primesautier, qui passe
si vite d'un sujet à un autre, qui change d'élément, qui est
sur terre, puis en l'air, puis sous l'eau, qui abandonne un
croquis de manant pour une esquisse de fleur, d'oiseau, de
poisson, puis qui quitte notre monde pour suivre ses imaginations, — cet artiste capricieux et toujours en éveil a des
arrêts subits, des retours, des insistances. Tenacement il
s'essaye à saisir l'essence de chaque être et à faire de son
dessin une libre, souple et franche calligraphie inspirée des
plus belles formes de la nature. Les commentateurs chinois
nous parlent d'un vieux peintre de la dynastie Song qui,
« chaque matin, avant l'évaporation de la rosée, se prome-
nait dans son jardin, examinant soigneusement une fleur, la
tournant et la retournant dans sa main, puis préparait son
pinceau et la peignait », ou d'un autre qui installa derrière
sa maison un jardin et un vivier avec des rochers, des bambous et des roseaux, et y éleva des oiseaux aquatiques pour
les contempler en mouvement et au repos, ou encore d'un
autre qui pour mieux observer les poissons vivait presque
avec eux dans l'eau [1]. Hokusaï a l'esprit de ces grands curieux
de jadis ; sur une planche du *Shashin Gwafu*, Études d'après
nature, il a représenté un Japonais accoudé sur une petite
table, les deux mains croisées sous le menton, l'éventail
tombé à terre près d'une coupe vide de saké, en contemplation devant des papillons : c'est l'attitude du sage chinois,
adorant dans une demi-ivresse les symboles de sa vie éphémère. C'est l'attitude même de Hokusaï. Dans la *Mangwa*,
dans l'*Imayô sekkin hinagata*, Modèles des peignes et des pipes

---

1. Cf. Giles, *op. laud.*, pp. 97, 98, 104.

à la dernière mode, il ne se lasse pas de dessiner des cailloux, des rocailles, des rochers, il s'intéresse aux diverses formes de la houle, de la vague[1]. L'influence de ces schémas tirés de l'observation des contacts entre la mer et la côte, est évidente dans le style de son dessin, à la ligne tantôt lisse et onduleuse comme les « vagues de la mer », tantôt rugueuse, anguleuse, comme les « arêtes des rochers ». Le *Shashin Gwafu*, son chef-d'œuvre, est le triomphe de la ligne qui a la grâce, l'élan, la force des volutes de l'eau houleuse, tandis que, le plus souvent, dans les croquis de la *Mangwa* par exemple, qu'il s'agisse des muscles des gymnastes, des haillons des bonzes, des manteaux de paille des campagnards, ou d'une branche de vieux prunier, le dessin est brisé, nerveux, tout en petits traits accolés qui donnent aux silhouettes un aspect hérissé et raboteux de roc.

C'est que Hokusaï n'a jamais cru qu'il suffit de regarder la nature pour la voir, ni, pour la bien peindre, de la représenter telle qu'il la voyait d'emblée : à propos de chaque être, il a la patience d'en analyser l'attitude ou le mouvement familier, puis. petit à petit, il s'exerce à les recomposer pièce par pièce, allant du simple au complexe, et cela de souvenir, loin de la nature, puis, une fois qu'il sait par cœur l'ensemble de la forme et du mouvement, il les dessine d'un coup, sans reprises, hardiment.

Depuis l'âge de six ans, déclare-t-il en tête des Cent Vues du Fuji, j'avais la manie de dessiner la forme des objets. Vers l'âge de cinquante ans, j'avais publié une infinité de dessins, mais tout ce que j'ai produit avant l'âge de soixante-dix ans ne vaut pas la peine d'être compté. C'est à l'âge de soixante-treize ans que j'ai compris à peu près la structure de la nature vraie des animaux, des herbes, des arbres, des oiseaux, des poissons et des insectes. — Par conséquent, à l'âge de quatre-vingts ans, j'aurai fait encore

1. L'école classique des Kano a souvent peint les vagues déferlant sur des rocs ; Hokusaï interprète la volute de la vague et son écume griffue à la manière de Kano Motonobu et de Kano Tannyu.

plus de progrès; à quatre-vingt-dix ans, je pénétrerai le mystère des choses; à cent ans, je serai décidément parvenu à un degré de merveille, et quand j'aurai cent dix ans, chez moi, soit un point, soit une ligne, tout sera vivant...

Écrit à l'âge de soixante-quinze ans par moi, autrefois Hokusaï, aujourd'hui Gwakiô Rôjin, le vieillard fou de dessin.

Un tel style de dessin étant fondé sur une analyse vraie de l'essence des choses, Hokusaï s'est proposé toute sa vie de l'enseigner. Comme tout Extrême-Oriental, il pense que l'éducation est assez puissante pour amener tous les hommes à une haute moyenne de goût et d'habileté. Un an avant sa mort, il publia *Yehon saïshiki tsou*, Traité du coloris, où il dit qu'il a fait ce petit volume « pour apprendre aux enfants qui aiment à dessiner, la manière facile de colorier..., publiant ce petit volume à bon marché, dans l'espoir que tout le monde pourra l'acheter, et donner à la jeunesse l'expérience de ses quatre-vingt-huit ans ». Et il ajoute : « ... Pendant quatre-vingt-quatre ans, j'ai travaillé indépendant des écoles, ma pensée, tout le temps, tournée vers le dessin... et si j'arrive, un jour, à donner une suite à ce volume, je mettrai les enfants en état de rendre la violence de l'Océan, la fuite des rapides, la tranquillité des étangs et, chez les vivants de la terre, leur état de faiblesse ou de force... » Et dans le *Rio-kugwa haya shinan*, Court chemin des études de dessin sans professeur, il déclare : « Ce livre apprend le dessin sans maître. On a emprunté les lettres, les caractères de la calligraphie, pour rendre l'étude plus facile à l'élève. Dans chaque dessin, la marche du pinceau est indiquée par le numérotage, afin que les enfants puissent retenir l'ordre de la marche [1]. » Et ce sont des croquis de

---

[1]. Cf. encore *Riaku hayashinan gwado itati keiko*, Méthodes de dessins, où le modèle est décomposé; *Hokusaï Sogwa*, Dessins rapides de Hokusaï, 1820 ; *Man-ô sôshitsu gwafu*, Album de dessin cursif de Man-ô, 1843 ; *Yehon saishikitsu*, Méthode de la couleur sur les dessins, 1847 ; *Hokusaï gwafu*, Dessins de Hokusaï, 1849. En 1817, il avait publié un livre qui

lanternes, de fleurs qu'il faut répéter plusieurs fois comme
un apprenti pianiste répète des gammes ; ailleurs , des croquis indiquent la position que doit avoir la main quand elle
tient le pinceau.

Précieuses confidences que ces méthodes de Hokusaï qui
enseignent la peinture comme nous enseignons l'écriture,
en décomposant à l'aide de jambages, de carrés, de ronds,
le modèle non pas vivant, mais dessiné par le maître, puis
en le recomposant partie par partie, — s'il s'agit d'un oiseau,
le bec d'abord, puis le bec avec l'œil, puis le corps, puis les
plumes, — en tenant la brosse comme le maître, en changeant de brosse comme le maître, car une ligne dessinée par
un artiste japonais ne se peut reproduire qu'en adoptant la
manière même dont la main l'a tracée. Quel culte fervent
d'un beau style, quelle haute idée de son art, quel entraînement de la mémoire chez ce prétendu artisan sans culture et exécutant d'après nature, et qu'elles sont touchantes les
paroles du vieillard fou de dessin, avant de mourir : « Si le
ciel me donnait encore dix ans... ; si le ciel me donnait

---

ressemble à la *Mangwa, Yehon hayabiki*, Dictionnaire rapide des sujets,
qui classe tous les motifs de dessins, représentés par de minuscules personnages, sous la première lettre de leurs noms. Les deux plus beaux livres
de Hokusaï sont *Shashin gwafu*, 1819, qui contient de très belles figures,
des fleurs, des paysages, et *Ippitsu gwafu*, 1823, Dessins d'un coup de pinceau, qui est d'un style moins ample que *Shashin gwafu*, mais d'une virtuosité éblouissante.

En plus de ses modèles de dessin, Hokusaï a publié des modèles d'art
décoratif. Pour avoir une idée complète de son art, il faut feuilleter les
trois volumes du *Imayô sekkin hinagata*, Modèles des peignes et des pipes
à la dernière mode. Dans le petit carré, qui doit s'enrouler autour du
tuyau de la pipe, dans l'arc surbaissé du peigne, il fait beau suivre la fantaisie d'Hokusaï qui en minuscules tableautins enclôt la nature entière :
bêtes, domestiques, dragons, calmes clairs de lune sur les lacs, assaut des
vagues contre la côte... Il n'a point eu besoin de modifier son style ; il est
né décorateur, comme Kôrin qui fournissait des motifs aux laqueurs, ou
Kenzan aux céramistes. Cf. aussi *Syosayoku yehon katsusika sin hinagata*,
Modèles de l'architecture et des métiers 1836[1], où l'on trouve des modèles
de toits, de bâtiments pour la cloche bouddhique, de ponts en cordages, etc. ; *Banshotu Zukô*, 6000 dessins pour les métiers, 1835; *Kwatchô
gwaden*, Modèles de dessins pour fleurs et oiseaux.

1. *Hitorigeniko*.

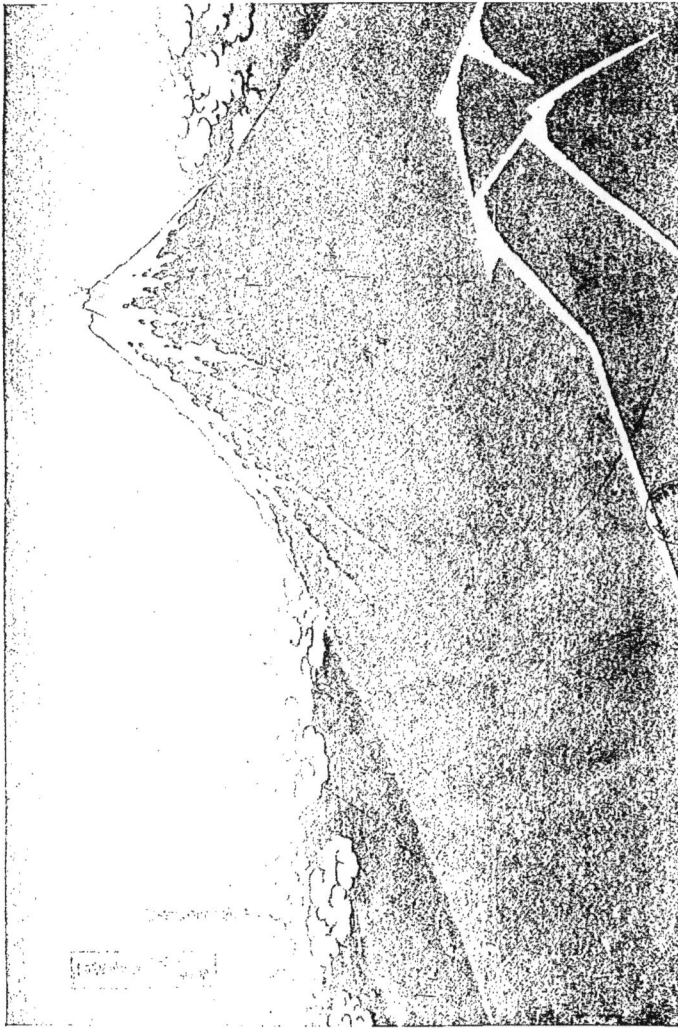

Phot. Longuet.

ORAGE AVEC ÉCLAIRS AU PIED DU FUJI

Collection Diéterlen.

PL. XXXVI.

L. Aubert. L'Estampe japonaise.

encore cinq ans de vie... je pourrais devenir un vrai grand
peintre ! »

Nous avons peine à admettre cette réduction en formules
des mouvements les plus fugaces de la nature, cette lente
préparation d'une notation instantanée, et surtout que le don
d'improviser, chez Hokusaï, ait été l'œuvre d'une longue
patience. Ses esquisses qui laissent à ses personnages leur
allure propre ; les formes mêmes de son dessin, si simpli-
fiées, si dégraissées, si sublimées qu'elles ne suggèrent plus
qu'élan : est-il possible que tout cela n'ait pas été exécuté
d'après nature ? Au vrai, Hokusaï n'aurait pas ainsi dessiné
s'il n'avait été l'homme d'une tradition. Les oiseaux qu'il a
peints en plein vol, c'étaient sans doute tous les oiseaux qu'il
avait observés lui-même, mais c'étaient aussi les oiseaux
tels qu'ils avaient été interprétés depuis des siècles par les
vieux maîtres chinois et japonais, depuis que Kou K'ai-tche
avait assigné comme fin à la peinture de noter « le vol du
cygne sauvage ». — « La peinture est un monde à part,
déclare le préfacier du *Hokusai gwashiki*, Méthode de dessin
de Hokusai, et celui qui veut y réussir, doit connaître par
cœur la diversité des quatre saisons, et avoir au bout des
doigts l'habileté du créateur... » L'habileté du créateur !
Pendant soixante-dix ans, à travers des encyclopédies d'esquisses, exercer sa main et sa mémoire, devenir à son tour
un créateur de formes parfaitement transparentes à une
poésie et à une philosophie qui ne parle que d'universel
écoulement... Une vie de centenaire est trop courte pour un
tel rêve !

*
* *

Dans sa préface à la *Mangwa*, Hanshu Sanjin dit : « Les
traits et l'extérieur des hommes expriment admirablement
leurs sentiments d'espérance et de désillusion, de souffrance

et de joie ; mais les montagnes résonnantes et les torrents mugissants, les arbres qui frémissent et les plantes ont aussi leur caractère particulier, et les oiseaux, les reptiles et les poissons, tous sont pleins de force vitale, et nos cœurs se réjouissent de considérer une telle splendeur de bonheur répandue par le monde... » La force vitale, tel est le vrai, le seul modèle de Hokusaï : s'il disloque ses bonshommes, c'est pour la montrer qui les anime, bien plus que pour se moquer nommément de tel ou tel d'entre eux, les pauvres, qui pullulent et s'agitent, tels des éphémères dans un rayon de soleil. Mais s'il veut rêver à plein devant cette force, il se détourne des petits hommes et la contemple dans les fleurs, les animaux, les paysages. Alors il ne raille plus.

Voyez la série des dix *Grandes Fleurs :* on dirait les sœurs de l'héroïne d'Outamaro, comparée si souvent elle-même à une fleur [1]. C'était une figure d'exception par l'allongement de ses jambes, de ses bras, de son cou, terminés par des sens avides et peureux de sentir. Sa souplesse à se courber sous la brise, les ondulations de son corps et de son visage couronnés d'une large coiffure, sa grâce et son sourire impersonnels rappelaient une fleur sur sa tige, et l'on songeait que sa jeunesse en fleur se fanerait demain. Voyez les iris de Hokusaï [2] : leurs longues feuilles ploient sous le fardeau des corolles ; voyez encore les hanchements des lis, les uns épanouis,

---

1. Cf. C. v, 303-310. — Dans le *Yehon saishiki tsu*, Hokusaï, parlant d'un ton d'aquarelle, *le ton du sourire*, dit qu'il « est employé sur la figure des femmes, pour leur donner l'incarnat de la vie, et aussi employé pour le coloriage des fleurs ».

2. Voir aussi les beaux iris du *Shashin gwafu*. — De l'observation des fleurs, aussi bien que de l'observation de la houle et des rochers, Hokusaï a tiré des enseignements pour son dessin. Cf. la préface du *Santaï gwafu*, où Shokousan-jin exprime ainsi la pensée du peintre : « Dans la calligraphie, il y a trois formes, et ce n'est pas seulement dans la calligraphie que ces trois formes existent, c'est dans tout ce que l'œil de l'homme observe. Ainsi, lorsqu'une fleur commence à s'épanouir, sa forme est, pour ainsi dire, une forme rigide ; lorsqu'elle est défleurie, sa forme est comme négligée ; lorsqu'elle tombe à terre, sa forme est comme abandonnée, désordonnée. »

les autres encore en boutons, et qui rappellent les *bijin* à tous
les âges ; observez la soumission au vent des pivoines, des
pavots [1], qui clament de leur calice grand ouvert leur angoisse
de mourir... Ardeur de tous ces pétales à s'élancer vers
l'azur, à boire la lumière, à frémir de toutes les soies qui les
veloutent, désir qui s'étire avant de retomber las, geste de
l'héroïne d'Outamaro, inactive et fleurie, attendant l'amour,
sentant rôder la mort... Déjà les liserons et les pivoines ont
perdu leur premier luisant ; ils se recroquevillent, se sèchent
et se roulent ; déjà une feuille d'iris a été mangée par une
sauterelle. Émotion et mystère du passage de la vie à la mort,
et aussi de la mort à la vie, symbolisés par ces fleurs de
Hokusaï. Sur la branche d'un vieux prunier qui gisait écail-
leux comme un dragon couché et que l'on croyait mort, une
fleur, miracle de fraîcheur rosée, est éclose, radieuse image
du renouveau après l'engourdissement de l'hiver [2]...

Les fleurs nous rappellent les belles et leur mélancolie
devant la brièveté de la vie ; les animaux, dans l'œuvre de
Hokusaï, nous rappellent l'homme, mais en plus beau, car
chez eux l'instinct jaillit plus sûr, plus fort, le mouvement
est plus aisé, plus décisif : or c'est d'instinct et de mouvement que Hokusaï est curieux. Les hommes, il les désosse,
puis les plie comme s'ils étaient de caoutchouc ; les animaux,
jamais il ne les déforme. Parfois, malicieusement, il en souligne la maladresse ou l'aisance selon qu'ils sont ou non

1. Voir pl. xxxIII, les Pavots.
2. Sourimono de jeunesse (C. v, 194). — Comparer, dans le *Shashin gwafu*,
la fleur de prunier, collée à la branche èt comme hésitante, avec la fleur
de cerisier plus détachée du tronc, plus confiante, parce que plus tardive.
— Voir encore une vieille souche de prunier qu'on a coupée et pansée
avec un morceau de toile ; autour de l'ancêtre mutilé, jaillit une postérité
de rejets fleuris. — Par leur style, ces grandes fleurs de Hokusaï font
penser aux plus belles fleurs des grands Chinois : « Les peintures de
Huang Sien (époque Wutai), disaient les commentateurs chinois, sont
pleines d'inspiration, mais manquent un peu d'habileté ; celles de Tchao
tchang (époque des Song du nord) sont habiles, mais manquent d'inspiration. Hsü Hsi (xe siècle), en tous points, surpasse ces deux artistes. »

dans leur milieu : c'est ainsi qu'il s'amuse sur deux estampes
à opposer l'extrême lenteur embarrassée de la tortue sur un
rocher, à sa légèreté, faiseuse de grâces, quand elle est dans
l'eau. Mais toujours il admire l'effort chez l'animal : il ne se
lasse pas d'esquisser les coups de queue et l'œil dilaté de la
carpe remontant le courant ; il s'ébahit devant la carapace
d'une langouste comme devant l'armure d'un héros, et il prête
aux antennes du crustacé l'hypersensibilité qu'Outamaro
mettait au bout des doigts de ses belles. Et comme l'attaque
du dessin est toujours franche et juste, qu'il s'agisse du bec
et des serres chez un aigle ou de la mollesse dodue d'un
canard mandarin ! L'animal, pour Hokusaï, quelle mine de
mouvements et encore à peine exploitée, tant il y a à découvrir dans l'eau, sur terre, au ciel. Les bêtes qu'il a peintes
ne nous sont pas inconnues, c'est la même faune que chez
nous, mais vue par d'autres yeux. Dans notre art d'Europe,
il y a l'animal domestique qui porte le collier ou la selle du
maître ; il y a l'animal mythologique, symbole de force, de
charme, d'activité, — aigle, colombe ou abeille, — mais les
humbles, les sauvages, ceux qui sont trop petits pour notre
taille, trop indépendants pour notre usage, coquillages
cachés dans le goëmon, insectes tapis dans l'herbe ! Si Hokusaï
avait pu connaître le microscope, il aurait dessiné des
microbes, il en aurait tiré des ornements pour pipes ou
peignes, lui qui a composé des décors avec des clous et avec
des agrafes !

L'animal, la fleur sont de plain-pied avec le paysage chez
Hokusaï ; l'homme n'y est pas d'emblée à son aise. Il n'est
pas le même à la ville et à la campagne : à la ville, séden-
taire, il s'agite ; à la campagne, errant, volontiers il s'arrête ; à tous les tournants de la route, devant le volcan
sacré, les pèlerins des Cent vues du Fuji s'exclament, s'entraînant les uns les autres à l'enthousiasme, oubliant presque

LE FUJI VU DE LA MER PAR MAUVAIS TEMPS, A KANAGAWA

*Collection Koechlin.*

*Phot. Longuet.*

L. Aubert. *L'Estampe japonaise.*

Pl. XXXVII.

de s'entremoquer, saisis de respect devant la majesté de
la montagne, et, de leur taille minuscule, agrandissant le
paysage [1].

Chez les peintres des belles, Harunobu, Kiyonaga, Outamaro, le décor, au second plan, accompagne de grandes
figures, et les belles par leurs gestes, les arbres par leurs
hanchements, se commentent les uns les autres. Chez
Hokusaï, le petit personnage résume encore par son attitude
le sentiment qu'inspire le paysage, mais c'est le paysage qui
a la parole. Les peintres de *bijin* travaillaient déjà depuis un
siècle et demi quand apparurent les grands paysagistes de
l'Ukiyo-yé, Hokusaï et Hiroshigé. La grâce fuyante de la
nature s'est reflétée dans les attitudes des courtisanes avant
d'apparaître sur les paysages eux-mêmes. De même la peinture bouddhique avait représenté Bouddha et ses imitateurs
avant de peindre des sites conformes aux sentiments bouddhiques.

Les paysages des premières œuvres de Hokusaï, estampes
et sourimono du début du XIXe siècle, on les reconnaît aisément ; c'est la banlieue immédiate de Yedo, les rives de la
Sumida, le golfe, les environs du Fuji, le Tôkaidô, la route
entre Yedo et Kyôto [2] : on ne peut plus regarder ces lieux,
aujourd'hui, sans les voir avec l'œil même de Hokusaï : au
reste, il semble qu'ils n'aient rien de mieux à faire qu'à ressembler aux images adorables qu'il en a laissées. Rappelez-
vous : le bord de la rivière à Kyôto, à la fin d'une chaude
journée d'été ; au loin, des collines, des maisons ; de-ci de-là,
sur la rive, des rochers, des cailloux, de petites tables sur

1. Les personnages des premiers paysages de Hokusaï (Le pont ; Ouvriers
travaillant sur la rive de la Sumida ; Tissage en plein air, C. v, 161, 182,
185), n'avaient pas cette inquiétude : menu peuple, paisible et bonasse,
dont les gestes s'accordent avec le paysage modéré qui paisiblement l'entoure.

2. Les Vues de Yedo sont de 1799-1804 ; Le Tôkaidô de 1803. Cf., parmi
les sourimono, Une rizière, Visite au sanctuaire d'Inari, et surtout la Col-
lation au bord de la rivière de Kyôto, C. v, 146, 203, 145.

lesquelles s'accroupissent ou dansent, au son du shamisen,
de joyeux soupeurs en compagnie de geisha, — tout cet
espace, si au ras du sable, de l'eau, des nuages et de la ligne
tendre du crépuscule tendue sur l'horizon, qu'il parait tout
près de s'enliser, ou de sombrer sous le flot, ou de glisser
dans la nuit. Heure limpide au fond de cette vallée abritée
du vent, où la brise, la rivière et les promontoires viennent
expirer sur le sable, — Japon étalé, détendu, à la peau heureuse, où il fait bon vivre...

Mais avec les Trente-six et les Cent vues du Fuji, avec les
Cascades et les Ponts, avec les Dix Poètes, avec les Cent
Poésies, le Japon assoupi se réveille de sa sieste et se
dresse [1] : les petites vagues des baies sablonneuses se creusent
en grande houle qui assaille des roches accores ; l'intérieur
du pays se hérisse de montagnes ; en place du profil hori-
zontal de la Sumida, c'est le ruissellement vertical des cascades ; nous quittons le bon pays surpeuplé du bord de mer,
les paysages un peu assoupis de la banlieue de Yedo, pour
nous enfoncer dans une solitude de volcans-fantômes, de
rochers musclés, de ponts vertigineux, de torrents fous, de
cascades étourdissantes et de nuées inquiètes. Loin d'une
nature de tout repos, douce aux habitudes de flânerie, nous
entrons dans la retraite d'un paysage d'exception, d'émotion-
choc et qui donne à rêver. — Cette transformation du
paysage de tous les jours en un paysage propice à la méditation, voilà qui bouleverse nos boutiquiers de Yedo et qui
change nos magots en poètes [2].

C'est le charme et le sens profond des Trente-Six et des

1. Noter sur les estampes ou les sourimono de jeunesse, le format en
largeur du paysage ; noter au contraire, dans les Cascades, dans les
Images des Poètes, la fréquence du format en hauteur.

2. Cette hausse du style apparaît encore, si l'on compare les sourimono
de jeunesse représentant des fleurs (par exemple les chrysanthèmes surplom-
bant une haie, C. v, 142) avec les Grandes Fleurs ; les sourimono de jeunesse
représentant des animaux (par exemple les Tortues à terre et la Langouste,
C. v, 170 et 201) avec le Faucon parmi les Fleurs, les Grues dans la neige

Cent vues du Fuji que ce passage aisé du familier au mysté-
rieux, du style populaire au style héroïque[1]. Le Fuji est
vraiment un citoyen de Yedo ; il en est le plus notoire
flâneur, ce qui n'est pas peu dire ; à tous les coins de rue
on le rencontre qui inspecte. Sans crier gare, il apparaît
minuscule comme un tas de riz au bout de la Sumida,
puis entre les perches d'un chantier de bois de la banlieue, puis sous un pont ; il rôde autour des temples aux
cornes recourbées, près des guettes à incendie, au-dessus
des maisons, entre les bandes d'étoffe qui sèchent après
la teinture. Ses niches distrayent les artisans : le voilà
au beau milieu d'une cuve sans fond dont un tonnelier
est en train d'assembler les douves ; en plein carrelet qu'un
pêcheur tire de l'eau ; juste au-dessous d'une énorme solive
que des scieurs débitent ; le voilà entre les jambes d'un
bûcheron agrippé à un arbre ; silencieux, il entre dans une
maison que l'on aère, jette son ombre sur la cloison de
papier, et pousse la malice jusqu'à se refléter dans la coupe
de *saké* qu'un brave s'apprêtait à déguster tout seul ! Il est
partout où l'on s'amuse, le septième jour du septième mois
entre les banderoles des bambous, au printemps dans les
tonnelles, et, sur toutes les routes, il est le compagnon des
trimardeurs, des cavaliers, des rônin, des paysans et des

---

(C. v, 316 et 320). Ce passage du ton familier au ton épique, le premier
livre et la première série d'estampes où on le saisisse sont le *Shashin
gwafu*, 1814-1819, et les Trente-six vues du Fuji, 1823-1829. Hokusaï est dans
sa soixantième année. — Comme dessinateur de croquis populaire, il se
rattache à la tradition de l'école Tosa ; comme peintre de fleurs et d'animaux, aux grands maîtres chinois qui ont illustré le genre *Kwacho*, et,
— plus près de lui, au Japon, — à Kôyetsu et Kôrin pour les fleurs, aux
premiers Torii pour les animaux ; enfin, comme peintre de paysages, à la
Chine et aux imitateurs japonais du style chinois, les Kano, et aussi à
Kitao Keisai Masayoshi, qui, dans ses albums, a laissé d'admirables esquisses
de paysages.

1. Cf. C. v, 237-284. Le livre des Cent vues, postérieur aux estampes
des Trente-six vues, est d'un pittoresque plus plaisant. L'homme y
compte plus que dans les Trente-six vues, où le paysage est plus développé.

pèlerins. Et toujours il cherche à plaire : s'encadre-t-il entre
les pins tordus du vieux Tôkaidô, il est rugueux et sour-
cilleux ; entre les cerisiers en fleurs, il est lisse, candide,
un rien rosé.

Goguenard, plaisant, joueur de bons tours... assurément;
mais il sait garder son quant à soi, et personne n'a l'idée de
le traiter en égal, car à l'occasion il marque bien les distances. Voyez-le sur une estampe ; un canal, deux quais
garnis d'entrepôts, de jonques surchargées de ballots et de
passagers ; au-dessus des toits, la campagne que domine un
château fort, puis les nuages, puis, au-dessus des nuages, le
Fuji ; stricte hiérarchie des classes au Vieux Japon : com-
merçants, artisans, cultivateurs, samuraï... et le volcan
sacré[1]. Il a tôt fait de fausser compagnie à ses compagnons
de jeu, les hommes, au niveau desquels il s'amusait à se
rapetisser, et quand il se replie sur soi, il dédaigne pèlerins,
passants, travailleurs, buffles, chevaux, voiles qui de très
loin frangent son domaine; retiré de la vie humaine, lilliputienne et comique, il reste en face des seuls éléments : alors
les processions de ses contreforts remplacent les cortèges des
pèlerins ; les envols de grues, les passages des voyageurs[2] ;
les rapides du Fujikawa, le calme courant de la Sumida ;
des champs de lave noire, des marécages herbeux succèdent
aux rizières apprivoisées, et ce n'est plus dans les yeux de
ses contemplateurs ou dans leur coupe à saké, c'est dans les
lacs qui le ceignent que le Fuji se mire. Désormais, il n'a plus
figure d'un petit tas de riz, débonnaire, monochrome et lisse,
que c'était un jeu de dénicher perdu dans le fouillis d'énormes
premiers plans. Tout en lave et en neige, rugueux, tel un
grès sur lequel un émail lisse aurait coulé, il règne en maitre,
et, sur les terrains contractés qui le soutiennent, il étale sa

1. V. pl. xxxiv, Le Fuji vu de Nihonbashi à Yedo.
2. V. pl. xxxv, Le Fuji vu d'Umézawa (Province de Sagami).

HOKUSAÏ

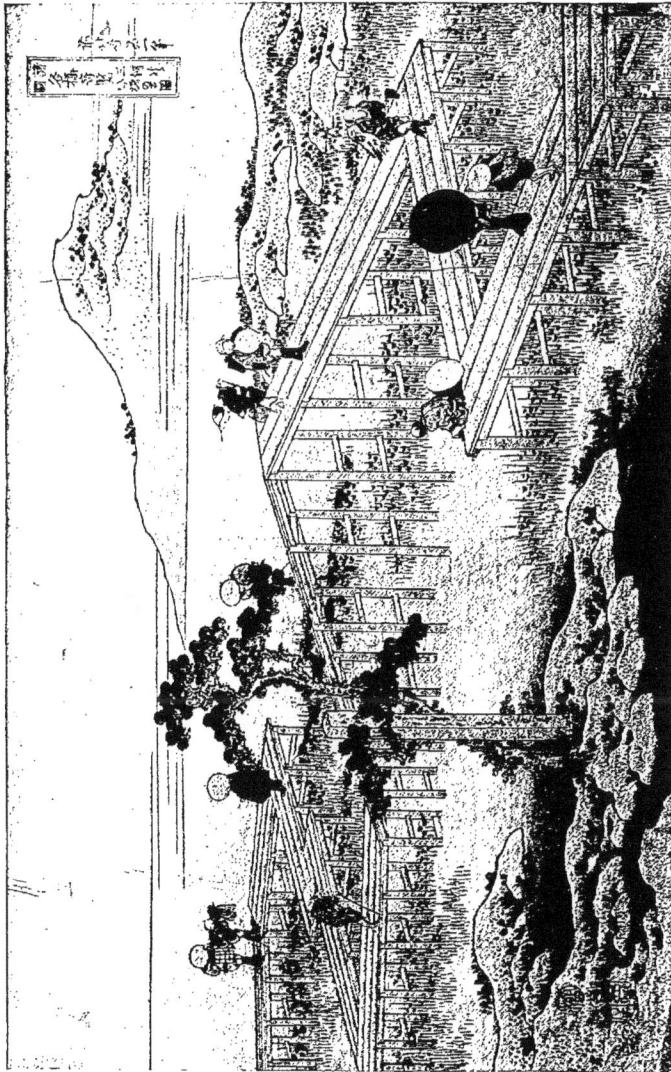

LE YATSU HASHI (PONT AUX HUIT DÉTOURS)
Collection Vignier.

Phot. Jacquet.

Pl. XXXVIII.

L. Aubert. L'Estampe japonaise.

grande courbe schématique, comme un fauve pose la patte
sur sa proie.

Puis il s'isole encore, tout à la contemplation de son
essence. Dans la brume des vallées, à ses pieds, des forêts
sombrent ; les nuages, qui sous la forme d'un dragon essayent
de le dévorer ou de l'étrangler, glissent à ses pieds, mous
comme des voiles ; la foudre contre lui se fracasse[1], et,
gigantesque écran dressé sur les plaines du ciel, il cache le
soleil et la lune.,.

Jonques courant sur la mer[2], papiers et chapeaux s'épar-
pillant sur les rizières, cerfs-volants s'élevant des villes[3],
grues s'envolant des marais, nuages s'essorant des vallées, —
apparences vaines auprès de son immobilité. Bramements
du cerf, à l'automne, hurlements des chiens à la lune, cris
du faisan sous la serre du faucon, bourdonnement des métiers
au travail : qu'importe à son impassibilité ! Cèdre énorme
que plusieurs pèlerins ne peuvent cercler de leurs bras ; pin
millénaire, chevelu comme un ancêtre, l'échine courbée, les
branches inquiètes et tâtonnantes au-dessus de leurs béquilles : qu'est-ce que ces symboles de force, de durée auprès
de son inusable jeunesse ! Il n'a pas besoin de béquilles, il se
dresse tout fier ; selon la légende, il est né d'un coup, achevé
parfait, et chaque matin à l'aube il jaillit radieux hors des
contreforts qui l'engoncent. Le sommet rosé au coucher du
soleil, couleur brique au crépuscule, brun sombre au milieu
de l'orage, bleu-vert dans la nuit : les couleurs dont il se
vêt et se dévêt ne l'entament point. Son aspect varie au gré
des lointains ou des imaginations de ses contemplateurs,
mais il persiste dans son essence, dans sa forme. Il est, et,

1. V. pl. xxxvi, Un orage avec des éclairs au pied du Fuji.
2. V. pl. xxxvii, Le Fuji vu de la mer, par mauvais temps, à Kanagawa.
3. Cf. C. v, 280, Le Fuji vu des magasins Mitsui dans le quartier Suru-
gacho à Yedo.

autour de lui, sa masse crée du vide, son immobilité du mouvement.

Familier et lointain, protecteur et distant, le Fuji tel que
l'a peint Hokusaï est un dieu. Non loin du volcan sacré, à
Kamakura, se dresse en plein air une autre divinité géante, le
*Daï Botsu*, le Grand Bouddha. C'est un moine gras, au sourire
doux, et qui est entouré d'auberges et de pèlerins ; mais qu'on
le regarde longuement, qu'on se hausse jusqu'à lui, on le voit
qui s'élève au-dessus des petits hommes ; sa tête bouclée
voisine avec la cime des forêts, il sourit aussi largement que
la vallée ensoleillée, les nuages effleurent ses yeux mi-clos...
Malgré ses dehors humains, c'est vraiment une force de la
nature que ce Bouddha, tandis que le Fuji, malgré sa
silhouette de volcan, apparaît comme un sage... Source de
rêve, source de vie, tous deux, on les adore ; ils sont parfaits,
ils sont heureux, ils s'offrent en exemple... Le plus humain
des deux, c'est peut-être encore le Fuji, au moins fait-il sem-
blant de s'intéresser à notre pauvre vie. C'est peut-être que
Hokusaï, en même temps qu'il l'auréolait de sagesse, lui a
prêté un peu de sa curiosité. La vie est belle : métiers, profils
de pagodes, fêtes sous les arbres en fleurs, hommes, nuées,
oiseaux, fantoches, toiles d'araignée, tout l'univers vaut
qu'on le contemple. Il faut se hausser pour dominer la vie,
s'y mêler, puis se reprendre, s'environner de solitude, de
silence, et rêver, afin de mieux voir. L'Occident, pour
exalter les idées de majesté et de gloire, a juché sur des pié-
destaux des statues d'hommes ou des palais consacrés à des
hommes. Au Japon, voici l'apothéose d'une montagne.

Auprès de la forme immuable du Fuji, les moindres mouvements du paysage, par contraste, sont sensibles. De même,
c'est l'idée de changement que nous suggèrent les silhouettes
fixes des Ponts qu'a peints Hokusaï. Qu'en arc surhaussé
ils se courbent au-dessus de hauts pilotis de bois, ou qu'au

ras de la rivière ils reposent sur des bateaux amarrés ;
que tressés en cordages ils relient d'un bond les deux pics
d'une montagne, ou qu'ils serpentent à leur fantaisie sur
une eau dormante, — tous portent l'empreinte de l'ennemi
mobile qu'ils ont à dépister. Sous le pont de Yahagni, la
rivière est à sec ; des archers en toute sécurité s'y exercent ;
toutefois le pont nous laisse imaginer par sa courbe le gonflement du torrent, au printemps, lors de la fonte des neiges.
Par contre, c'est une rivière au cours capricieux, au lit
variable, que le pont de Sano s'obstine à nous faire franchir.
Et puis ces passerelles vertigineuses et fragiles, qui doivent
céder de bonne grâce à la violence du flot, ont une manière
si imprévue d'enclore l'espace ; elles dessinent sur le ciel de
si jolis profils éphémères ! Au-dessus d'un marais fleuri
d'iris que des promeneurs viennent contempler par une
journée lumineuse et moite d'été, le pont Yatsu hashi [1], avec
ses huit parties qui s'articulent, a le zigzag d'un éclair ; tel
autre fait figure d'arc-en-ciel, et le pont Temma bashi à
Osaka, le soir de la « fête de la fraîcheur », alors qu'il est
hérissé de lanternes, s'élance et retombe si audacieux, si
lumineux sur le grand ciel, qu'on dirait, au-dessus de la
sagesse des maisons basses, une folle fusée d'artifice.

De longue date, dans l'art extrême-oriental, les cascades
ont figuré l'idée d'écoulement, si chère aux sages taoïstes ou
bouddhiques. Venant on ne sait d'où, allant on ne sait où,
c'est le mouvement de l'eau saisi en ses brusques contrastes :
contraste de l'eau cahotée du rapide, avec la masse lisse de
la cascade, puis avec le remous du bassin où elle tombe,
— lignes sinueuses, lignes verticales, puis lignes courbes...
L'eau du rapide, qui aveuglément suit sa pente, ne paraît
pas prévoir sa chute prochaine ; le spectateur, lui, la prévoit,
sans pouvoir la prévenir, et s'émeut, impuissant, comme

1. V. pl. xxxviii, Le Yatsu hashi (pont aux huit détours).

devant une catastrophe ; le mouvement des milliards de
molécules toujours différentes, mais qui par leur masse
constante composent une figure fixe, l'attire et le hante. Dans
la série des *Dix Poètes*, des enfants effrayés se serrent contre
le sage tandis que lui se penche vers la cascade comme
vers l'énigme d'un fantôme[1]. Les cascades peintes par
Hokusaï, ce sont des apparitions : telle ressemble à un œil
gigantesque qui se viderait, telle autre s'étale inquiète,
tortueuse et prenante entre des roches, comme les griffes
d'une bête embusquée dont on ne verrait que la patte mons-
trueuse.

Étrange pays, ce Japon, tel que le représente Hokusaï : les
montagnes y ont l'insistance silencieuse d'un revenant ; des
cascades bondissent ou ruissellent des montagnes vers la
côte rocheuse que battent les vagues ; des nuages disloquent
les paysages qui flottent sur des vapeurs ; et, tout modestes
à côté de ces forces soulevées, prêts à glisser dans cet universel écoulement, de fragiles maisons cerclent l'énorme
volcan, de frêles jonques épousent docilement de leur courbe
le creux des lames, et des ponts légers dessinent leurs lignes
inquiètes sur le ciel. Déroutés devant ces brusques apparitions, enchantés par cette féerie sauvage, les errants, même
les plus frustes, s'arrêtent au hasard des endroits où ils se
trouvent : toits des pagodes, cimes des arbres, crêtes des
montagnes, et toutes les perspectives se précipitent ; ou, au
contraire, ils regardent de très bas, la nuque pliée, le paysage
qui se dresse, et c'est parfois à travers une toile d'araignée
qu'ils contemplent le Fuji. Alors, c'est l'envahissement de
tout leur être par une émotion violente qui les ramène au
sentiment de leur destinée.

Cette émotion, mi-curiosité, mi-rêve, tel est le vrai sujet
des estampes de Hokusaï. Il n'a pas tenté un portrait exact

---

1. V. pl. xxxix, Le Poète Ritaku devant une cascade.

*Phot. Longuet.*

LE POÈTE RITAKU DEVANT UNE CASCADE

*Collection Kœchlin.*

Pl. XXXIX.                    L. Aubert. *L'Estampe japonaise.*

du Japon, d'après nature : des perspectives impossibles, des valeurs contradictoires, des couleurs paradoxales décèlent chez lui un art de souvenir. Ce n'est pas une évocation d'un Japon de tous les jours : le souci est visible de surprendre la nature en des paysages choisis. Il est bien vrai que les Trente-Six et les Cent vues du Fuji, le Voyage autour des Cascades, les Vues pittoresques des ponts des diverses provinces sont des *meisho*, des guides pittoresques ; mais les pèlerins populaires à l'usage de qui ils furent composés étaient plus curieux de légende que de topographie, le long de leurs routes parsemées de sanctuaires, comme nos routes du moyen âge[1].

Les montagnes, les torrents, les brumes, les ponts, les cascades de ces paysages de Hokusaï : ce sont tous les éléments des paysages chinois aux temps glorieux des dynasties Tang et Song, et des paysages japonais peints par les Kano Motonobu, les Sesshû, les Shûbun. La préface de la *Mangwa* sur « les montagnes résonnantes et les torrents mugissants, les arbres qui frémissent et les plantes... tous pleins de force vitale », au lieu d'être écrite par un intime de Hokusaï, n'aurait-elle pas pu l'être par Kuo-hsi (Kakki), un des plus illustres paysagistes de l'époque des Song, qui publia un traité sur la Peinture des paysages, où il discutait « les questions de distance, de profondeur, du vent et de la pluie, de la lumière et de l'obscurité, des différences des jours et des

---

1. Voir, dans notre volume *Paix japonaise*, le chapitre *Routes japonaises* — La cascade Yôrô-ga-taki, « Cascade de la Piété filiale », rappelle un bûcheron du VIIIe siècle qui dépensait toutes ses économies à acheter du *saké* pour son vieux père. En récompense, le bûcheron découvrit un jour une cascade tout en excellent *saké*. Cette légende est un des thèmes familiers de l'art japonais ; encore aujourd'hui, autour de la miraculeuse cascade, un petit village, un parc et un club sont destinés aux pèlerins. — Dans l'estampe qui représente la Cascade de Yôrô, il n'est trace ni du bûcheron ni de son vieux père. Dans l'estampe représentant la Cascade Mouma Araïnotaki, où, selon la légende, le héros Yoshitsuné aurait lavé son cheval, Hokusaï, par simple allusion, a représenté un tout petit cheval que son cavalier bouchonne.

nuits suivant les saisons de l'année », et qui à cette question :
« Pourquoi les hommes aiment-ils la nature ? » répondait :
« Parce que c'est d'elle que perpétuellement jaillit la vie. »
L'esprit des estampes de Hokusaï, c'est l'esprit des kakémono classiques. C'est une erreur de traiter les grands artistes
de l'École populaire en réalistes, en amuseurs, et de croire
que des écoles classiques à l'Ukiyo-yé il y a rupture dans la
tradition japonaise ; mais avec Hokusaï, l'esprit des maîtres
d'autrefois s'est laïcisé, popularisé. Le paysage chez lui est
taché de vives couleurs ; chez les maîtres, il était monochrome ; c'est un site reconnaissable du Japon, tandis qu'un
paysage de Kano Motonobu ou de Sesshû, imitateurs des
Chinois [1], n'est pas localisé ; enfin, chez les maîtres, le tout
petit contemplateur que l'on distingue à grand'peine, accroupi
sous un kiosque, est un professionnel de la méditation, —
rompu aux réflexions taoïstes sur le *tao*, principe immanent
à l'univers, d'où tout procède, où tout retourne, ou bien un
sage habitué aux spéculations bouddhiques sur l'illusion de
la personnalité et qui renforce sa philosophie du spectacle
des apparences : nuages qui s'évaporent, cascades qui
ruissellent, fleurs qui se fanent, saisons qui meurent. —
Avec Hokusaï, c'en est fini de cet ésotérisme d'anacho-
rète…

Ainsi une estampe de Hokusaï, c'est à la fois le Japon
interprété de souvenir, une illustration de curiosités, un rappel de légendes, le paysage classique simplifié. Et le sujet en
est non pas une impression directe de nature, ni le souvenir
d'une telle impression, ni le souvenir d'une émotion personnelle, associée à l'image d'un site, c'est le souvenir d'une
émotion consacrée par la légende et la poésie, d'une émotion
commune à toute la race, et qui peut se lier à tout paysage

1. Hokusaï aussi est plein de réminiscences chinoises. Dans les estampes
de la série des *Dix poètes*, les montagnes en fer de lance sont cerclées par
des nuages-dragons.

dont les éléments rappellent le site légendaire auquel elle a été associée jadis.

Avant d'étudier les deux séries capitales de Hokusaï, les Images des Dix Poètes[1], les Cent Poésies, que l'on se rappelle la définition des vieux commentateurs chinois : « Un poème est une peinture sans forme ; une peinture est un poème avec une forme » ; que l'on se rappelle qu'en Extrême-Orient la poésie a toujours été plastique, que la peinture a toujours été poétique, que le plus souvent les peintres ont été des poètes, les poètes ont été des peintres, que Hokusaï, lui-même, a composé des *hakkai*, des poésies de dix-sept syllabes, et que dans sa Leçon rapide de dessin abrégé, il déclare : « Ce livre n'est pas pour l'enfant seulement ; les grandes personnes, les poètes, par exemple, qui veulent exécuter un dessin rapide dans une compagnie, seront aidés par ce livre. »

Une estampe de la série des *Dix Poètes* représente un bord de rivière où une femme, avec un petit garçon, bat une toile [2]. A côté d'eux, un paysan lève la tête et témoigne d'une profonde tristesse ; une bande d'oies sauvages passe devant la lune. Le vrai sujet de l'estampe, c'est moins la scène représentée que la poésie qu'elle suggère. Cette poésie, aucun Japonais ne l'ignore, et elle éclaire instantanément l'estampe : c'est la représentation du *kinota*, des coups de battoir sur l'étoffe de chanvre nouvellement tissée, c'est un travail du neuvième mois, un travail du soir, un travail d'un soir d'automne, et, comme l'image de la lune au Japon appelle l'idée de l'automne, un travail de nuit lunaire. Or le bruit du *kinota*, lorsqu'un Japonais l'entend loin de son pays, lui rappelle son village, car une poésie du XIII° siècle a dit : « La brise de l'automne balaye les pentes du Miyoshino, et

1. Le nom exact de la série est *Shika shashin-kyo*, Illustrations réalistes des poèmes chinois et japonais.

2. V. pl. xL, le *Kinota*.

le son du *kinota*, que de loin le vent apporte à travers la nuit, semble arriver de mon village natal. » Cette poésie, la race entière la connaît : il suffit de représenter une femme battant du chanvre un soir, et un étranger aux écoutes, pour que l'on comprenne que son rêve, suivant les oiseaux qui à tire d'ailes passent devant la lune, s'envole vers un regret.

Une estampe de la série des *Cent Poésies* représente le retour à l'automne de paysannes, la fourche sur l'épaule. Elles se tournent vers la crête d'une colline où se détache la silhouette d'un couple de cerfs entre des érables rouges [1]. C'est qu'une poésie de Saroumarou (VIIIe siècle) a dit : « Triste est l'automne, au bramement du cerf, qui gratte du pied et disperse les feuilles d'érable, dans la montagne. » Alors ces femmes pensent à ceux qui les désirent.

Toutes les poésies qu'a illustrées Hokusaï sont nimbées de mélancolie : désir d'amour ; regret du pays natal si fréquent chez ces visuels dont le patriotisme est fait surtout de l'adoration de leurs îles ; pitié pour les humbles [2] ; tristesse de la fuite des saisons, du retour de l'aurore où les amants se séparent, culte fervent de la nature.

L'instant où le souvenir d'une de ces émotions classiques surprend et envahit l'errant : voilà le vrai sujet de l'estampe. Et ces vieux thèmes, Hokusaï les rajeunit en les évoquant dans des sites reconnaissables du Japon, devant des personnages qui sont ses contemporains et qui sont du peuple. Veut-il illustrer la poésie célèbre de l'impératrice Sito, « Le

---

1. V. pl. XLI, Le bramement du cerf.

2. Le n° 1 de la série (C. V, 353) représente un petit homme dans une hutte construite légèrement pour le temps de la moisson, et des rizières en pleine récolte. La poésie est de l'empereur Tentchi (VIIe siècle). « Sous le mince chaume d'une hutte, dans la rizière, à l'automne, mes manches deviennent humides de rosée. » Parole de pitié, inspirée sans doute à l'empereur par le souvenir d'un bon souverain de jadis qui supprima impôts et corvées, vécut dans son palais délabré, jusqu'au jour où il vit monter des chaumières la fumée du riz que l'on préparait. — Le sort du peuple au Japon dépend encore de la récolte du riz.

LE « KIRIOTA »
Collection Vignier.

Pl. XL. L. Aubert. *L'Estampe japonaise.*

printemps est passé, n'est-ce pas l'été ? Sur le céleste mont
Kagou sèchent des vêtements d'une blancheur éclatante »,
il représente un gué où on lave le linge, une colline où on
le sèche. Et ainsi se trouve familiarisé le tout petit détail
par lequel est notée avec mélancolie la fuite d'un printemps.
— S'agit-il de la poésie où Takamura (homme politique
notoire du ixe siècle) dit adieu à ses amis de Kyôto, alors
qu'il gagne les îles Oki, lieu de son exil : « Sur l'Océan,
vers les quatre-vingts îles, je me dirige à la rame : dites-le,
bateaux des pêcheurs », Hokusaï représente la baie célèbre
de Matsushima, hérissée de rocs, parsemée de voiles et toute
sillonnée de plongeuses. — Enfin, à propos de la poésie de
Fujiwara no Mitchinobu (xe siècle) : « Je sais qu'après
l'aurore la nuit reviendra, pourtant, hélas ! que je déteste
le point du jour ! », Hokusaï représente la sortie du Yoshiwara, quartier d'amour de Yedo, de grand matin : par une
rue dévalent en courant des porteurs de *kago*, de litières
closes, puis dans la plaine, où les sentiers serpentent, un
peu titubants comme des noctambules, on voit d'autres
litières et des piétons avec des lanternes, marchant tête basse
vers la campagne où l'aurore rosit l'horizon[1]... Et nous
voilà ramenés aux vers liminaires du premier volume de
l'Annuaire des Maisons vertes d'Outamaro : « O cloche de
l'aube, si tu comprenais le cœur gros des adieux, tu ne son-
nerais pas six coups, tu mentirais... » ; ou encore à ces vers
de la courtisane Miyaghino : « Que de fois je me sépare de
l'homme, dont je ne distingue plus l'ombre, sous la lune de
l'aube ! » Mais ce rajeunissement de la poésie ancienne n'est
que de premier plan ; regardez le détail significatif auquel
s'accroche l'émotion suggérée par la poésie, il est en fond
d'estampe, à peine indiqué, mais décisif — le tout petit cerf
évocateur du désir d'amour chez les paysannes ; la fuite des

1. V. pl. xlii, La sortie du Yoshiwara à l'aube.

oiseaux devant la lune indiquant l'envol du rêve chez l'exilé ;
les petites lanternes se hâtant par la campagne vers l'aurore
rougissante après la nuit d'amour.....

Et par delà les premiers plans dessinés avec un volume
exagéré afin de repousser le paysage, quel sens de l'espace
chez Hokusaï ! Le soleil, les brumes, les orages, les vents le
traversent, l'envahissent... Un peintre chinois du IVe siècle,
Wang-hien-tche, avait intitulé une de ses peintures « l'Esprit
du vent » : que d'œuvres de Hokusaï pourraient avoir ce
titre ! Une estampe représente le poète japonais Abeno-
Nakamaro (VIIIe siècle), entouré de hauts personnages, en
Chine, sur une terrasse. Il détourne la tête et regarde la
lune[1]. C'est le geste de la poésie célèbre où il regrette
Nara : « Je contemple le ciel. Ah ! c'est la même lune qui
surgissait de la montagne de Mikaça dans Kaçougha. » Sur
une autre estampe, nous voyons le poète chinois Toba voyageant à cheval ; à un détour de la route il s'est arrêté pour
contempler la neige, le ciel gris, l'eau bleue. Et voici, par
allusion à l'un de ses poèmes, le grand poète chinois Ritaku,
en méditation devant une cascade[2]... Les vers, d'un lyrisme
raffiné, écrits voilà huit ou dix siècles par des empereurs,
des impératrices, des ministres, des nobles, pour exprimer
des sentiments qui se rapportent à leur exil, à leurs promenades, à leurs passions, à leurs voyages, — ces vers gardent
toute leur fraîcheur pour le public populaire de Hokusaï...
Il suffit de leur présenter une rivière rougie par des
feuilles d'érables pour que tous pensent au ruisseau Tatsuta,
là-bas, dans la province historique du Yamato, près du
vénérable monastère du Hôryûji, à six ou sept cents kilo-
mètres de leur Yedo moderne ; il suffit de leur peindre des

---

1. Cf. aussi C. v, 324, Un vieux paysan portant aux deux bouts d'un
bâton des bouquets de prêles. Il traverse sur un ponceau un torrent. La
lune se lève au-dessus des roseaux du lac. Poésie de Tokusaï Kari.

2. V. pl. XXXIX, Le poète Ritaku devant une cascade.

Phot. Longuet.

LE BRAMEMENT DU CERF

Collection Butlier.

PL. XLI.

L. Aubert. L'Estampe japonaise.

cerisiers en fleurs nimbant de leur nuage rose une colline
pour que tous pensent à Yoshino... Étrange phénomène
qu'un peuple ne voyant plus la nature qu'à travers des
poésies qu'il sait par cœur, que des peintres prenant comme
thèmes ces poésies elles-mêmes. Le poète, il y a quelque
dix siècles, a trouvé directement, ou peut-être déjà à travers
des souvenirs de poésies venues de Chine [1], son inspiration
dans la nature ; le peintre, inlassablement, depuis, ne
cherche que des paysages pouvant servir de décors aux
chants du poète. Poétique avant d'être plastique, la triade
de la neige, du prunier et du rossignol : le rossignol chante
dans les buissons couverts de neige, les prend-il donc pour
des fleurs ? — le rapprochement entre les plaintes du
rossignol et la chute des fleurs : si haut que le rossignol
se soit plaint, il n'a pu retenir sur la branche une seule
fleur de cerisier ; — poétique, la symbolisation de la pureté
par la fleur de lotus qui de la fange monte vers la lumière ;
poétique, l'affinité entre l'oie sauvage et la lune d'automne,
entre le bramement du cerf et les érables rouges ; poétique, la
comparaison de la chute rapide des fleurs de cerisier avec la
brièveté de la vie humaine, de la chute des flocons de neige
avec les fleurs d'un printemps rêvé au delà des nuages...

La liste n'est pas très longue de ces thèmes ; on en peut
déplorer la monotonie, mais par contre quelle elliptique
brièveté est permise à l'artiste qui, sur une simple allusion,
est tout de suite compris, et qui peut compter sur la collaboration de tous les cœurs pour compléter, prolonger la
suggestion, l'enrichir d'harmonies ! L'œuvre de Hokusaï,
c'est tout le patrimoine poétique du vieux Japon.

---

1. La poésie japonaise sur le *kinota* dérive sans doute d'une poésie chinoise qui lui est antérieure de cinq siècles. Une femme souhaite le retour
de son mari qui guerroie contre les Tartares : « Déjà le croissant de la
lune s'arrondit, et le vent d'automne souffle doucement. Voici que les
coups de battoir résonnent dans chaque maison. Hélas ! mon cœur n'est
point ici, mais à Kansuh, souhaitant que les Tartares soient battus. »

Il y a une symbolique de l'art extrême-oriental comme il y a une symbolique de l'art occidental au moyen âge. Nos ancêtres vivaient d'analogies, de préfigurations. La nature est peinte sur les kakémono et sur les estampes avec l'idée de présenter à l'homme une image de sa destinée.

Un artiste qui, toute sa vie, illustre des livres de légendes ; qui compose des encyclopédies, des guides, des commentaires sur les poésies illustres ; un artiste qui, pendant plus de soixante-dix ans, apprend par cœur la forme humaine, décompose et recompose sans cesse toutes les formes naturelles, vols d'oiseaux, houle et rochers ; un artiste qui peint cent cinquante fois la même montagne, et dont l'œuvre est pleine de bonshommes chinois, de légendes, de poésies chinoises, de nuages chinois, qui reprend comme sujets de ses estampes tous les thèmes poétiques de ses prédécesseurs, — est-il un simple réaliste, sans style ? C'est un homme de tradition, comme tous les peintres de l'Extrême-Orient, malgré qu'il paraisse le plus fantaisiste, le plus affranchi d'entre eux.

Sous tout le fardeau des souvenirs de sa race, comment expliquer alors la liberté d'allure de Hokusaï, son allégresse neuve ? Il est deux qualités que les critiques extrême-orientaux ne se lassent pas d'exalter chez les artistes chinois ou japonais ; c'est, d'une part, la sûreté du métier qui à force d'analyses saisit le mouvement par quoi se révèle à fond l'essence de chaque être ; c'est, d'autre part, l'adoration de la nature... C'est grâce à ces deux qualités traditionnelles que Hokusaï a su rajeunir la tradition... Goûtons-les bien dans son œuvre, car il est le dernier représentant d'une séculaire culture qui sut merveilleusement affiner les yeux et les cœurs. Un incomparable public d'art subsiste encore au Japon et en Chine, mais leurs artistes de naguère?... Qui notera désormais « le vol du cygne sauvage » ?

Phot. Longuet.

SORTIE DU YOSHIWARA, A L'AUBE

Collection Jacquin.

Pl. XLII.

L. Aubert. L'Estampe japonaise.

# CHAPITRE VI

# HIROSHIGÉ

# HIROSHIGE

La vie de Hiroshigé[1], on l'imagine le long des routes
japonaises : à pied ou en palanquin, il flâne, comme les
voyageurs de ses estampes, et, le soir venu, il peint de
souvenir ses émotions du jour. Vers 1830, il accompagne
l'envoyé du Shôgun de Yedo vers le divin empereur de
Kyôto : au retour, il publie les Cinquante-trois scènes du
Tôkaidô, « route orientale de la mer » entre les deux capitales. Viennent ensuite les Soixante-neuf scènes du Kisokaidô,
la route de la montagne entre Yedo et Kyôto, puis les Scènes
fameuses de Soixante et quelques provinces (*Rokujuyoshu
meisho dzuye*). Vers 1842, il voyage seul dans les montagnes
de la province Kaï, à l'ouest de Yedo ; en 1852, il gagne, à

---

1. Hiroshigé Utagawa naquit en 1796. Son nom était Motonaga, mais on
l'appelait Tokutarô, Jûyemon ou Jûbei, et Tokubei. Son premier nom
d'artiste fut Ichiryûsai ou Ryûsai. A dix ans, il dessine une procession
d'envoyés coréens dans les rues de Yedo. Quelques années plus tard,
il étudie le style de l'école Kano, la grande école classique de paysage,
à l'imitation de la Chine. En 1811, à quinze ans, après avoir essayé d'entrer chez Toyokuni, le peintre en renom des acteurs et des belles, il prend
comme maître Toyohiro, illustrateur d'histoires de vengeance et paysagiste
dans le goût d'Itchô Hanabusa. Les deux dernières syllabes du nom du
maître deviennent les deux premières du nom du disciple. Hiroshigé
cumule les fonctions d'officier subalterne de police à Yedo et d'illustrateur
de romans. Sa grande réputation de paysagiste date de son voyage sur le
Tôkaidô vers 1830. Avec le goût des voyages, les traits caractéristiques de
sa biographie sont l'étude qu'il fit du style de l'école Kano et son goût
pour la poésie. Il eut de nombreux disciples, dont deux prirent son nom.
Cf. *Masterpieces selected from the Ukiyo-ye School*, by Schiichi Tajima,
vol. IV, Tôkyô, 1908.

l'est, par monts et par grèves, les provinces de Kagusa et
d'Awa, toujours en quête de sites. En 1854, il repart avec
les inspecteurs des rivières du Tôkaidô, et dès 1856 paraissent les épreuves du *Yedo meisho hyakkei*, Cent vues de
Yedo, et les *Fuji sanjû rokkei*, Trente-six vues du Fuji, et
l'on peut citer encore, parmi ses plus belles séries, le *Yedo
kinko hakkei* (environs de Yedo), *Omi hakkei* (vues du lac
Biwa, en la province d'Omi), *Toto meisho* (un groupe de
sites célèbres, dont il y a plusieurs séries), *Shokoku meisho
hyakkei* (cent paysages de diverses contrées), *Honchô meisho*
(sites de mon pays) et un second « Tôkaidô »... En 1858, à
soixante-deux ans, il est enlevé par une épidémie. Dans sa
poésie d'adieu, mourir, pour lui, c'est un nouveau voyage :
« Je pars vers les paysages de la Terre Sainte de l'Ouest,
abandonnant mon pinceau sur la route de l'Est. »

*      *

La mode de son temps est aux paysages, par réaction
contre les excès de la vie urbaine au début du siècle ; la cour
du Shôgun a diminué ses dépenses ; des lois somptuaires ont
été imposées aux daïmyo et à toutes les classes. Alors les
Japonais se sont tournés vers la nature, comme en notre
xviiie siècle les contemporains de Rousseau et de Bernardin
de Saint-Pierre. Les guides illustrés abondent. De 1823 à
1830, Hokusaï a publié ses Trente-six vues du Fuji, ses Cascades, ses Ponts ; en 1830, les Images des Poètes, et, au
temps où Hiroshigé commence ses Cinquante-trois scènes du
Tôkaidô, le « vieillard fou de dessin » donne ses Cent vues
du Fuji (1834) et enfin ses Cent poésies (1839) ; mais
en 1839 Hokusaï a soixante-dix-neuf ans, Hiroshigé, qua-
rante-trois. Le paysagiste de l'École populaire, c'est lui [1].

1. Avant Hokusaï et Hiroshigé, on trouve, dans l'Ukiyo-yé, de beaux

TEMPLE D'ATAGOSAN, DISTRICT DE SHIBA, YEDO
*Collection l'ever.*

*Phot. Marty.*

L. Aubert. *L'Estampe japonaise.*

Sur ses estampes, le Japon sort du Yoshiwara, le quartier d'amour, et s'aère. C'est une nouveauté, car l'Estampe, depuis Moronobu, à la fin du XVIIᵉ siècle, jusqu'à Toyokuni, contemporain de Hiroshigé, a été un art urbain. Masanobu, Harunobu, Kiyonaga, Outamaro, les Torii et Sharaku peignent les belles ou les acteurs. Les acteurs sont représentés en un décor rudimentaire où le paysage n'apparaît pas. Les belles sont le plus souvent des courtisanes. Du promenoir qui, frêle comme un rayon d'étagère, court le long de leur cage de bois et de papier, ces princesses cloitrées contemplent parfois les bambous grêles et le ruisseau tortueux entre des pierrailles d'un minuscule jardin, ou bien, en promenade galante, s'accoudent au balcon d'une maison de thé pour saluer d'un geste de surprise les cerisiers en fleurs ou la lune d'automne sur un havre. Les belles et les beautés de Yedo, tel est alors tout le répertoire de l'estampe. Les sites que la poésie et la peinture classiques ont célébrés depuis le VIIIᵉ siècle, ce fut Nara et Kyôto, les anciennes capitales, le lac Biwa, les montagnes du Yamato, là-bas, à l'ouest; mais, depuis l'avènement, au XVIIᵉ siècle, des Shôgun Tokugawa, c'est vers Yedo, leur capitale, qu'affluent les provinciaux de l'Empire : daïmyo qui viennent rendre hommage à leur maître; samuraï que des querelles d'amour-propre ou d'amour, des vengeances trop promptes, ou de simples crimes ont contraints de quitter leurs maitres ; *rônin, otokodate*, chevaliers errants et redresseurs de torts, qui ont intérêt à plonger pendant quelque temps dans les fonds d'une grande ville ; campagnards en veine de s'ébahir devant

paysages : chez Harunobu, la cascade et le lever de lune sur la gorge, C. II, 84 et 130 ; chez Outamaro, le torrent dans *Kiogetsu-bo* (1789), Amour fou de la lune ; la neige du *Ghin sekai* (1790), Nature argentée ; les pins et les cerisiers des Poésies sur les Fleurs, *Fughen-zo* (1790) ; chez Kitao Keisai Masayoshi ; chez Toyohiro. Sur tous ces paysages, comme sur les paysages de Hokusaï et de Hiroshigé, l'influence de l'école Kano est évidente.

les splendeurs partout prônées de la ville neuve et de ses environs, bref tout le Japon, romanesque, aventurier, batailleur et curieux, afflue à Yedo, et, dans une paix où le contrôle des autorités vous oblige à user votre vie à des riens, défile insouciant dans les théâtres et au Yoshiwara. Pourquoi sortir de Yedo puisque tout le Japon s'y donne rendez-vous? Même au temps de Hiroshigé, cette tradition urbaine persiste dans l'art populaire. Voyez Toyokuni dont l'œuvre est la somme de toutes les recherches de l'École : ses têtes d'acteurs et ses scènes de théâtre rappellent Shunsho et Sharaku, et c'est aux œuvres de Kiyonaga et d'Outamaro que ressemblent ses grands triptyques où, parées et précieuses, les courtisanes s'harmonisent avec les lignes tourmentées et les couleurs papillotantes [1] des torrents, des nuées et des arbres.

Pourtant, le reflux du Japon vers les paysages ne provoqua ni dans sa vie, ni dans son art une révolution radicale. Gagner la campagne, pour les contemporains de Hiroshigé, c'est s'égayer loin des ordonnances et des espions du Shôgun; c'est, pour le noble que déprime l'étiquette de la morale confucianiste et le code d'honneur du *Bushidô,* se redresser comme le ferait un arbre qui, après avoir été déformé par l'art d'un jardinier, serait transplanté libre en plein champ; c'est pour le boutiquier s'évader de son éventaire; c'est une manière de retraite pour ces gens de toutes classes qui à quarante ans se retirent des affaires, deviennent inkyo, afin d'avoir du bon temps durant les années qui leur restent à vivre. La tradition de reprendre la route est ancienne chez ce peuple qui s'est toujours contenté d'abris provisoires en bois et en papier, posés sur quatre grosses pierres sans fonda-

---

1. Dans le premier tiers du xixᵉ siècle, le goût est aux estampes brillantes, tirées avec une cinquantaine de blocs, relevées d'or et d'argent. Ce goût de décadence reparaîtra au début de la seconde moitié du siècle. Les estampes de Hiroshigé sont d'un coloris beaucoup plus sobre.

tions, chez ce peuple de « visuels » accoutumés de vivre
en plein paysage. Même à la ville, ils ne sont jamais
éloignés de la campagne, ils ne sont pas murés dans de la
pierre; leurs maisons basses ouvrent à la dérobée sur un
jardin secret, parfois sur la rivière, sur la baie, sur la plaine
où se dresse le Fuji, le volcan sacré. Pour gagner les
champs, ils n'ont pas à franchir des fortifications ; point de
banlieues souillées, ni de zones pelées ; Yedo est un gros
village plein d'arbres où, même après un demi-siècle d'amé-
ricanisation, les gens savent encore flâner. Et, au temps de
Hiroshigé, les belles, tout comme les beautés de Yedo, ras-
semblent en elles les grâces des paysages. Voyez les héroïnes
de Moronobu, de Harunobu, de Kiyonaga, d'Outamaro : on
dirait que ces captives du Yoshiwara, recrutées dans les
diverses provinces, ont gardé dans leurs mouvements, dans
les plis et les décors de leurs kimono une image nostal-
gique des fleurs, des eaux courantes qu'elles aimèrent dans
leur petite enfance : le paysage envahit leurs draperies dont
les longs profils jaillissent, se courbent, comme de sveltes
jets d'eau ; les plis de leurs voiles, à terre, bouillonnent, puis
s'étalent en grandes ondes ; leurs écharpes glissent de leurs
ceintures entre leurs jambes avec les gonflements, les étré-
cissements et les bonds d'un torrent; leur jeunesse en fleur
a l'épanouissement d'un lys, la flexibilité d'un saule, les
hanchements d'un pin ; leurs kimono sont semés de fleurs,
de rivières, d'oiseaux, et leur humeur gaie ou mélancolique
s'associe au torrent qui s'écoule, au prunier qui parfume la
nuit et aux feux d'artifice qui l'illuminent.

Quand, au bout des rues de Yedo, les citadins trouvent
les routes, Tôkaidô, Kisokaidô, ils s'y sentent immédiatement à l'aise. Ils quittent les Cent vues de Yedo pour les
Cinquante-trois scènes du Tôkaidô, les Soixante-neuf scènes
du Kisokaidô, les Trente-six vues du Fuji... Voyez-les, sur les
estampes de Hiroshigé, ils ne vont pas à l'aventure : les villages

qu'embroche la route, les auberges, les tourne-brides aux têtes
de ponts et aux gués marquent des étapes. Et puis il est rare
qu'on chemine isolé ; pêle-mêle on croise des rônin, des pèlerins, des porteurs de *cago*, des piétons, des conducteurs de
chevaux de bâts, des cortèges de daïmyo escortés d'hommes
d'armes et de gonfaloniers, devant lesquels tous les passants,
respectueusement, s'accroupissent comme des grenouilles.
Aux relais, parmi les palanquins, les ballots déchargés, les chevaux, les buffles et les hommes qui renouvellent leurs san-
dales de paille, c'est, entre coltineurs, passeurs et palefreniers,
un brouhaha de rires, de disputes et de rixes, un reniflement
d'affamés dans des bols de riz. Et ce sont les passages de
rivières [1], différents selon les classes sociales : le daïmyo sur
une petite plate-forme portée par des coolies nus, et des files
de nageurs le flanquant pour l'empêcher de dériver, tandis
que les manants entassés pêle-mêle avec leurs ballots débar-
quent et rembarquent chaque fois qu'un javeau de sable
émerge de l'immense lit du torrent.

A tous les détours de la route, de modestes villages peu-
reusement se massent, au ras de terre, à demi envasés
dans les rizières. Des châteaux forts les surplombent, que
signalent leurs donjons surmontés de dauphins d'or, et
sur les collines se dressent des temples qu'annoncent de
monumentales allées incisées en pleine verdure, serties de
lanternes de pierre, jalonnées de *torii* et que terminent des
escaliers dont la montée droite souligne la lente et solennelle
progression vers les sanctuaires forestiers [2]. On fait halte aux
endroits célèbres ; on écoute les exploits des héros et des

1. Noter la fréquence des passages de rivières dans les Cinquante-trois
scènes du Tôkaidô. Les minuscules petits hommes traversant à pied les
javeaux de l'énorme lit découvert, paraissent à peine toucher terre.
Cependant, on croit entendre leur caquetage dans la vallée sonore.

2. V. pl XLIII, Le Temple d'Atagosan, et, dans la série *Yedo Kinko
hakkei*, le Temple Hammonji à Ikegami.

HIROSHIGÉ

Phot. Longuet.

VUE AU CLAIR DE LUNE DE NIHON DZUTSUMI,
ENTRÉE DU YOSHIWARA

Collection Lebel.

Pl. XLIV.    L. Aubert. *L'Estampe japonaise.*

saints, on soulève chaque pierre pour déterrer un souvenir.
En venant de Yedo, la ville populaire, on s'arrête à Enoshima[1], l'île sacrée que, n'était le frêle pont de bambou
qui l'unit au rivage, on s'attendrait à voir dériver sur la grande
baie comme un nénufar sur un bassin ; on regarde les
plongeurs qui ramènent des coquillages près de la caverne
fameuse où Benten, la déesse bouddhique du bonheur,
dompta le dragon ; on contemple, sous ses trente-six aspects,
le Fuji, cerné de marais, de lacs, de rapides et de champs de
lave, qui tressent autour de sa divine forme géométrique une
auréole de sauvagerie, de silence et de recueillement ; et c'est,
après bien des jours, la descente sur le Japon des légendes,
sur le lac Biwa[2] et sur Kyôto, la chère capitale que tous les
errants du vieux Japon classique geignent d'avoir quittée. On
s'arrête au temple de Kiyomizu, juché à flanc de colline forestière, et, par dessus le vallon souriant au printemps sous la
neige des fleurs de cerisiers, on découvre Kyôto, terme désiré du
voyage pendant toutes les étapes du Tôkaidô, Kyôto « si belle
vers le soir », où, l'été, au crépuscule, il fait bon gagner par de
minuscules passerelles les tables installées sur les parties
desséchées du lit de la rivière, et, là, en s'éventant, près de lanternes qui tremblotent et de musiques qui nasillent, contempler les montagnes qui gravement se voilent d'ombre[3].
Voyager ainsi au long des routes, pour les contemporains de
Hiroshigé, qui, après tant de générations, passent à leur tour
entre les lignes des cryptomérias et des rocs, c'est errer à
travers l'histoire de leur pays qui est comme traversée par
ces chaussées et par ces escaliers de pierre. Partout des
stations qui parlent de batailles, de coups de mains, de

---

1. Cf. le triptyque représentant des processions de femmes gagnant Enoshima.

2. Cf. les Huit vues d'Omi.

3. Cf., dans la série du *Kyôto meisho*, le vallon et le temple de Kiyomizu au temps des cerisiers, et la fête sur la rivière.

héros, depuis Yoshitsuné [1], le preux du xii° siècle, et son
fidèle Benkei, jusqu'aux quarante-sept Rônin qui, naguère
encore, surent venger leur maître [2]...

Entre les étapes où ils trouveront bon gîte et le reste,
entre les sites catalogués où leur curiosité d'histoire et de
légende leur fera oublier leurs fatigues, observez comme dans
les estampes de Hiroshigé le paysage fait mine de s'intéresser aux errants que la solitude et l'effort pourraient décourager : les vieux pins leur font cortège ; courbés dans le même
sens par le vent marin, ils montent les côtes, l'échine courbée, le nez vers le sol, comme une longue file de pèlerins
las, et les golfes et les baies sont peuplés d'innombrables
voiles carrées qui, au large, escortent, comme les pins, la
route orientale de la mer. Pleut-il ? Les errants sous leurs
parapluies ou leurs manteaux sont environnés d'arbres à
têtes rondes, grandes ombrelles ouvertes contre l'averse, et
de lanternes de pierre coiffées d'une capuche ; le soir venu,
les bandes d'oies sauvages accompagnent les promeneurs [3],
et, dans les passes des montagnes que les colporteurs gravis-
sent en haletant, les contreforts, eux aussi, gonflent leurs
muscles... Touchante sympathie des familiers de la grande
route, arbres, voiles, oiseaux, terrains, avec les nomades
qu'ils encouragent.

Loin de la ville, les fanatiques des acteurs peuvent trouver
dans les paysages un rien de théâtral : il y a du matamore
dans certain rocher qui se dresse en renâclant face aux

---

1. La série consacrée à Yoshitsuné se compose de douze estampes : une
d'elles représente Yoshitsuné enfant, mettant en déroute plusieurs assaillants, sur l'escalier d'un temple, à Kyôto

2. De la série des Rônin, cf. deux Rônin errant, la rencontre de la
troupe sur un pont, et l'attaque de la maison.

3. V. pl xliv, Vue au clair de lune de Nihon-dzutsumi, entrée du Yoshiwara (*Yedo Meisho hakkei*. Sur une des planches de la série du Tôkaïdô,
représentant une rue de Shinagawa à l'aurore, des nuages décrivent dans
le ciel une arabesque semblable à celle d'un vol d'oies sauvages.

lames, en avant du village chétif qu'il protège avec osten-
tation[1] ; les pentes convulsées des montagnes volcaniques,
les pins crispés et tordus, les ponts à l'arc très bombé rappellent les acteurs grinçant, la face contractée, le diaphragme
dilaté ; les toits des temples, les cornes des *torii*, les proues
des jonques sont recourbés comme des sabres, retroussés
comme des armures et des casques, et les montagnes se
carrent sur les plaines avec l'air avantageux de seigneurs de
théâtre engoncés dans les cassures raides de leurs robes à
plis. Loin de la ville aussi, l'amoureux des *bijin* peut
retrouver leur élégance dans les paysages[2] : en place de
leurs ceintures bondissantes, des cascades se nouent et se
dénouent ; en place des lignes de leurs kimono, les courbes
des collines et des baies se dressent ou s'étalent ; en place
de leurs écharpes jetées nonchalamment sur leurs épaules,
des routes zigzaguent à travers la campagne, et, partout épars
sur ces paysages secoués par les averses ou pâmés sous la
lune, on retrouve la sauvagerie, les nerfs et l'air rêveur des
belles.

Et puis c'est un pays amusant par sa variété. Après avoir
côtoyé la mer au gré des lacets mal tendus de la route, on
se hausse jusqu'à une étroite passe pleine d'ombre, d'où l'on
découvre l'éblouissement d'une baie ; puis la vieille chaussée
coupe droit entre des rizières et des marais pour unir les
têtes des centaines de rades qui découpent un grand golfe
intérieur. Ce n'est pas la plaine pendant des jours, des montagnes à en être surmené, de la mer à en être énervé, c'est
un peu de plaine, un pan de montagne, un coin de golfe ;
c'est un paysage amphibie d'eau sinuant au milieu de terres

---

1. Série des Cinquante-trois scènes du Tôkaidô.

2. Au premier plan d'une estampe, de grandes fleurs d'iris ; dans le
lointain, de toutes petites femmes. C'est un renversement des proportions
qu'avaient les belles et les fleurs chez les peintres des *bijin*.

marécageuses ou de golfes colmatés[1] ; d'îles et de promontoires semés sur la mer ; d'arbres penchés sur l'écume des
vagues[2]. Rocs, verdures, eaux vives et eaux mortes sont si
bien rassemblés que, n'étaient les proportions du paysage,
nos citadins pourraient se croire dans un de leurs jardins de
quelques pieds carrés où, sur un fond immuable de cryptomérias, de pins, de cèdres, de bambous toujours verts, il
fait si bon savourer la grâce fuyante des saisons et des
heures.

Doux accueil de cette terre japonaise sur les estampes de
Hiroshigé : on y trouve toujours des premiers plans pour
poser son regard, pour appuyer sa vue. Point de grande houle
accourant du large ; mais des golfes clos par des chaînons
d'îles, où des lames courtes murmurent sur le sable ; des
mers intérieures, véritables labyrinthes de promontoires et
de caps encadrant des fonds de forêts ou de baies : on oublie
qu'elles ouvrent sur le Pacifique, on se croit sur le lac d'un
jardin bien clos. Point de grandes terres que l'on découvre
à l'infini ; mais de petites vallées cerclées de montagnes,
dont les forêts sur les premières pentes s'apprivoisent en
rizières. Quand le riz est mûr dans ces vallées et que les
montagnes se détachent toutes brunes sur l'or des crépuscules
ou les clairs de lune argentés, les errants peuvent encore se
croire à l'intérieur de maisons aux nattes blondes, aux cloisons de papier décorées de montagnes sur fonds d'or ou
d'argent. Point de grand ciel vide où le regard risque de se
perdre ; mais un ciel meublé d'arbres, de nuées, d'oiseaux,
doré par les lueurs du couchant, ou frémissant de lune.
Encore n'est-ce pas la lumière inondant l'espace libre, in-

---

1. V. pl. xlv, Oies sauvages s'abattant sur le marais de Hanada, de la
série *Yedo Kinko hakkei* : sur le ciel, où fleurit un grand nuage, se dresse
un bouquet d'arbres. Des hautes herbes du marais environnant surgissent
des piétons, des voiles, des oiseaux...

2. Cf. Vue de la plage de Maïko (Série des Scènes fameuses de Soixante
et quelques provinces).

OIES SAUVAGES S'ABATTANT SUR LE MARAIS DE HANADA

*Collection du Vicomte de Sartiges.*

Phot. Longuet.

L. Aubert. *L'Estampe japonaise.*

PL. XLV.

fini : le Japonais ne s'abandonne à son émotion que si, au
premier plan, quelque chose de limité, de fini, le rassure ;
voyez sur les estampes : le soleil est sur le point de disparaître derrière l'horizon ; la lune glisse derrière les fines
branches d'un saule, les aiguilles serrées d'un pin, l'ouate
légère d'un nuage, le vol oblique des oies sauvages [1].

Inlassable obligeance de ce pays tout en tournants, à four-
nir des cadres aux lointains : rochers tourmentés, pins tordus, découpant entre leurs masses rougeâtres, entre leurs
paquets d'aiguilles noires, des coins de mer et de ciel. Étonnante sûreté de Hiroshigé dans sa manière de « couper » un
paysage : et ce n'est pas assez que la nature crée et sans cesse
renouvelle cette exquise fantaisie : que n'invente-t-il comme
premiers plans ! une énorme lanterne à la porte d'un temple ;
une carcasse de tortue géante pendant à une fenêtre ; un chat
installé devant une croisée ; les énormes bras et jambes poilus d'un passeur ; le pilotis du pont Riyôgoku [2]... Il regarde
le monde comme par une lucarne ouverte et vite refermée...
Et nos bons Japonais ont beau avoir quitté leur ville et leur
maison pour les grands chemins, grâce à la bienveillance du
paysage qui se prête à leur manie, ils continuent d'encadrer
la nature dans l'ellipse d'un œil-de-bœuf.

Sur ces estampes, que de jolis détails qui indiquent que
le paysage et l'homme se comprennent à demi-mot, qu'ils
frémissent d'aise à tout moment de sentir entre eux de mys-
térieuses affinités ! Rocs, montagnes, côtes, vallées, arbres
et vagues, tous ces éléments disparates s'accordent à miracle

1. Pour les passages de nuages, d'arbres, d'oiseaux devant la lune, v.
pl. xlvi, le Pont Riyôgoku, où la lune est cachée presque entièrement par
le pilotis du pont et par un nuage (Série *Toto meisho*) ; pl. xliv, Vue au
clair de lune de Nihon-dzutsumi, où le quartier de la lune est traversé
par la ligne d'une bande d'oiseaux (Série *Yedo meisho hyakkei*), pl. xlvii,
Lune d'automne sur la rivière Tamagawa, où la pleine lune est écornée
par une branche de saule (Série *Yedo Kinko hakkei*). Parfois, c'est le
cartouche, où est indiqué le nom de la série, qui écorne le disque.

2. Cf. en particulier les Cent vues de Yedo, et v. pl. xlvi.

dans les mille groupements passagers qu'ils esquissent. Hiroshigé jette-t-il tout le paysage en l'air, en s'amusant à le contempler de bas en haut ? ou au contraire, le jette-t-il à terre en le regardant de haut en bas ? le paysage retombe toujours juste, sans se disloquer, tant ses articulations sont fines et robustes, et la moindre des esquisses est toujours exquise d'arrangement. S'amuse-t-il à dévêtir le paysage de ses voiles accoutumés pour le surprendre quand il s'offre tout gauche à la lumière neuve du matin [1], pour agrafer sur un sombre pourpoint de pins une gaze de cerisiers en fleurs, un brocart d'érables ; pour le couvrir soudainement d'un blanc de neige, ou d'une grise souquenille effilochée d'averse, ou pour l'envelopper doucement d'un linceul bleu de nuit, argent de lune, or de couchant ? La moindre des estampes est toujours une merveille d'harmonie [2].

Vallées closes, golfes clos, au fond, bien au fond, une vie blottie de visuels tenant aux courbes de leurs baies, aux profils de leurs montagnes, de nomades repassant les étapes de leur histoire, au hasard de la route qu'ils reprennent périodiquement, — tel était le vieux Japon, dont Hiroshigé a été le premier peintre véridique. La douce intimité de la terre et des hommes dans ces îles en marge du monde, encore fermées au monde, elle rayonne de son œuvre... Le bon peuple de ses estampes, quelle fut sa stupeur quand les diables étrangers vinrent briser la coquille où il vivait enroulé !

1. Cf., au catalogue de l'exposition, qui paraîtra au début de 1913. une série de petits paysages qu'avait prêtés M. Hubert. Noter, dans les passages de rivières (Cinquante-trois scènes du Tôkaidô), la gaieté des matinées brumeuses où les voix sonnent claires sur les lits des torrents.

2. Hiroshigé a souvent traité le même sujet sur des fonds différents : un aigle se détachant sur un soleil rouge, le même aigle sur un ciel de neige ; deux éventails représentent la même branche, — en fleurs, sur fond doré. — un peu fanée, sur fond pâle, légèrement argenté.

*
* *

Toutefois, dans ces paysages si humains par leurs gentillesses à l'adresse des errants, et par la souplesse de leurs
premiers plans à varier selon la position de celui qui les
observe, l'humilité de taille et de prétention des petits
hommes surprend.

Déjà, chez Hokusaï, on s'étonne d'une semblable disproportion, et puis ses magots dans ses paysages lyriques dérou-
tent. C'est fini de l'exquis équilibre, de la parfaite harmonie,
des subtils dialogues entre les belles et le paysage chez
Harunobu et Outamaro : les figures de leurs héroïnes se dres-
saient au premier plan de l'estampe ; le paysage n'était qu'un
décor de fond, et il y avait tout juste assez de décor pour
commenter l'humeur des frêles beautés, et qu'elles n'en fussent
jamais accablées. Alors, c'étaient entre les figures et le paysage
toutes sortes de jolies concessions réciproques ; les herbes,
les fleurs, les arbres, les torrents prenaient des grâces de
femmes, et les femmes gardaient, malgré leur air de « princesses élevées au fond des palais », un air libre et sauvage.
Chez Hokusaï, le petit personnage, saisi de respect devant
la nature, résume encore par son attitude le sentiment
qu'inspire le paysage, mais c'est le paysage qui a la parole.
Et l'on se demande ce que viennent faire campagnards ou
boutiquiers dans cette solitude de volcans-fantômes, de
rochers musclés, de ponts vertigineux, de torrents fous, de
cascades étourdissantes et de nuages inquiets? Un paysage
de Hokusaï, c'est la peinture d'une émotion poétique consacrée par la tradition, un commentaire du recueil classique
*Hyakuninn-ishu*, *Uta* des Cent Poètes ; mais aux héros de
jadis, empereurs, sages ou guerriers à qui la tradition attribue la gloire d'avoir exprimé poétiquement telle émotion
mélancolique, se substituent des bonshommes de Yedo en

des gestes analogues. Un tel paysage, c'est un site du Japon
d'aujourd'hui, arrangé à la mesure et à l'humeur de poésies
datant de dix ou onze siècles et présenté pour son divertissement et son édification à un bonhomme du xix<sup>e</sup> siècle qui
se reprend d'amour pour la pleine campagne. Sites et personnages ne se relient pas toujours, car il s'en faut parfois
d'un millénaire qu'ils ne soient contemporains; mais un
contemplateur est indispensable dans un paysage à pro-
gramme poétique.

Sans doute les Trente-six vues du Fuji par Hokusaï n'ont
pas le même archaïsme que ses Dix Poètes ou ses Cent Poésies : le Fuji est vraiment le citoyen le plus populaire de
Yedo; tout de même, comme soudain il sait marquer les
distances et s'isoler, tout à la contemplation de son essence !
Et ce ne sont autour de lui que gestes de surprise et d'adoration !... Par la précision et la familiarité des paysages
qu'il peint, Hiroshigé est plus près du Hokusaï des Trente-
six vues du Fuji que du Hokusaï des Dix Poètes. Ses
paysages ne commentent pas telle poésie précise; ce sont
des *meisho*, des sites célèbres groupés selon des chiffres fati-
diques, dans un certain ordre topographique. Et ses personnages sont tout à leur lourde tâche journalière : bate-
liers, coltineurs, conducteurs de chevaux ou de buffles,
porteurs de *cago*, hommes d'armes... Les bonshommes de Hokusaï venus en pèlerins dans la campagne s'arrêtaient à tout
moment pour la contempler, et le paysage leur disait sa
légende, leur prêchait sa morale. A peine peut-on compter
une demi-douzaine d'exceptions où les voyageurs des estampes
de Hiroshigé ont l'air de prêter une attention expresse aux
sites qu'ils traversent : un pauvre passeur qui mène une barque
chargée de campagnards, avant de se recourber sur sa gaffe,
lève les yeux vers la lune que raye le vol d'un petit oiseau [1];

1. Barque sur la rivière Yodo entre Osaka et Kyôto. Série *Kyôto Meisho*.

Phot. Longuet.

LEVER DE LUNE, AU CRÉPUSCULE, SOUS LE PONT RIYÔGOKU

Collection Vever.

Pl. XLVI.

L. Aubert. L'Estampe japonaise.

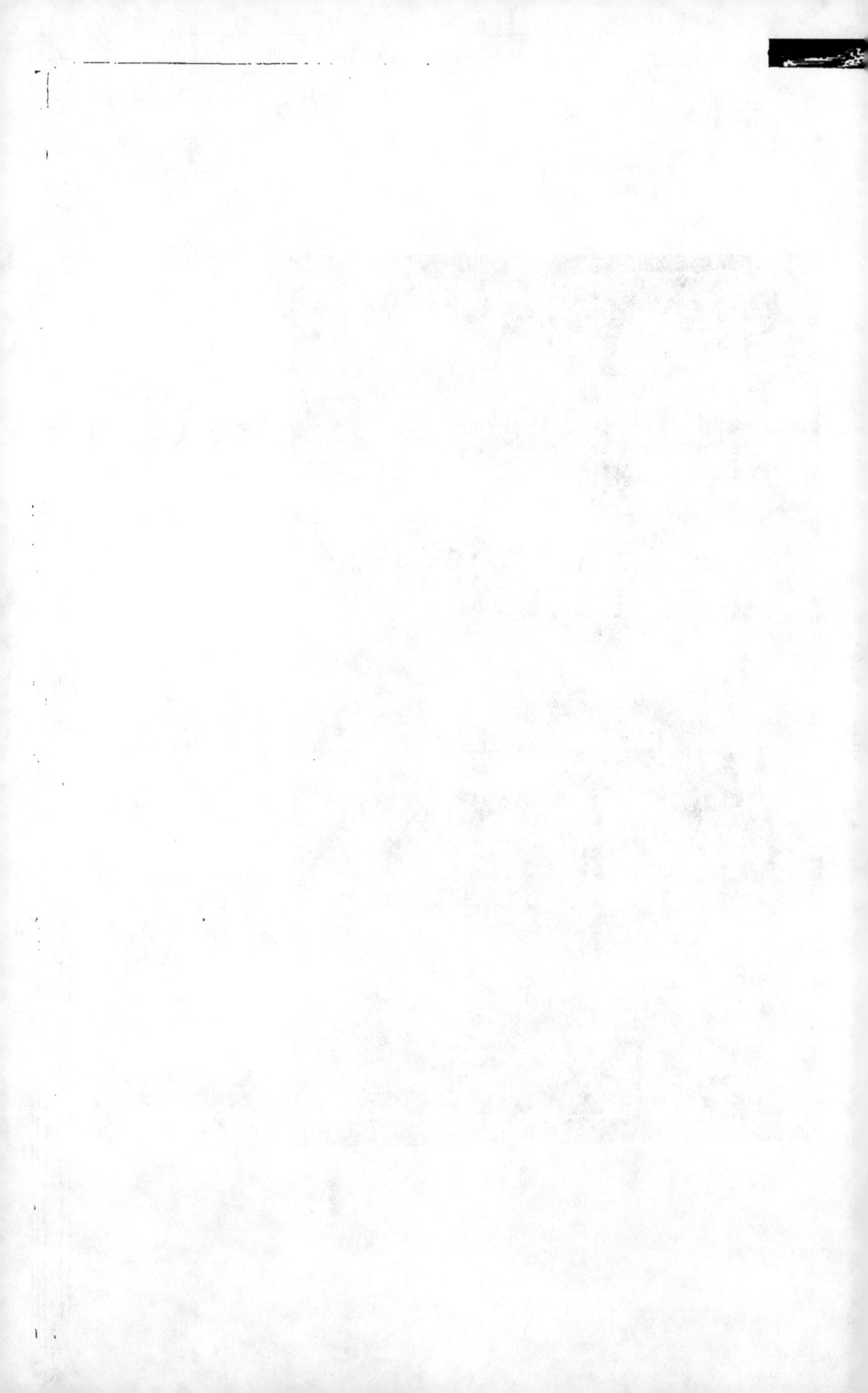

en bateau sur une rivière, une nuit où des équipes de pêcheurs tirent leurs filets, un tout petit homme lève le bras vers l'astre solitaire[1] ; sur la pente du vallon de Kiyomizu, à Kyôto, un flâneur, assis sous un auvent, contemple la grande vague des fleurs de cerisiers qui déferle du fond du ravin à l'assaut de la sombre montagne forestière et du temple[2]... Un paysage de tous les jours dont les dehors sont assez bienveillants aux humains, mais où s'aplatissent au ras de terre de chétives maisons, où passent de minuscules errants...

C'est que le paysage japonais, naguère encore si docile à se plier à l'humeur des belles, si gentil dans ses taquineries quand un coup de vent relevait les plis du kimono, dérangeait l'équilibre des coiffures, arrachait aux pauvrettes leurs billets doux, ce paysage si joueur et si sociable dans les vues du Fuji de Hokusaï, et qui sait encore, à l'occasion, si bien vous envelopper de sa douce intimité chez Hiroshigé, le voilà qui bronche, se fâche à tout propos, élève la voix et redevient sauvage. Les pauvres errants qui ne faisaient que passer, il hâte encore leur passage. Comptez les averses dans l'œuvre de Hiroshigé, toutes les averses : le coup de vent préliminaire, le drapeau qui claque autour de son mât, l'oiseau qui vole, inquiet, les premières gouttes épaisses, puis la pluie en « ficelles » droites, obliques, entre-croisées, la pluie bien installée dans le vent et qui détrempe les lointains, fait virer l'eau de la rivière au vert olive ; la pluie d'été, les nuées d'encre qui crèvent et, derrière une gaze grise, forêts et personnages prenant figures d'ombres, tandis que le vert de l'herbe au premier plan s'aiguise[3] ; et sous le grain dont on suit la course folle sur l'eau qu'il décolore, sous les

1. V. pl. xlvii, Lune d'automne sur la rivière Tamagawa.
2. Série *Kyôto meisho*.
3. V. pl. xlviii, Vue de Kiribatake, dans le district d'Akasaka. Série *Yedo Meisho Hyakkei*.

L. Aubert. — *L'Estampe japonaise.* 15

rafales qui transforment les cimes ployées des arbres en
gouttières de cathédrales, — partout affolés sous ces flèches
qui rageusement les criblent, des errants virevoltent, déguer-
pissent, ridicules sous les abris improvisés de leurs manteaux, de leurs ombrelles[1]. Ou bien encore, c'est la tempête
qui courbe les saules et les grandes herbes dans le sens
opposé à la direction que le pauvre batelier s'efforce de
suivre[2]...

Le paysage, chez Hiroshigé, a d'autres manières moins
brusques, moins bruyantes, mais également efficaces de
nettoyer la campagne des hommes qui la hantent : la nuit
grise, pleine d'embûches dans l'ombre ; la nuit bleue de
lune dont la pâle clarté sème partout des ombres mouvantes ;
la nuit redoutable qui brusquement envahit la campagne,
enveloppe de son mystère les pauvres errants loin du gite,
transforme en guerriers les hautes herbes, en fantômes les
arbres ; la nuit favorable aux feux follets et aux assemblées
de renards[3]... Et le léger flottement indécis des flocons dans
l'espace, qui à terre se résoud en épaisseur calme, suspend
tous les bruits, tous les mouvements, et pare d'une splendeur muette l'univers qu'il ensevelit sous une corvée de
neige[4].

Au-dessus d'une grande plaine blanche, dans une estampe
de Hiroshigé, vole un énorme oiseau de proie, tenant sous
ses grandes ailes déployées tout le paysage qu'il regarde de
ses yeux cruels[5]... Il y a de la férocité dans ces paysages
qui faussent compagnie aux pauvres petits hommes, et qui

1. Cf., *passim*, les séries : *Yedo Meisho Hyakkei*, et les Cinquante-trois
vues du Tôkaidô, etc.

2. Série des Soixante neuf scènes du Kisokaido.

3. Série du *Yedo Meisho Hyakkei*.

4. Hiroshigé a souvent représenté l'effort de l'errant dans la neige, v.
pl. XLIX, La neige sur le mont Hira (série *Omi hakkei*).

5. Série du *Yedo Meisho Hyakkei*.

sortent leurs griffes. Elle a de terribles réveils, cette nature fougueuse de volcans, de rivières aux lits très larges, de rafales, de cascades, de torrents, qui nous donne la sensation directe, franche, brutale même des Éléments : l'eau tiédie et alourdie par l'orage d'été ; l'eau glacée, bleue ou verte, qui sinue entre des rives neigeuses ; l'eau terreuse et morte des marais, l'eau vive et crêpée de la rivière, l'eau sauvage du torrent au printemps, et le glissement vertigineux des rapides, la chute échevelée des cascades, les volutes de la vague, le tourbillonnement du flot dans un détroit[1], et chaque eau a son odeur de boue, de sel ou de fleurs ; chacune a son fracas, son murmure ; chacune a son atmosphère, buée ou brume impalpables, lourd nuage noir qui s'éparpille en averses, nuage-fleur qui s'épanouit de l'horizon au zénith. Et l'on prête au vent, partout sensible dans ces paysages, la forme de l'arbre qu'il déforme, la couleur de l'eau qu'il décolore...

Au reste, même quand il n'est pas métamorphosé par la neige, la nuit, le vent ou la pluie, le paysage, chez Hiroshigé, au delà de ses premiers plans par quoi il tient aux hommes et à la vie de tous les jours, sait échapper par ses lointains au tran-tran de la route. C'est une terre habitée, mais les maisons, serrées les unes contre les autres, sont humblement gîtées dans les herbes ou derrière des rocs, au pied de châteaux forts, de temples et de montagnes[2]. C'est une terre cultivée, mais on n'y voit guère de champs et point de travailleurs ; le long des routes, au fil de l'eau, rien que des errants... Rappelez-vous les héroïnes de Harunobu, d'Outamaro : elles avaient une profession, mais jamais elles ne paraissaient s'y asservir ; la plus précise de leurs occupations était nimbée de rêverie ; leurs dehors

1. Cf. le triptyque représentant le détroit de Naruto.
2. Noter aussi la fréquence de barques au mouillage, pressées les unes contre les autres.

étaient simples, leur vie exceptionnelle. Comme détachées
du monde, les sens avidement tendus vers une réalité invisible, elles rêvaient devant des lointains où passaient des
oiseaux, des voiles, des clairs de lune... Le paysage, chez
Hiroshigé tend aussi vers des lointains où passent des clairs
de lune, des voiles, des oiseaux... Et voyez, sur les estampes,
comme ce Japon qui, depuis des millénaires, nourrit un
peuple, paraît léger de toute servitude, riche en loisirs et
amateur de solitude ! Les énormes premiers plans sont pittoresques, intimes, rassurants, mais comme ils font fuir les
lointains ! Étrange et décevant paysage, à la fois ramassé et
fugace, se reliant si familièrement à l'œil de chacun de ses
observateurs, et qui pourtant lui échappe... Paysages à
l'image des belles, toujours promptes à s'évader de la réalité
quotidienne vers de subtiles images...

Le vrai sujet de l'estampe, il faut le chercher dans ces
lointains que repoussent les masses imposantes et les valeurs
sombres des premiers plans. Sommes-nous au bord d'un
golfe ? Un rocher se dresse ; le rivage est liséré d'un ton bleu
bien tenu, puis l'eau s'étale sans couleur jusqu'à l'horizon
qui, généralement, est serti d'une vive teinte rose ; puis,
nouveau dégradé du ciel jusqu'au zénith teinté d'un bleu
aussi foncé que le liséré du rivage. Entre ces lignes et ces
taches du rivage, de l'horizon et du zénith, des écarts béants :
du vide, de l'infini ; le ciel, la mer. Et le procédé est analogue pour repousser le plus loin possible dans le ciel une
cime fantôme : d'abord une montagne forestière dont on
distingue nettement les arbres et les rocs, puis d'autres
masses d'arbres déjà schématisés par la distance ; au delà,
de nouvelles montagnes, aux formes plus simples, aux
teintes qui petit à petit se dégradent, enfin surgit le pic
blanc de neige ou gris de soir, impalpable sur le ciel. Entre
le bas de l'estampe haut en couleurs et cette dernière cime
au profil si légèrement cerné de blanc ou de sépia, une zone

HIKOSHIGE

LUNE D'AUTOMNE SUR LA RIVIÈRE TAMAGAWA

*Collection du Vicomte de Sartiges.*

*Phot. Longuet.*

Pl. XLVII.

L. Aubert. *L'Estampe japonaise.*

de nuées détache du sol les montagnes, — la même zone de nuées qui sur les golfes isole les voiles de la mer. Bateaux sans coques, montagnes sans base, posent, légers, sur les brumes, et comme déliés de toute pesanteur s'essorent dans le ciel, au-dessus de l'atmosphère ouatée [1].

Quel art exquis pour passer des premiers plans à l'horizon, — généralement placé assez haut dans la page, — par un subtil arrangement de lignes et par une dégradation de valeurs ! Que d' « effets » de contre-jour dans cette œuvre ! que de cerisiers [2], que de saules, que de pins, que de temples juchés sur des collines forestières, que de montagnes, que d'oiseaux se profilant en silhouette sombre sur le ciel clair [3] !

Netteté et franchise des premiers plans dessinés avec des formes, des volumes plutôt exagérés, et fortement colorés à l'aide de taches juxtaposées sans bavure, et, par contraste, légèreté de l'atmosphère, tendresse des rayons roses qui naissent où meurent à l'horizon, des nuages qui à l'aurore ou au crépuscule se colorent [4], de la clarté lunaire ruisselant en ondes molles, — c'est dans l'harmonie de tels contrastes qu'est sensible l'accent de poète de Hiroshigé, et aussi dans son art d'encadrer l'éphémère ! Par delà le monde réel et pesant d'arbres et de forêts noires, de gros rochers bruns, entre lesquels sinuent des torrents, défilent des errants, au delà du goulet étroit des premiers plans, qui nous invite au voyage, s'étale un golfe qui fuit jusque vers un grand ciel où fleurissent des voiles, des nuages, où crèvent des averses, poudroient des astres [5], passent des troupes d'oies sauvages,

---

1. V. pl. XLIX, La neige sur le mont Hira (*Omi hakkei*).

2. V. pl. L, Le soir à Goten-Yama, au temps de la floraison des cerisiers (série *Toto meisho*).

3. V. pl. LI, Vol d'oies sauvages, par nuit de lune, sur la baie de Takanawa (Shinagawa), (série *Toto meisho*).

4. V. pl. XLVI, L, LI, et toute la série *Toto meisho*.

5. Ciel étoilé dans la série *Yedo meisho hyakkei*.

— ou bien au-dessus de notre monde, séparées encore par
du vide, apparaissent d'étranges montagnes, les unes de couleur insolite, bleue, rouge ou jaune, et à arêtes vives, à
curieux plans de clivage comme des cristaux, les autres,
vrais fantômes en leur pourpoint de velours noir, ou en leur
linceul blanc[1]. Que nous voilà loin de la topographie avec
ce Japon de nulle part !

Les *Huit vues d'Omi*, c'est, si l'on veut, un guide illustré
des Beautés du lac Biwa, près de Kyôto ; mais regardez les
estampes et leurs titres : *la Lune d'automne vue d'Ishiyama ;
le Coucher de soleil à Seta*. Voilà bien Ishiyama-dera, « le
temple de la montagne de pierre », accroché aux blocs noirs,
et voilà le pont de Seta prenant son élan à deux fois, en deux
arches qui se rejoignent sur un petit îlot, pour franchir la
Setagawa ; mais que sont ces détails précis dans l'ensemble
des deux estampes, dont le vrai sujet, comme l'indiquent
leurs titres, est la sérénité du crépuscule et de la nuit, lueur
argentée de la lune, éclat doré du soleil, inondant l'espace au-
dessus des eaux et des montagnes brumeuses : que devant
cette beauté éphémère de la saison, de l'heure, il paraît éphémère lui aussi le minuscule pont fragile sur lequel passent
des hommes gros comme des fourmis ! — *Les Barques revenant de Yabase ; les Oies sauvages s'abattant sur Katata[2] ; Un
ciel clair avec de la brise à Awasu :* à fleur du lac duveté de
brouillard, ombré de légendes, ce ne sont qu'arabesques de
voiles et d'ailes. — *La Neige le soir sur Hirayama[3] :* un ciel de
neige pesant sur une énorme montagne blanche qui, elle,
écrase ses contreforts dont tous les muscles saillent sous la
neige, enfin, tout au bas de l'estampe, un lac, de grandes
herbes, un village, trois errants et leur buffle mi-ensevelis —

---

1. Cf. les montagnes dans les Huit vues d'Omi et aussi dans les Cinquante-trois vues du Tôkaidô.

2. V. pl. LII.

3. V. pl. XLIX.

*La Pluie nocturne à Karasaki* : il est là, solitaire depuis des
siècles, le vieux pin, le plus célèbre de ce pays de vieux
arbres ; il plie sur ses étais de bambous et allonge, vers le sol
où il s'affaisse, ses longues branches inquiètes et tâtonnantes
comme des bras d'aveugles. On lui a mis des jambes de bois,
glissé des coussins de pierre, on a plâtré ses plaies béantes ;
on a posé à son sommet un petit toit pour le garantir de la
pluie. Il a reçu tant d'averses, et voilà qu'un nouvel orage,
dont on suit l'approche sur l'eau qu'il décolore, va l'as-
saillir !... — *La Cloche du soir à Miidera*, la cloche volée par le
fidèle serviteur de Yoshitsuné, Benkei, et qui a gardé des
blessures de sa chute le long des pentes du Hiei-zan. Sur
l'estampe, on voit la montagne forestière, à peine le temple,
point du tout la cloche, et pourtant c'est bien l'heure où, au
crépuscule, ses grandes ondes de bronze vont se mêler aux
grandes ondes d'or du coucher de soleil à Seta, alors que les
barques regagnent leurs havres, les oiseaux leurs remises...

Ces huit beautés du lac Biwa, beauté d'une saison, d'une
heure, beauté d'un coup de lumière, d'un passage de voiles,
d'oiseaux, de sons de cloches, voilà des siècles que poètes et
peintres les célèbrent. Traditionnelles au Japon, elles viennent de Chine, où poètes et peintres les avaient déjà découvertes dans la vallée du Yang-tsé. Pieusement transmis de
génération en génération, ces souvenirs d'émotions fugitives
éprouvées, jadis, très loin de la province japonaise d'Omi,
ont fini par prêter un caractère durable à ce qu'a d'éphémère
pourtant chacune de ces huit beautés. Ce sont ces nuances
d'émotions consacrées que viennent chercher encore aujour-
d'hui tous les visiteurs du lac ; ce sont elles qui sont les
vrais sujets des huit estampes de Hiroshigé, et les huit
thèmes poétiques auxquels elles sont associées, ce sont les
principaux thèmes de l'œuvre entière de Hiroshigé. Ses
estampes ne commentent pas de poésies précises, comme le
plus souvent le paysage des Hokusaï, mais à les prendre,

sans plus, pour d'aimables illustrations d'un guide pittoresque du Japon, à ne pas chercher le traditionnel sentiment
poétique qui les inspire, à ne pas leur prêter d'intention symbolique, l'erreur serait la même que de penser qu'on peut
entendre notre art du XIIIᵉ siècle sans se soucier d'allégories,
ou de préfigurations.

Au temps de Hiroshigé, depuis deux siècles, la mode dans
toutes les classes de la société est aux *hakkaï*, brèves poésies
de dix-sept syllabes[1], imprimées par milliers, réimprimées,
apprises par cœur, citées, copiées. Nobles, paysans, boutiquiers, que ce soit dans des jardins réservés à la méditation
ou dans la banlieue populaire de Yedo, se mêlent d'en com-
poser, et de suspendre le papier sur quoi elles sont peintes
aux fleurs qu'elles glorifient. Ces dix-sept syllabes esquissent en trois coups de brosse de petits paysages. L' « effet »
de nature qu'elles décrivent est éphémère ; l'expression qui
essaye de le fixer reste fragmentaire, comme s'il était impos-
sible de le maintenir longtemps dans le champ visuel ; c'est
un éclair dans le vide. Cette forme de poésie, dont la brièveté
et la subtilité prêtaient au jeu, fut associée, au XVIIIᵉ siècle,
par un poète de génie, Bashô, à un enseignement moral. Adepte
de la secte bouddhique Zen, le crâne rasé, portant les san-
dales et le chapeau des pèlerins, à travers le Japon, il se met
en quête des sites fameux de la poésie, de la légende, de
l'histoire, non pas tant pour s'instruire que pour s'améliorer.
Il cherche « l'illumination », au sens bouddhique, par la
contemplation passionnée des montagnes, des rivières, des
forêts, des cascades. Il entre en communion avec l'univers
afin de s'édifier sur sa propre destinée. Il reprend la tradition de vie errante et de méditation solitaire, en pleine
nature, des grands apôtres bouddhiques, qui de Chine

1. Cf. pour l'histoire des *hakkaï*, et la traduction des plus célèbres,
l'article de B. H. Chamberlain : *Bashô and the Japanese Epigram.* —
*Transactions of the Asiatic Society of Japan*, september 1902.

Phot. Longuet.

VUE DE KIRIBATAKE DISTRICT D'AKASAKA

Collection Javal.

Pl. XLVIII.

L. Aubert. L'Estampe japonaise.

apportèrent au Japon les diverses interprétations de la nouvelle doctrine, — tel ce prêtre Nichiren, fondateur, au xiiie siècle, de la secte bouddhique Hokka, et qu'une belle estampe de Kuniyoshi représente seul dans un paysage de neige.

Les voyages solitaires de Hiroshigé par les grèves et les montagnes ; son portrait par Toyokuni, où il est peint sous les dehors d'un *inkyo*, crâne rasé, chapelet en mains ; sa poésie d'adieux à la vie, où il annonce qu'il « part vers les paysages de la terre sainte de l'Ouest », voilà qui rappelle Bashô et ses disciples, — moines bouddhiques, marchands, samuraï, daïmyo, retirés du monde, devenus *inkyo ;* et le portrait du Japon qu'ils nous ont laissé dans leurs vers ressemble au portrait qu'en donnent les estampes : le pays est calme et sûr ; quelle délivrance, loin du luxe et de l'étiquette de la ville, de mener le long des routes une libre vie dont les grands événements sont une averse, un cri d'oiseau !

Il n'est pas un détail d'atmosphère dans les estampes de Hiroshigé qui n'ait été noté et décrit par des *hakkaï* : la « tourmente de neige, au souffle de laquelle les oiseaux commencent à crier par mer et collines » ; une rafale au large, « qui brise le vol tournoyant des mouettes » ; « une averse au printemps, où une ombrelle et un vêtement de pluie se promènent en causant ». Et puis, après les bouleversements de la neige et de l'averse, la transformation de ce monde d'illusion par la calme clarté de la lune : « pendant les pluies de juin, comme à la dérobée, la lune brille à travers les pins » ; « la lune sous la pluie, et, partout égale, une faible irradiation » ; ou encore « la clarté de la lune, alors que des nuages de loin en loin reposent les yeux ». Et ce sont au printemps les fleurs des vergers prises pour des nuages ; des papillons pris pour des fleurs tombées qui retourneraient sur leurs branches ; en hiver, les flocons de neige pris pour

les fleurs d'un printemps qui brillerait au delà des nuages...
Sensations rapides qui font naître en nous un mouvement de
surprise, mais si fugaces que notre étonnement s'achève en
rêverie ; images qui se transforment les unes dans les autres,
comme si elles étaient entrevues dans un demi-sommeil :
devant ce merveilleux défilé d'apparences, une ivresse nous
saisit, et la tentation de suivre le rythme de la nature qui
s'écoule. Au reste, ces averses qui crèvent au-dessus des
errants en quête d'un abri ; ces tourbillons de feuilles sous
la brise ; ces cerisiers qui ne gardent pas trois jours leurs
fleurs, n'est-ce pas autant de symboles de notre vie ?
Les images qui si légères flottent sur les lointains des
estampes de Hiroshigé, ce sont les images mêmes des poésies composées à l'article de leur mort par des générations
de poètes... Et l'émerveillement devant les beautés éphémères se nuance de mélancolie : l'heure s'enfuit ; les teintes
passent ; « tout en vient à ressembler aux tiges d'un éventail
quand souffle le vent d'automne » ; mais à quoi bon se révol-
ter ? « Elles fleurissent et je les contemple ; puis ces fleurs
se fanent, puis... » ; la nature indifférente poursuit son
cours : « Le rêve que j'ai rêvé s'est évanoui ; l'iris garde ses
couleurs pourtant... ». Alors, la sagesse est, en toute simplicité, de revenir au paysage, de l'observer avec recueillement, pour que sa splendeur nous pénètre au profond de
l'âme. Devant les fleurs, les beautés fardées de la ville ne
sont plus de mise, non plus que les symboles de la force ; les
fleurs disent : « Nous haïssons les gens qui viennent nous
contempler en sortant du théâtre ». Et tel qui vient de se
griser à les regarder s'écrie : « Les fleurs m'ont enivré : je
déteste les chanteuses sur le chemin de retour », ou : « Pas
d'amis, oh ! pas de rencontres d'amis tandis que je regarde
les fleurs », ou encore : « Un sabre, à quoi bon ? quand on
vient voir les fleurs. » Car les fleurs vous invitent au courage : le convolvulus remplit pleinement sa destinée qui est

de se faner le soir du jour où il était en plein éclat ; le camélia tombe d'un coup, sans agonie[1].

Si telle est la signification poétique et morale de ce mouvement de retour vers la nature dont l'œuvre de Hiroshigé est l'expression plastique, on comprend les dehors que prend dans ses estampes le paysage le plus familier. Il s'ouvre de plain-pied à la race que depuis des siècles il a civilisée, mais il la domine et l'édifie ; il est sociable, mais il prêche l'isolement. S'il se débarrasse par moments des bonnes gens qui le hantent, ce n'est pas tant férocité que désir de se préparer à être envahi tout entier par un éclat de lumière, ou un son de cloche. Les errants minuscules, ils ne sont là, au même titre que les barques ou les oiseaux, que pour agrandir, par leur maigre fluidité, l'impression de solitude. Et les sites rocheux, les montagnes escarpées, les défilés étroits qu'unissent des passerelles vertigineuses[2], les routes de montagnes en corniche au-dessus de vallées ombreuses[3] sont des paysages choisis, parce que, en marge du monde, ils sont solitaires et que « les montagnes résonnantes, comme disait

1. Noter les nombreuses estampes de Hiroshigé représentant des fleurs et des oiseaux. Le genre *Kwacho* (fleurs et oiseaux) est honoré dans l'art chinois depuis les Song.

2. Ces paysages sont empruntés aux sites montagneux et assez reculés de l'intérieur du Japon, — à cette rivière Kiso, de la province Shinano, une des *Sandai Ka*, une des Trois grandes rivières de l'Empire, et qui, célèbre par son pittoresque de défilés, de gorges, dans le goût des paysages classiques de la Chine, donne son nom au Nakasendo, route centrale de la montagne, par opposition au Tôkaidô, route orientale de la mer. Nous avons déjà signalé une série de Hiroshigé consacrée aux Soixante-neuf scènes du Kisokaidô, « la route qui suit le Kiso ». Cf. un triptyque représentant la gorge de Kiso sous la neige, et un kakemono-ye figurant cette même gorge sans neige ; — ou encore ces paysages de style chinois sont empruntés à un site de la province Kai, Saruhashi, c'est-à-dire le Pont des Singes, planche jetée sur un défilé profond. Cf. Croissant de la lune vu de la gorge Saruhashi (Série *Tsuki nijû hakkei*, Les Vingt-huit vues de la lune), et encore le Pont des Singes. Cf. aussi la vue de Goka-no-sho, village dans la province de Higo, en plein massif montagneux de l'île Kyûshu. (Série des scènes fameuses de Soixante et quelques provinces.)

3. V. pl. LIII, Avenue menant au sanctuaire d'Akiba ; cf. l'Avenue de Pins à Mochidzuki, série du *Kisokaidô*, et une estampe de la série des *Rônin*.

Hokusaï dans la préface de la *Mangwa*, les torrents mugissants, les arbres qui frémissent et les plantes... sont pleins
de force vitale ». Au surplus ces silhouettes solides de roches
suggèrent le vide autour d'elles. Le vide, l'espace, voilà la
principale recherche de Hiroshigé, et qui explique sa prédilection pour les effets de crépuscule, de nuit, de neige [1], de
brume, suggestifs d'étendue et de silence. Solitaire et vide, le
paysage alors est parfaitement préparé à enchâsser l'éphémère,
parfaitement assoupli au rythme de la nature. Il est à l'image
du sage parfaitement accordé avec la réalité, selon la tradition extrême-orientale, ce paysage qui vit dans la retraite,
replié sur soi, le cœur vidé de passions, environné de silence
et de mystère, les sens tendus vers les pulsations de l'univers. C'est en lui que s'est concentrée l'essence subtile de la
sagesse extrême-orientale, en lui, tel que l'ont décrit les
sages taoïstes et bouddhiques, tel que l'ont peint les artistes
chinois de la dynastie Tang puis Song, les Wang Weï, les
Wu Tao Tzu, les Fan K'ouan, imités par les maîtres japonais
de l'école Kano... Et sans doute entre la noblesse du pay-

---

1. Noter la fréquence de la neige autour des temples. V. pl. LIV, Le golfe
de Shisa (île d'Iki) sous la neige (série *Rokuju-yoshu meishodzuye*,
Soixante et quelques provinces), et aussi pl. LV, Le temple de Susaki no
Benten sous la neige au lever du soleil (série *Toto Meisho*). — Le golfe de
Shisa, dans l'île d'Iki, est une fin de terre, à l'Ouest de l'archipel japonais.
Par contre le temple de Susaki no Benten est sur la baie de Yedo, à
l'embouchure de la Sumida, en un coin très fréquenté au printemps
par des jeunes gens et des geisha qui y viennent en barque voir pêcher
les huîtres. — Il en va de même pour le Kanda Myôjin, que Hiroshigé a
représenté sous la neige au matin dans la série *Toto Meisho*; c'est un
temple en ville, dont le festival est populaire, le 15 septembre. Le temple
de Kameido, représenté sous la neige (Série : *Toto Meisho*), est sur la rive
gauche de la Sumida ; consacré à Sugawara no Michizane, il est très
visité vers la fin d'avril pour ses treilles de glycines. Le sanctuaire de
Benten sur le lac Inokashira (Série : *Meisho Setsu Gekkwa*, places fameuses
pour la neige, la lune et les fleurs), dans la banlieue ouest de Yedo, est
célèbre en avril pour ses fleurs de cerisiers, en mai pour ses azalées. —
Les temples populaires de Yedo, tels qu'ils sont peints sous la neige par
Hiroshigé, deviennent des lieux de recueillement. On saisit sur ces exemples
l'importance de l' « effet » dans cet art, qui sait magnifier un site familier,
le détacher de la vie de tous les jours, puis le proposer comme thème de
méditation.

LA NEIGE SUR LE MONT HIRA
Collection Bing.

Phot. Lenquet.

PI. XLIX.

L. Aubert. L'Estampe japonaise.

sage classique, de ses vastes espaces, noyés sous des brouillards immobiles, que suggèrent des « coups de pinceaux
doux et pleins d'intentions secrètes », de ces espaces aux
formes à peine indiquées, à l'aspect monochrome, et qui ne
peuvent être localisés, — entre un tel paysage empreint de
sagesse, et le paysage haut en couleurs, animé de vie populaire, emprunté aux sites les plus connus du Japon, il y a la
différence d'un ascète régulier à un séculier qui pense de
loin du salut ; mais comment croire que, chez un peuple
où la tradition est si forte, le paysage traditionnellement
associé aux idées de retraite et de méditation a pu
perdre soudain, un beau jour, toute signification philosophique ? C'est à tort que l'on insiste sur les différences et
jamais sur les ressemblances entre le paysage des estampes
et le paysage des kakémono classiques. « Nous devons noter
comme significatif, dit un récent critique[1], un changement
total dans l'attitude (de Hokusaï et de Hiroshigé) sur celle
des peintres du paysage classique. Les maîtres de l'époque
Ashikaga et plus tard de l'école Kano peignirent le paysage
à la manière des Chinois, dans un esprit de communion avec
la vie dans la nature, comme un moyen d'exprimer une
humeur ou une émotion. Le paysage de l'Ukiyo-ye a ses
racines, comme notre paysage anglais, dans la topographie.
Les maîtres classiques ne se souciaient pas d'une place déter-
minée : c'étaient les traits universels de la terre et de l'air
qui les émouvaient, et ils préféraient représenter un site
imaginaire de la Chine à ceux de leur terre natale. »
Assurément les estampes de Hiroshigé, groupées en séries :
Cinquante-trois vues du Tôkaidô, Cent vues de Yedo, sont
des guides, mais non pas à l'usage de gens qui gagnent la
campagne pour s'y délasser en y menant joyeuse vie[2], mais à

1. Laurence Binyon, *Painting in the Far East.*
2. Hormis un triptyque de joyeux drilles fêtant le printemps sous les

l'usage des contemplateurs du monde éphémère pour s'y
édifier. La communion avec la nature, la recherche du paysage état d'âme, l'intérêt porté aux éléments et aux grands
phénomènes de l'atmosphère, mais c'est tout Hiroshigé, et
ce n'est pas une infériorité que de réussir à nimber de rêve
un site de la banlieue de Yedo, de préférence à un site imaginaire de la Chine.

Le paysage chez Hiroshigé, c'est, avec un procédé nouveau,
l'estampe en couleurs, et pour un public spécial, le bon
peuple de Yedo, une reprise de la vieille tradition chère à la
sagesse extrême-orientale de retour à la nature. Car c'est à
l'émerveillement devant un paysage choisi qu'a toujours
conduit l'effort idéaliste de la pensée en Chine et au Japon.
Ce monde n'est qu'une goutte de rosée qui instantanément
s'évapore... Le mieux est de gagner la campagne où la rosée
tombe goutte à goutte pour y laver toute trace de ce monde
frivole. Déjà, à l'imitation du Maître, six siècles avant notre
ère, c'est le parti des disciples du Bouddha : « Quand devant
moi, quand derrière moi, mon regard n'aperçoit plus personne, certes, il est doux de demeurer seul en la forêt. Allons !
je veux m'en aller dans la solitude, dans la forêt que loue
le Bouddha : c'est là qu'il fait bon être pour le moine solitaire qui aspire à la perfection. Seul, sûr de mon but, en hâte
je veux entrer dans la forêt charmante, délice des pieux lutteurs, séjour des ardents éléphants. Dans la forêt Sita, la
fleurie, dans une fraîche grotte de la montagne, je veux
baigner mon corps et je veux marcher seul. Seul, sans compagnon, en la forêt vaste et charmante, quand aurai-je
atteint mon but ? Quand serai-je libre de péchés [1] ? » Et c'est
aussi le parti célébré par les poètes Tang rompus à la tradi-

cerisiers (Cerisiers à Koganei), et l'estampe de la Fête d'été sur la rivière
à Kyôto, les œuvres de Hiroshigé sont rares qui représentent des divertissements.

1. Cité par Oldenberg, *Le Bouddha*, trad. de A. Foucher, p. 103.

tion taoïste et bouddhique de la relativité et de l'écoulement
de toutes les apparences, et par les peintres chinois, tel ce
Fan K'ouan, un des plus illustres paysagistes de l'époque
des Song, dont les commentateurs nous ont laissé ce portrait :
« Vivant au milieu des montagnes et des forêts, il passait parfois un jour entier assis sur un roc escarpé et regardait tout
autour de lui pour jouir des beautés du paysage ; par des
nuits neigeuses, même, quand la lune brillait, il allait et
venait, regardant fixement, afin de favoriser l'inspiration. »

Sans doute avec Hiroshigé et son public nous sommes
loin de cette philosophie hautaine, de cette retraite rigoureuse, de ces songeries abstraites, comme nous sommes loin,
avec ses *meisho* aux premiers plans familiers et colorés, des
paysages des grands maîtres, mais ses paysages, ce sont tout
de même des « images du monde éphémère », comme disait
Moronobu de ses héroïnes, un étrange monde d'illusions et
d'allusions à mi-chemin entre des sites localisés et des
paysages classiques. Le vieux Japon, si ferme sur les traditions qui lui venaient de Chine, sut toujours les adapter à
sa taille, à son humeur. L'art du Japon a subi l'influence de
la secte bouddhique Zen, adoucissement du bouddhisme primitif, concession au sens commun : point d'ascétisme
farouche, un élégant détachement mental ; tout est vanité,
mais la contemplation de la nature nous est un moyen d'élever
notre esprit et notre cœur. Méditer dans un jardin composé
dans le style des paysages philosophiques, ou se promener
dans des sites choisis du Japon, que transfigurent les saisons
et les heures, c'est profiter de sa retraite d'*inkyo*, occuper les
loisirs qu'impose une paix tyrannique, s'affranchir des
corvées d'une stricte hiérarchie confucéenne, c'est prendre
contact avec les légendes, l'histoire et la philosophie de la
race... Les sages Chinois qui gagnaient les paysages
*san-sui*, tout en rocs et en torrents, eux aussi fuyaient la

société solidement organisée selon les maximes de Confucius...

Ainsi l'art populaire de l'estampe, c'est non pas une rupture avec la tradition, c'est l'apprivoisement d'une tradition farouche au train de la vie populaire. Belles et paysages, bien plutôt que des portraits exacts d'un peuple et d'un pays, furent toujours des images d'une certaine philosophie. Le grand personnage extrême-oriental, c'est la Nature, une force impersonnelle, le flot des apparences, et les paysages aussi bien que les belles savent refléter les plus symboliques de ces apparences. Il a fallu des siècles pour que l'art extrême-oriental de figures et de paysages qui, en son inspiration taoïste et bouddhique, représenta si longtemps une évasion du « monde poudreux », finît par s'intéresser aux formes réputées les plus communes et les plus chétives de ce monde même ; et c'est pourquoi le paysage japonais dut attendre si longtemps son peintre véridique. Encore, chez Hiroshigé, est-il interprété d'accord avec les vieux rêves. Les peintres des belles se sont plu souvent à représenter une figure de tradition, demi-dieu ou héros, sous les traits d'une jeune fille de son temps ; il en va de même des paysages de Hiroshigé vis-à-vis des paysages héroïques et quasi divinisés des maîtres. Il est d'usage de traiter Hokusaï et Hiroshigé en artistes inférieurs, parce que réalistes, quand on les compare avec les Kiyonaga, les Outamaro ; il est injuste de ne pas reconnaître le même lyrisme traditionnel chez les uns et chez les autres. Et il est injuste de diminuer Hiroshigé devant Hokusaï, parce que ses paysages sont plus proches de nature : Hiroshigé a souvent cet avantage sur Hokusaï d'atteindre à la plus haute émotion lyrique en des paysages familiers et qui sont poétiques sans le secours d'une poésie à commenter. Au reste si ces belles et ces paysages des estampes n'étaient que des portraits fidèles du Japon et des Japonaises de leur temps, ce ne seraient

COUCHER DE SOLEIL A GOTEN-YAMA, AU TEMPS DE LA FLORAISON DES CERISIERS

*Phot. Marty.*

*Collection Jacquin.*

Pl L.

L. Aubert. *L'Estampe japonaise.*

que de curieux documents de géographie ou d'ethnographie, et comment expliquer alors leur pouvoir de surprise et d'émotion ?

Devant les belles estampes de Hiroshigé, laissons leur solitude, leur immensité, leur vide lentement nous envahir, leurs brouillards nous envelopper, leurs grandes lueurs nous illuminer. Il y a, concentré dans la plus modeste de ces images coloriées, un capital énorme de méditation désintéressée sur l'essence du monde, sur la place de l'homme dans la nature et sur sa destinée. Pensons au Bouddha, aux sages taoïstes, aux poètes des Tang, aux grands paysagistes de la Chine et du Japon qui ont si souvent tressailli aux grondements de l'orage, au crépitement de l'averse, aux cris des oies sauvages. Il y a de grands frissons séculaires derrière ces classiques « effets de nature ». Et les voilà présentés une dernière fois, en leurs formes les plus accessibles parce qu'ils étaient destinés à l'édification des simples, quelques années à peine avant que se brisât le vieux Japon... C'est la fin, il va s'ouvrir à une nouvelle conception du monde, de l'humaine destinée. Déjà, Hiroshigé nous a emprunté notre perspective géométrique. Grave emprunt, et si étranger à un art qui pendant des siècles ne s'était point préoccupé de faire converger un paysage vers un point de fuite, et qui l'avait laissé, discontinu, flotter à la dérive sur une mer de brumes... Toutes les fois que notre sagesse occidentale a pensé que le souverain bien était de suivre la Nature, ce fut une Nature de géomètres, d'astronomes et de tailleurs de marbre. La vie antique, qui pour nous est restée, depuis le christianisme, le type de la vie selon la nature, est une vie de déesses de pierre et de héros d'airain processionnant en bas-reliefs, humanité lente à vivre sous le cœur des astres et qui chante l'hymne de Cléanthe : « O Zeus, celui qui se résigne comme il faut à la nécessité sait les choses divines en harmonie avec les mouvements des sphères... » La nature,

dans l'œuvre de Hiroshigé, c'est la grâce éphémère d'une
fleur, le bruissement d'un insecte, la courbe d'un roseau ou
d'une aile passagère, un éclat de soleil dans une averse...
Symboles d'une bravoure souriante qui sent bon les bois et
l'air marin

CHAPITRE VII

# L'ESTAMPE JAPONAISE
# ET LA PEINTURE OCCIDENTALE
### A LA FIN DU XIXᵉ SIÈCLE

# L'ESTAMPE JAPONAISE
# ET LA PEINTURE OCCIDENTALE

## A LA FIN DU XIXᵉ SIÈCLE

---

Du vivant de Hiroshigé et de Kuniyoshi, peu d'années après la mort de Hokusaï, entre 1856 et 1862, des peintres, en flânant à Paris chez un marchand d'antiquités extrême-orientales, appelées indistinctement « chinoiseries », découvrirent des feuilles imprimées en couleurs et des albums de croquis légèrement teintés [1]. Manet, Fantin-Latour, Degas, Monet et Whistler, parmi les peintres ; Baudelaire, Goncourt, Zola, Burty, Champfleury, parmi les littérateurs, se prirent d'admiration pour cet art, dont les Expositions universelles de 1867 et de 1878, l'Exposition de l'École des Beaux-Arts en 1890, l'ouverture d'une Section extrême-orientale au Louvre en 1893 et l'activité d'un Bing et d'un Hayashi allaient peu à peu répandre le goût.

De longue date, les collectionneurs français avaient

---

1. V. *James Mc Neill Whistler. Sa vie et son œuvre*, par E. et J. Pennell, 1913, livre diffus, mais plein de renseignements curieux. Cf. p. 76 : « L'imprimeur Delâtre sauva de la destruction un petit volume de Hokusaï dont les feuilles avaient servi à emballer des porcelaines de Chine. Le volume passa dans les mains de Laveille, puis dans celles de Bracquemond. Celui-ci l'avait toujours sur lui et le montrait à tout le monde ; son enthousiasme fut contagieux. En 1862, Mᵐᵉ Desoye, qui avait vécu au Japon avec son mari, ouvrit son magasin d'objets japonais sous les arcades de la rue de Rivoli. » — V. aussi dans la *Gazette des Beaux-Arts* de 1878, pp. 385 et 841, « Le Japon à Paris », par Chesneau.

apprécié les blanches porcelaines de Chine, les cabinets
vernis et laqués, les tissus ornés d'oiseaux, de fleurs, de
pagodes ; aux époques Régence et Louis xv, la fantaisie et
la dissymétrie du décor asiatique avaient détourné le goût
français du solennel et régulier style de Lebrun vers des
formes tourmentées, et depuis longtemps les Hollandais
fabriquaient à Delft leurs faïences à l'imitation des céra-
miques importées d'Extrême-Orient ; mais il fallut l'ouverture de plusieurs ports du Japon à tous les étrangers, à partir
de 1858, pour que l'on commençât de distinguer son art national dans l'amas des chinoiseries, et que l'on en découvrît
la dernière manifestation : l'Estampe [1].

De quelque portée qu'ait été pour notre art décoratif cet
engoûment pour le Japon, sa flore, sa faune et ses ornements
librement disposés, l'influence des estampes sur nos peintres
fut d'une autre conséquence. Une lettre de Millet fait allusion
à une brouille passagère qu'il eut avec Théodore Rousseau
au sujet de quelques estampes que tous deux voulaient pos-
séder. Rousseau en aimait les simplifications de plans et de
masses [2], les ardentes colorations des ciels ; et si, entre 1865
et 1875, Millet, par curiosité pour l' « universalité lumineuse
du dehors », s'intéressa surtout aux paysages et donna dans
des harmonies plus claires, si aux *Glaneuses* et à l'*Angelus*
succédèrent le *Printemps* et l'*Église de Gréville*, l'art japonais,
dont il disait aimer « le naturel et l'humain qui en sont
ordinairement le fond [3] », y fut pour beaucoup. Mais Rousseau
mourut en 1867 et Millet en 1875 : ils étaient à la fin de leur

---

1. Des œuvres de Hokusaï furent importées en Hollande au début du
xixᵉ siècle ; Siebold, en 1829, en distribua quelques volumes aux bibliothèques de Leyde, de Paris, de Berlin, sans guère connaître le nom de
Hokusaï. — Cf. R. Kœchlin, Introduction au Catalogue des œuvres de
Hokusaï.

2. Cf., par exemple, son esquisse du *Bois de Macherin à Barbizon*. —
Prosper Dorbec, *Théodore Rousseau*.

3. *Millet*, par Paul Leprieur.

carrière quand survint cette influence exotique, qui fut plus profonde sur des artistes plus jeunes, sur Whistler et Degas qui de 1860 à 1865 commençaient leur œuvre, sur M. Monet à partir de 1866, et sur Toulouse-Lautrec quelque vingt-cinq ans plus tard.

*
* *

Alors, l'exemple de Courbet, dont l'*Enterrement à Ornans* et les *Casseurs de pierres* sont de 1850 ; l'exemple de Manet, dont la *Musique aux Tuileries* et le *Déjeuner sur l'herbe* sont de 1861 et de 1863, et les exhortations des littérateurs poussaient les peintres vers la vie moderne. En 1856, Duranty écrivait [1] : « En littérature, on s'est jeté sur l'homme moderne, l'homme laid, selon Messieurs les artistes ; le réalisme est arrivé, demandant place pour le spectacle universel, et il a envoyé promener les Adonis et les Quasimodos romantiques ; alors les vrais ouvriers, les vrais paysans, les vrais bourgeois dans leur étroitesse, tout a été peint ; être, c'est être beau, comme spectacle, comme objet de contemplation, puisqu'on intéresse. Pourquoi les peintres n'ont-ils pas suivi la littérature ou n'ont-ils adopté que les extravagances romantiques ? L'intelligence large accepte, étudie le monde entier et jouit d'assister à son mouvement. S'il vous faut des synthèses, la comédie humaine vous en fournira assez. » Et le 13 février 1874, Edmond de Goncourt, qui avait publié *Manette Salomon* en 1866, notait dans son *Journal* [2] : « Hier j'ai passé mon après-midi dans l'atelier d'un peintre nommé Degas. Après beaucoup de tentatives, d'essais, de pointes poussées dans tous les sens, il s'est énamouré du moderne, et, dans le moderne, il a jeté son dévolu sur les blanchis-

1. Cité par P. A. Lemoisne dans son volume sur Degas, répertoire commode de 48 planches, accompagnées d'un bref commentaire.
2. Cité par P. A. Lemoisne, *Degas*.

seuses et les danseuses. Je ne puis trouver son choix mauvais, moi qui, dans *Manette Salomon*, ai chanté ces deux professions comme fournissant les plus picturaux modèles de femmes de ce temps pour un artiste moderne... ».

Le « Réalisme » en France ne date donc pas de la mode japonaise ; toutefois, les peintres et les littérateurs qui la prônèrent furent ceux-là mêmes qui, par dédain pour les scènes et les paysages historiques, prirent leurs sujets dans la vie quotidienne, à la manière des peintres de l'*Ukiyo-yé* qui, à l'usage d'un public de grandes villes, avaient évoqué histoires et légendes sous les traits ou les dehors de comédiens populaires ou de paysages de banlieue. Au surplus, la perspective géométrique ayant été empruntée par les Japonais à des modèles hollandais dès le milieu du xviiie siècle [1], l'estampe, art déjà occidentalisé, fut parfaitement accessible aux artistes d'Europe qui vers les années 1856-62 la découvrirent. Ses délicieuses images d'un petit monde replié sur lui-même et sur ses paysages invitèrent nos peintres, déjà gagnés au réalisme de Courbet, à représenter les types et les sites qu'ils avaient sous les yeux.

« De la part d'un artiste, écrivait Whistler à Fantin-Latour, c'est une erreur et une perte de temps que de se mettre à la recherche de nouveaux sujets. » La campagne ne l'intéressait pas. « Il y a trop d'arbres », disait-il ; mais il aima toujours la mer, depuis les toiles de ses débuts, *La Vague Bleue* (Biarritz) et la *Côte Bretonne*, jusqu'aux études des derniers

---

1. Un critique japonais cité par Pierre Barboutau, *op. laud.*, pp. 23 et 25, dit : « Ce que l'on nomme *ouki-ye* (qu'il ne faut pas confondre avec *oukiyo-ye*), c'est la peinture hollandaise appelée vulgairement *aboura-ye* (peinture à l'huile). Toyoharu a imité ce genre de peinture. Dans ses estampes en largeur, il a fait des paysages à perspective étendue ». Et il ajoute : « On peut dire que Toyoharu est l'ancêtre de la peinture à l'huile au Japon, c'est-à-dire des estampes ou des dessins faits suivant l'esthétique, la vision, le rendu des Européens dans la peinture. » Shiba Kôkan, lui, étudia à Nagasaki, auprès des Hollandais, la peinture à l'huile. (Voir note 1, page 123.)

VOL D'OIES SAUVAGES, PAR NUIT DE LUNE, SUR LA BAIE DE TAKANAWA

Collection Salomon.

L. Aubert. L'Estampe japonaise.

Pl. II.

étés de sa vie, en Hollande ; et surtout il aima les eaux de la
Tamise, les eaux plates et lourdes, si familières aux Japonais,
peintres de rivières et de golfes. Avec les fils d'un constructeur de barques, Greaves, qui des années auparavant avait
ainsi promené Turner aux mêmes heures, il sortait en
bateau sur le fleuve pendant la nuit, — la nuit, chère à quelques poètes d'Occident, si familière à tous les boutiquiers
de Yedo, — et, en aval de Londres, il reprenait la contemplation d'Outamaro et de Hiroshigé sur la Sumida. Il préférait Battersea et Waping, la Tamise des docks, à Westmins-
ter et à Saint-Paul ; à Venise, il délaissait les églises et les
palais pour les petits canaux et les ruelles, les vieilles portes
et les jardins, les mendiants et les ponts.

A l'exemple de Hokusaï dessinant plus de cent quarante
fois le Fuji, M. Claude Monet a passé sa vie à suivre les
variations de la lumière, en toute saison, à toute heure, sur
la même meule, sur le même rideau de peupliers, sur la
même façade de cathédrale, sur le même pont, Charing Cross
ou Waterloo, dans la brume, et M. Degas et Toulouse-Lautrec ont négligé les « beautés » et les « élégances » de Paris
pour les blanchisseuses, les modistes, les jockeys, les danseuses, les chanteuses de cafés-concerts et les filles.

La vie énorme de ce nain que fut Lautrec[1], pur artiste,
indifférent au bien comme au mal, sensible seulement à l'excel-
lence plastique du caractère chez les êtres qui l'entouraient,
c'est bien la vie que dut mener un Koriusaï, un Shunsho, un
Sharaku, un Outamaro, familiers des « Maisons vertes » et
des théâtres, s'y installant pour y travailler, aimant les courtisanes, les acteurs, admirant les biceps des lutteurs, ne se
lassant pas de guetter, de dessiner les animaux, les animaux

---

1. Sur la vie et le caractère de Henri de Toulouse-Lautrec (1864-1901),
il faut lire les pénétrants articles de M. André Rivoire, *Revue de l'Art
ancien et moderne*, 10 décembre 1901 et 10 avril 1902, et aussi des notes
de M. Thadée Natanson, *Revue Blanche*, 1er octobre 1901.

sauvages surtout, ayant une violente passion de la vie sous
toutes ses formes, belles ou laides, peu importait, pourvu
qu'elles fussent actives, ayant encore le grand respect de leur
métier et une idée très haute de leur art, qui dans l'accident
saisit l'éternel. Le mordant de la voix de Lautrec, son rire
ample et enfantin, l'abondance de ses mots et de ses esquisses
où se ramassait dans le plus bref symbole le plus possible
de réalité, le rythme effréné de son existence qui a passé dans
son œuvre, la détente brusque par quoi il fondait sur un
motif, quand il surprenait la saillie totale d'un caractère
dans une expression ou un geste, son amour du rare et même
du monstrueux, son admiration de toute profession, quelle
qu'elle fût, clown, lutteur, jockey, danseur ou prostituée, à
condition qu'il en reçût une impression de perfection spéci-
fique, son goût exclusif des êtres en mouvement et son
horreur des choses trop fixes, et même des arbres, des paysages, qu'il trouvait inertes, proclamaient la passion exclu-
sive du vivant chez ce nabot, que la destinée rendit séden-
taire, mais qui fut si alerte à noter tout ce qui se mouvait
autour de lui.

Séries de *Nocturnes;* séries de *Falaises,* de *Meules,* de *Peupliers,* de *Vues de la Tamise,* de *Cathédrales,* de *Nymphéas ;*
séries de *Blanchisseuses,* de *Danseuses,* de *Modistes :* jamais
dans l'art occidental les peintres ne s'étaient aussi peu soucié
de varier les sujets de leurs toiles, et n'avaient proclamé avec
une telle insistance qu'à les bien observer les sites les plus
ingrats, les professions les plus humbles fournissent d'iné-
puisables thèmes. Or, cette habitude de grouper des
esquisses en séries a toujours été dans la tradition des
peintres japonais qui inlassablement ont représenté les huit
Beautés du Lac Biwa, les cinquante-trois Étapes du Tôkaidô,
les trente-six Vues du Fuji, les six Beautés de la Tamagawa.
Devant des sites réputés insignifiants, une meule dans un
champ, un fleuve en aval d'une grande ville, devant des

professions aussi étrangères à M. Degas ou à Lautrec que celles des blanchisseuses, des danseurs ou des acrobates, point de crainte que le souvenir de l'interprétation traditionnelle d'une scène trop souvent reproduite, ou qu'une émotion d'ordre littéraire ne vînt se mêler à l'image qu'on en fixait. « Dans l'ensemble, je me suis toujours efforcé de ne prendre à mon sujet qu'un intérêt artistique, et de ne tenir aucun compte de tout autre genre d'intérêt qui pouvait s'y attacher. Mes tableaux sont des combinaisons de lignes, de formes et de couleurs... », déclarait Whistler au procès qu'il soutint contre Ruskin. Après le Romantisme, après les toiles à prétentions humanitaires de Courbet, les artistes japonais, avec leur grâce ingénue d'enfants bien doués, aidèrent Whistler, Monet, Degas, Lautrec à fuir l'emphase, à n'être que des peintres curieux de mouvement et de lumière.

*  
*  *

« Toutes mes œuvres sont les traductions d'impressions personnelles », déclarait Whistler devant les juges. Se laisser aller à des impressions personnelles devant des spectacles familiers, tel fut le conseil de l'Estampe.

Curieux paradoxe que ces artistes envoûtés par une tradition et qui sont de purs impressionnistes, alors que nous, si soucieux de nouveauté, sommes si lourds à sentir! Car c'est eux qui nous ont ouvert les yeux sur les mouvements les plus fugaces de l'homme et du paysage. La candeur primesautière de ces routiniers nous étonne; chaque année, de très bonne foi, ils s'émeuvent, comme au premier jour, sur le thème inusable de la fleur de prunier sous la neige. Ils reprennent de vieux sujets traditionnels avec une allégresse

toute neuve, ils se rajeunissent par la contemplation de paysages, qu'à leur tour ils rajeunissent de toute leur jeunesse.
Ce sont des conservateurs impressionnistes, mais qui ne
vivent pas dans le passé ; le passé vit en eux pour leur ouvrir
grands les yeux sur la joie et la beauté du moment. Leur
pays, ils le connaissent par cœur ; en des sites catalogués, où
les points d'observation sont repérés de longue date, ils
reprennent chaque saison leur affût. Dispensé d'une adaptation nouvelle et totale, en des paysages dont les grandes
lignes restent immuables, leur impressionnisme a beau jeu
de ne cueillir de l'heure qui passe que ce qu'on ne verra
pas deux fois ; ils ne réservent leur attention qu'à ce qui
glisse entre des repères fixes. C'est l'émotion de l'embus-
cade, l'attente d'une proie fugitive à saisir. Un site n'est pas
beau en tous temps ; la colline de Yoshino n'est fréquentée
que pendant la floraison des cerisiers ; tel site ne vaut que
pour le cadre qu'il offre aux glycines, tel autre aux lotus ;
tel autre n'a d'intérêt qu'à l'automne, pour y voir les
érables rougir comme un brasier sous la fumée des brumes ;
en d'autres temps, ils ne s'y intéressent guère plus qu'à
l'armature d'un feu d'artifice.

Notre besoin inquiet de changer de place, notre désir de
perpétuel renouvellement dans l'invention des motifs, notre
curiosité qui, d'instinct, dans un paysage, va à son architecture permanente, tout cela oppose notre sens de la nature
à celui des Japonais. Le paysage, chez Hokusaï, c'est sur
les nuages un échafaudage provisoire pour supporter une
émotion rapide et légère ; c'est un décor de fortune, d'occasion, qui n'est monté en hâte que pour y exposer une clarté
lunaire, une blancheur de neige, un voile rose de fleurs, et
puis, l'exposition finie, jusqu'à la saison prochaine on n'y
fait plus attention. Leur lyrisme s'accommode d'esquisses
sommaires ; notre souci de bâtir neuf et pour tous les temps
détourne notre attention de la singularité de l'heure. Reprendre

HIROSHIGÉ

OIES SAUVAGES S'ABAISSANT SUR KATATA

*Collection Lebel.*

Phot. Mary.

Pl. LII.

L. Aubert. *L'estampe japonaise.*

les mêmes thèmes, représenter les même lieux, et, sur ce fond
connu, détacher une sensation toute fraîche, telle fut la leçon
qu'entendirent entre 1860 et 1865 des artistes comme Whistler, MM. Degas et Monet.

Sans parler du paysage historique, avec son immuable
décor de collines, de fabriques, de ruisseaux et de bosquets,
le paysage tel que l'avaient compris Dupré, Rousseau et
Millet, à la suite de Claude Lorrain, de Ruysdaël et de Constable, était solidement bâti : des terrains minutieusement
établis, comme dans la *Herse* de Millet, où le vrai sujet du
tableau est une côte fraîchement labourée, peinte sillon par
sillon, motte par motte ; des arbres dessinés avec la minutie
d'un Holbein modelant la tête d'Érasme, comme dans la
plupart des toiles de Rousseau ; des ciels nuageux, des oppositions de soleil et d'ombres donnant aux terrains une apparence solide ; la nature vue à de certaines heures, de préférence une heure de la matinée ou une heure du soir, moment
rapide et dramatique où les choses et les êtres, s'enveloppant
de lumière autrement qu'aux heures laborieuses de la journée,
perdent leur aspect utilitaire et se prêtent davantage aux
rêveries ; sites évocateurs d'émotions et de pensées et qui,
même sans personnages, sont toujours des lieux où l'homme
a passé : — quel contraste entre ce paysage classique et le
paysage des estampes avec ses pins déhanchés et ses souples
herbacées, avec ses brumes amorphes traînant au ras de
terre, schématisées en lignes parallèles, avec ses montagnes,
ses rocs, ses terrains aux profils bizarres, aux tons éclatants
et simplifiés, ses ciels brusquement envahis par une averse,
une chute de neige, un coup de vent, — paysage qui a toujours pour des yeux d'Occidentaux un rien d'irréel, d'in-
humain, d'illimité.

A la manière des Japonais sensibles par tradition aux impressions les plus fugaces qu'ils recevaient des choses, aux
phénomènes amples et brusques par lesquels l'univers mar-

quait sa toute-puissance à l'égard des minuscules humains,
aux « effets » qui par delà les premiers plans familiers sug-
géraient le mieux l'immensité de l'espace et la subtilité de
l'atmosphère, Whistler et Monet peignirent des paysages où
toute silhouette, toute masse, tout relief sont noyés dans la
pénombre ou la pleine lumière, des paysages dont tous les
détails sont subordonnés à une harmonie d'ensemble. Ce fut
la nuit de Londres, « à l'heure où la brume du soir déploie sur
la rivière un voile de poésie » : des maisons, des magasins,
des ponts en silhouette sur le ciel, de rares lumières réfléchies
par l'eau en lignes d'or sans fin, des bateaux fantômes émergeant de l'ombre et y rentrant, mystérieusement cendrés, —
toujours le même décor insignifiant que métamorphosent
toutes les nuances de la pâle clarté nocturne. Parlant de son
*Vieux Pont de Battersea*, devant les juges du procès Ruskin,
Whistler disait : « Ce tableau est tout simplement une représentation du clair de lune. Mon dessein était d'y réaliser une
certaine harmonie de couleurs. » Gris et or, bleu et vert, bleu
et argent, bleu et or, gris et argent, opale et argent, brun et
argent, noir et or : telles furent les harmonies qui donnèrent
leurs titres aux *Nocturnes*. Avec M. Claude Monet [1], même
grand parti pris, mais cette fois de pleine lumière. Un motif
d'arabesque très simple, une meule, un portail de cathédrale,
un rideau de peupliers prenant leur envol comme une bande
d'oiseaux, quelques nénuphars ocellant un reflet de lumière
argenté ou doré, qui sur l'eau s'étale comme une plume de
paon, et, entre ces repères, toujours les mêmes, la mobilité
des apparences. Que, pendant cinq ou six années, un artiste
se soit déshumanisé au point de vivre penché sur la même
vasque d'eau vive, où, parmi les reflets des nuées, des plantes
de la rive, des herbes du fond. feuilles et fleurs de nymphéas

---

1. Noter les sous-titres de quelques-unes de ses *Cathédrales* : symphonie
de gris ; symphonie de gris et de rose ; effet de brume ; plein midi ;
lumière réfléchie.

tressent des atolls au fil du courant, ou bien dérivent solitaires ; que, plus attentif aux frémissements de l'eau, parmi
ces colonies de fleurs, qu'aux formes plus réelles de notre
univers et de nos semblables, il ait peint quarante-huit toiles
dont les différences de points de vue du contemplateur et les
changements d'heures et de saisons sont les seuls éléments
de variété, ce n'est une surprise pour nous Occidentaux que
parce que c'est la stricte application d'une formule que les
Japonais, si prompts à quitter notre monde pour suivre les
oies sauvages en plein ciel ou les carpes au fond d'une
rivière, ont popularisée de longue date dans leurs albums
d'esquisses ou leurs séries d'estampes. Les paysages peints
par Hiroshigé se dépouillent de tout aspect familier et humain
sous les couleurs de fantaisie que dispensent aux terrains
une chute de neige, un coup de vent, une averse ; de même,
dans les paysages peints par Whistler ou par Monet, il n'y a
rien sinon l'espace coloré, un espace de visuel, sans modelés
solides, tout en taches mouvantes, en dégradés subtils, —
l'atmosphère paisible et profonde de la nuit grise, bleue,
verte, brune ou noire, argentée de lune, dorée de l'éclat de
quelques lumières ou d'une fusée d'artifice, doux mystère où
la moindre clarté prend de si tendres inflexions, — l'atmosphère molle de la brume que déchirent les fumées des trains
sur le pont de Charing Cross et un soudain éclat de soleil sur
la rivière, ou au contraire l'atmosphère vibrante du plein
midi sur le chaume d'une meule, le calcaire de la cathédrale
de Rouen ou les tuiles du village de Vétheuil.

A cette curiosité de la lumière répond chez Degas et Lautrec la curiosité du mouvement. Impressionnistes du dessin à
côté des impressionnistes de la couleur, ils recherchent également la sensation inattendue et rapide. Les peintres des
*Yedo-ye* avaient représenté la figure humaine dans toutes les
professions, depuis les acrobates, les lutteurs, les acteurs jus-

qu'aux courtisanes; dans tous les décors d'intérieur ou de
plein air ; dans toutes les occupations : sommeil, toilette, bain,
dînette, rêverie, amour ; dans toutes les positions : assises sur
les jambes repliées, ou à cropetons, étendues, debout, marchant, dansant ; sous tous les costumes et souvent nues.
MM. Degas, Toulouse-Lautrec, Forain furent des Parisiens
qui dessinèrent les spectacles qu'ils avaient sous les yeux ou
qu'ils pouvaient surprendre, à l'insu de leurs modèles, à travers toutes les portes entr'ouvertes : portes de cirques et de
« beuglants » où minaudent les acrobates, où se « désos-
sent » les danseurs ; pistes où les jockeys et les cyclistes
tournent hébétés sous les yeux de la foule; coulisses des
théâtres où, près de décors grossièrement peints, devisent
des tutus et des habits noirs. Ils ont représenté la vie des
courtisanes, des blanchisseuses et des modistes, et l'habil-
lage, et le déshabillage, et le nu, et toutes les gesticulations
essentielles de notre pauvre vie compliquée, et de préférence
les mouvements où saille brusquement la spécialité d'une
profession, — ces mouvements que Hokusaï s'amusa inlassablement toute sa vie à noter et à décomposer dans les divers
livres de la *Mangwa* : — danseuses assouplissant leurs pieds et
leurs jambes par la marche et l'exercice à la barre, puis
faisant des pointes, des jetés battus, piaffant comme les pur
sang de course qui, au sortir du paddock, avant le départ,
caracolent, bondissent et se cabrent ; chanteuses, le cou et le
bras en avant, pour mieux lancer leurs notes de tête ; modistes
saisissant une forme de chapeau et ébouriffant une plume
du bout des doigts ; puis à côté des mouvements rapides et
de grâce, des mouvements de force : repasseuses dont les
épaules remontent quand elles appuient sur leur fer, blanchisseuses dont l'inclinaison du buste et les saillies des hanches,
par contraste avec les plis rectilignes de leur jupe, donnent,
quand elles soulèvent leur lourd panier, des combinaisons imprévues de droites et de courbes, comme les aimait

Pl. LIII.

*Phot. Morty.*

AVENUE MENANT AU SANCTUAIRE D'AKIHA. PROVINCE DE TOTÔMI

*Collection Bing.*

L. Aubert. *L'Estampe japonaise.*

Kiyonaga. Et c'est encore la « Suite de nus de femmes se
baignant, se lavant, se séchant, s'essuyant, se peignant ou
se faisant peigner », — selon le titre d'une série de M. Degas
qui pourrait servir à intituler tant d'estampes ! — étranges
raccourcis de jambes, de cuisses, de dos, d'épaules, de nuques,
de têtes et de torses nus au-dessus d'une baignoire ou d'un
tub ; chutes des poitrines et des ventres, roulements des
muscles : tout cela si justement saisi et résumé par un dessin
de premier jet qu'on se récrie comme devant la vie même.

Les danseuses, les chevaux de course, les chanteuses, les
modistes, les repasseuses, les blanchisseuses, les baigneuses
chez M. Degas ; les danseurs de bals publics, les divettes
de cafés-concerts, chez Toulouse-Lautrec ; les politiciens, les
financiers, les valets, les gâteux, les filles et leurs mères,
chez M. Forain, — à force de les dessiner au repos, en mouvement, debout, assis, avec leurs déformations, leurs tics,
leurs humeurs, ils les connaissent si bien par cœur qu'ils
peuvent ne plus les voir d'ensemble, et qu'ainsi débarrassés
de leur aspect banal et familier, ils vont droit au détail neuf,
essentiel, révélateur. C'est pour telle ligne, telle tache imprévue qu'ils font leur esquisse, leur pochade ; le reste ne les
intéresse pas ; c'est à peine, après qu'ils ont noté tel détail,
s'ils se soucient de le raccorder aux autres parties de la figure
ou de la scène : souvent même ils les coupent par le cadre,
comme dans cette Étude de danseuses par M. Degas, où fré-
tillent une bonne douzaine de mollets dont les têtes ou les corps
restent hors de la toile. A la manière des Japonais, ils surent
déblayer un motif, désarticuler une silhouette, s'hypnotiser
sur un détail et l'exalter, sans se soucier, au moment qu'ils
en étaient possédés, du reste de l'univers, et ils eurent souvent, par souci de résumer rapidement les formes en mouvement, la coquetterie de l'inachevé. Art de raccourci, de déformation, et qui est décoratif parce que sans cesse, à l'affût du
schéma qui le plus simplement, le plus sûrement, suggère

l'essence des êtres, il surprend l'œil du public, l'attire et, malgré que le spectateur se révolte parfois d'être troublé dans sa quiétude par de telles apparitions, le secoue et lui impose un souvenir tenace. Que l'on compare les plus saisissantes effigies d'acteurs de Shunsho et de Sharaku au *Bruant vu de face*, au *Docteur Péan*, au *Caudieux*, au *Valentin le désossé* de Toulouse-Lautrec : c'est le même rictus, simple de dessin, clair de tache. A travers les peintures et les lithographies préparatoires aux affiches représentant *May Belford* et *Jane Avril* se marque de plus en plus net le pli de la profession : les visages de ces tristes « girls » ont la morne et fixe résignation de certains masques de femmes qui servent aux drames lyriques des Nô, et tel nez rouge de bourgeois, telle chair molle de rastaquouère devant la boutique de la Goulue ou au cirque, rappelle l'air prétentieux et grotesque de certains masques de Tengu, farfadet dont le théâtre japonais se gausse.

*<br>* *

Assurément le mouvement d'art qu'on a appelé l'« Impressionnisme » ne dérive pas tout entier de l'Estampe japonaise. Ce n'est pas Hokusaï et Hiroshigé qui les premiers ont révélé aux paysagistes occidentaux le parti à tirer de la lumière : il y avait eu Ruysdaël et Claude Lorrain, Constable et Turner, Dupré et Corot, Rousseau et Millet. Ce n'est pas non plus les peintres des belles, Harunobu, Kiyonaga ; les peintres des métiers, Outamaro et Hokusaï; les peintres d'acteurs ou d'apparitions, Shunsho et Sharaku, Shunyei et Hokusaï, qui ont révélé à nos peintres la beauté des silhouettes et des masques : il y avait eu Courbet et Millet, Gavarni et Daumier. D'autre part, ni Whistler et M. Monet, ni MM. Degas et Lautrec n'ont pastiché les belles ou les paysages de Yedo. C'étaient des artistes d'une trop forte personnalité et ayant de trop

solides admirations à l'endroit des maîtres d'Occident pour
se laisser entièrement gagner par une influence exotique.
Fidèle au principe qu'il s'est toujours plu à répéter : « Il faut
apprendre à peindre d'après les maîtres et n'aborder la nature
qu'après », M. Degas avait copié ou allait copier Poussin,
Holbein, Clouet et Lawrence, quand, vers la trentaine, abandonnant la peinture d'histoire, il prit comme modèles des
jockeys et des blanchisseuses, et, malgré sa dévotion aux
Japonais, il est resté, lui, l'admirateur d'Ingres, de la race
des artistes occidentaux dont l'œil, le style, le dessin sont
rompus de longue date à l'analyse de la figure humaine.
Il en alla de même avec Lautrec qui admirait le Greco,
s'échappait volontiers de Paris, le dimanche, pour aller en
pèlerinage auprès des La Tour de Saint-Quentin, et qui dut
soigneusement étudier à Londres, à Paris ou à Florence les
roussins de Paolo Uccello avant d'esquisser la croupe de son
cheval de cirque.

Mais l'estampe japonaise, ce fut dans notre monde guindé
et morose une irruption de figures très mobiles dans un lumineux décor, le tout lorgné à la volée, comme du haut d'une
lucarne, soudain ouverte, puis refermée, — tout juste le
temps de surprendre et de croquer à la diable le bout de
scène, le détour d'intérieur ou de jardin, qui, en pleine clarté
et de guingois, s'y est inscrit, — décor qui papillote aux
yeux, s'émiette en détails, puis soudain se simplifie et se
magnifie quand il s'évapore en averse ou se voile de nuit,
s'échevèle en plein vent ou s'assoupit sous la neige, tantôt
adorable alors qu'y minaude une belle parmi les fleurs, tantôt
grandiose quand y passe une bourrasque. Imaginons la joie
d'artistes, doués comme l'étaient Degas, Whistler et Monet,
devant ces esquisses rapides et justes d'artistes de génie qui
voyaient la nature avec des yeux d'enfants, enfants d'une
terre haute en couleurs où la vie s'écoule mobile et capricieuse au gré de l'humeur des paysages. Cela paraissait peint

comme l'oiseau chante ; c'était l'univers à travers la lumière d'une minute, la vie à travers les gestes d'un instant.

Tous les peintres qui aimèrent l'estampe affinèrent, à l'étudier, leur sens de la lumière : Alfred Stevens lui emprunta de rares délicatesses de tons ; Manet, de belles taches de couleurs ; Whistler, qui avait d'abord copié la nature avec l'assurance d'un « écolier débauché » par l'exemple de Courbet, après qu'il a découvert l'art du Japon, parle sans cesse dans sa correspondance avec Fantin-Latour d'harmonies, et désormais une ou deux couleurs dominantes d'une exquise finesse déterminent la tonalité générale de chacun de ses tableaux. Degas passe des tons dorés des Hollandais, des gris de Chardin, à des couleurs plus franches et plus aigres, blancs, roses, verts et roux ; Monet éclaircit de plus en plus sa palette de bleus, de roses, d'ors, d'azurs, de verts clairs, et cherche lui aussi des « symphonies, » où les gris, les roses, les bleus dominent. Et sans doute il y a de grandes différences de coloris entre Degas et Lautrec, qui sont non pas des peintres de plein air, exécutant directement d'après nature, mais des peintres de contre-jour, travaillant à l'atelier d'après des croquis et de souvenir, employant des tons rompus, chauds, mais parfois un peu sombres, un peu lourds, et M. Monet qui, en pleine campagne, étudie les reflets du grand soleil ; mais Degas, Whistler, Monet sont, chacun à sa manière, des virtuoses de la couleur qui, à l'exemple des Japonais, savent faire éclater dans une tonalité un peu sombre une petite note de réveil : le brillant d'un œil, le luisant d'une bouche, le rose d'une joue, un nœud ou une ceinture roses, un velours noir sur le blanc d'une jupe, un brodequin jaune dépassant une robe sombre, un tartan rouge, un veston noir au milieu de nuages de tulle, un rose velouté de chair dans le blanc du linge, un rose soyeux de maillot dans la brume laiteuse de la gaze. Et ce sont, chez tous, de brusques et vibrants éclats de lumière, coups de soleil sur les casaques des jockeys, or d'une fusée dans le ciel nocturne, dernier rayon à la cime d'un peuplier, et toujours une exécution rapide, souvent très « sabrée », presque sans reprises, à la fois fougueuse et tendre. Virtuosité dans le maniement de la couleur, commun souci de la forme curieuse, goût des « arrangements » : d'Ingres, de Rousseau, de Courbet ou de Daumier à Monet, Whistler, Degas et Toulouse-Lautrec, c'est un affinement, une exaltation de la sensation, un entraînement à saisir le furtif et le rare dans la lumière et le mouvement, et c'est le « Japonisme » qui explique en grande partie un tel écart de sensibilité entre ces deux générations d'artistes.

Aux peintres qui, de 1860 à 1890, eurent le souci d'interpréter avec style les spectacles les plus familiers de Paris et de Londres, l'estampe japonaise, portrait des belles et des beautés familières de Yedo, fournit un langage nouveau. Tandis qu'en littérature les frères Goncourt enrichissaient leur vocabulaire, désarticulaient leur syntaxe, pour pouvoir exprimer la plus fugitive des sensations, Degas combinait l'essence et l'huile, l'aquarelle et le pastel, la détrempe et la gouache ; Whistler passait de l'huile au pastel, de la gravure à la lithographie, pour pouvoir rendre les reflets de la gaze, de la soie, du velours, de la laine sous tous les éclairages, pour pouvoir saisir toutes les nuances de la nuit, tous les jeux de la lumière sur les vieilles pierres de Venise et de Londres. Mis à part leurs emprunts à maints styles et à maintes techniques d'Occident : M. Degas à Ingres ou à La Tour ; Whistler à Velasquez ou à Canaletto, ce que Whistler et Degas, aussi bien que Lautrec et M. Monet, doivent aux Japonais, c'est une syntaxe moins rigide dans l'emploi de la perspective ; un tour plus personnel dans leur manière de marquer avec soin la relation du « motif » à la position de leur œil et de laisser apparaître sur leurs toiles

les premiers plans d'occasion qui encadraient ce « motif » quand ils l'ont surpris.

Les décorateurs des tapisseries gothiques entassaient personnages sur personnages qu'ils adossaient à des fonds opaques d'architecture ou de verdure ; mais nos décorateurs modernes, sous l'influence de Raphaël et des Vénitiens, font fuir les lointains de leurs paysages et de leurs colonnades, dont toutes les lignes parallèles convergent vers un point qui tombe exactement sur la ligne d'horizon placée généralement au centre de la toile à bonne hauteur d'œil : leurs décors ont ainsi un air de réalité, mais trop souvent ils creusent les surfaces qu'ils devraient simplement couvrir et orner. A l'école des Chinois, qui, dans leurs kakémono ou leurs paravents, ont juxtaposé êtres et choses sans souci de la décroissance que l'éloignement fait subir aux divers plans et du rapprochement apparent à l'infini des lignes parallèles, les artistes japonais ont toujours été des décorateurs qui, au lieu de choisir leur motif à distance et à hauteur d'œil, puis de le mettre en perspective comme nos artistes modernes, le font voir de très près, et de haut en bas, presque en surplomb, dans ces chambres de maisons sans toit ou dans ces cours qui s'étagent (paravents ou makimono de l'école Tosa), et de bas en haut, presque selon la verticale, dans ces paysages bouddhiques (paysages des Kano) où lacs, rocs, pagodes, pins, nuages sont superposés jusqu'au sommet du kakémono, avec un sens subtil de la seule perspective aérienne suggérée par des valeurs dégradées. Les peintres de l'École populaire, vers le milieu du xviiie siècle, apprirent des Hollandais quelques notions de perspective linéaire, comme cela est sensible chez Koriusaï, Kiyonaga, Toyoharu, puis chez Hokusaï et surtout chez Hiroshigé ; mais ils conservèrent l'habitude de ne pas prendre leur motif à hauteur d'œil, de se placer soit en contre-bas de leurs personnages, soit plus haut, par exemple debout et très près de leurs modèles qu'ils dominaient, et alors, dans le haut de l'estampe, nattes de la chambre se relèvent tandis que les personnages paraissent glisser ou tomber vers le bas. Ainsi nos artistes d'Occident, — avant qu'ils connussent l'art des Japonais, — et les artistes d'Extrême-Orient différaient dans le choix de leur point de vision. Poussin recommande de se placer à une distance qui égale au moins trois fois la hauteur de la figure qui sert de premier plan. Ce fut toujours la règle chez nos maîtres d'autrefois de ne représenter que ce qu'ils pouvaient embrasser d'un seul coup d'œil. Les Japonais, au contraire, faute de prendre un champ suffisant, ont été obligés de relever deux ou trois fois la tête pour voir entières certaines de leurs scènes ou de leurs figures : d'où leur désarticulation du motif et leurs perspectives brusquées, « précipitées ».

Notre art classique supprime volontiers les premiers plans d'un paysage ou d'un intérieur, pour approcher de nous le motif central, massif d'arbres, montagnes, nuages, ou figures humaines. L'artiste, dans la réalité, aperçoit de très loin le sujet qui l'intéresse ; mais, quand il peint, abrégeant les distances, négligeant les intermédiaires, il l'amène à hauteur d'œil. Ainsi achèvent de disparaître les rapports accidentels qu'eut avec l'artiste le paysage ou le groupe humain, déjà simplifié de lignes et transposé de valeur par la distance, et qui revêt alors un caractère d'éternité.

D'instinct, Raphaël, Titien, Poussin, Puvis de Chavannes ont vu une nature de bas-relief qui se développe en frise et dont toutes les parties restent à égale distance du spectateur. Un Japonais, au contraire, au lieu d'aller droit au motif central et lointain, en supprimant toute transition, s'arrêtera tout d'abord sur les premiers plans. Toujours, dans l'œuvre, la place et la distance, d'où l'artiste a pu voir le motif, sont nettement indiquées par la forme ou plutôt par les déformations et les dimensions des objets placés au premier plan, et qui sont dessinés avec leurs volumes exacts, parfois même exagérés.

Cette nature japonaise apparaît alors toute relative à la position qu'occupait par hasard l'artiste au moment qu'il l'observait : des lanternes de pierre, des piliers de torii viennent en avant sur les estampes ; dans les scènes d'intérieur, un paravent, obliquement, s'interpose entre notre œil et les personnages ; ailleurs, le décor gauchit, le saillant d'une maison surgit ; enfin, partout, de l'asymétrie : figures coupées par le milieu, figures presque toujours de trois-quarts. Que l'on se rappelle le *Fuji Hyakkei* où la fantaisie de Hokusaï inscrit les deux courbes immuables du volcan sacré entre des premiers plans toujours variés et imprévus...

Insistance à marquer son « point de vue », curieuse « mise en page », « coupe » hardie du motif : ce style des estampes convenait à Degas, Whistler, Monet, Renoir et Toulouse-Lautrec, qui voulaient se garder de la disposition des choses et de l'attitude des êtres paraissant avoir été telles de toute éternité, et qui cherchaient à suggérer le cocasse, le fantastique ou le mystère de la vie et de la lumière saisis à la volée ! La herse abandonnée dans un coin du labour de *Novembre*, le couple de l'*Angélus*, l'*Homme à la Houe*, de Millet, les *Trois Chênes* de Rousseau, nous avons la conviction qu'ils étaient tels avant que Rousseau et Millet les représentassent, qu'ils sont restés tels après eux. Les estampes au contraire gardent trace de l'étonnement de l'artiste qui les a peintes : il rêvait, puis, soudain, dans son champ visuel s'est inscrite au petit bonheur la scène qu'il nous présente. Redresser les personnages ou le décor qui l'ont surpris, leur donner du recul, les mettre à hauteur d'œil et d'aplomb il n'y songe point : ce serait trahir son impression, lui retirer son charme d'image éphémère. Un observateur qui eût été assis à la hauteur de ces femmes et face à elles n'aurait pas vu la même scène que lui qui,

壹岐 志作

Phot. Longuet.

LE GOLFE DE SHISA (ÎLE D'IKI) SOUS LA NEIGE

Collection Kœchlin.

Pl. LIV.

L. Aubert. *L'Estampe japonaise.*

debout dans un coin de la chambre, les a croquées de dos ou de trois-quarts sans qu'elles s'en doutassent. Une esquisse d'Outamaro ou de Hiroshigé tient encore à son auteur par des liens invisibles, mais inusables; c'est une confession personnelle, datée, localisée. Ainsi, l'estampe japonaise a donné aux artistes d'Occident le courage et le moyen de rompre avec notre tradition de figurer avec le plus d'exactitude qu'il se peut les êtres et les choses dans leur aspect stable, de profil ou de face, à bonne hauteur d'œil et selon la stricte perspective géométrique. A ces artistes plus soucieux d'originalité que leurs frères d'Extrême-Orient et toujours en quête de sujets neufs, l'estampe a prouvé aussi que le familier se prêtait à toutes les raretés, pourvu qu'il fût observé avec des sens nettoyés d'habitudes ancestrales et qu'il fût représenté dans toute sa fraîcheur d'apparition.

La « méthode des Japonais » que Whistler disait appliquer et que ses disciples et amis considéraient comme son secret, c'était l'art de disposer un motif de telle manière qu'il parût s'être mis en place de lui-même. Dans les portraits de *Miss Alexander*, de *Mrs. Leyland*, dans le *Balcon* et la *Symphonie en blanc n° III*, dans les *Variations en violet et vert*, un rameau fleuri ou une touffe d'herbe pénètre en partie à l'intérieur du cadre au delà duquel la scène paraît se prolonger; la *Femme aux Chrysanthèmes*, (Degas 1865) est coupée à mi-corps, en hauteur et en largeur, par le cadre, alors que le centre de la toile est occupé par la gerbe de fleurs. Souvent aussi les perspectives sont précipitées : le motif ayant été vu de haut en bas, une cheminée paraît pencher et glisser vers vous (*la Chambre de Musique*, par Whistler), — ou bien, au contraire, la scène a été regardée de bas en haut, comme dans le *Ballet de Robert le Diable* et les *Musiciens à l'orchestre* (Degas) : énormes, au premier plan, surgissent des dos de spectateurs et de musiciens, et le manche d'un violoncelle[1]. Toulouse-Lautrec, lui aussi, figura volontiers les choses et les êtres en raccourci : étant nain, il les voyait par en dessous : dos et nuque de consommateur posé de trois-quarts, tache noire de premier plan pour un fond de petites femmes roses (*M. Delhomas au Moulin-Rouge*) ; manche d'une contrebasse et main poilue du contrebassiste (*Jane Avril*) ; tête d'un accompagnateur (*May Belford*) ; croupe et sabots du cheval (*Au Cirque*), etc. Tous ces artistes indiquent avec une extrême précision la distance et la position toute fortuite de leurs modèles par rapport à leur œil, amincissant le volume des têtes quand ils les regardent de bas en haut, bombant les parquets, faisant pencher les chaises quand ils les regardent de haut en bas. Et Whistler lui-même qui, sur la fin de sa vie, tenait à ce que ses compositions parussent tenir tout entières à l'intérieur de leurs cadres, continua de penser qu'il était essentiel qu'elles donnassent la même sensation d'éloignement que lui-même avait éprouvée devant son sujet.

Une fois choisie la place que devait occuper, sur sa toile ou sa planche à graver, la partie principale de sa composition, — tête du modèle ou groupe de palais dans le lointain à Venise, — Whistler la dessinait avec le plus grand soin et, qu'il s'agît d'une eau-forte exécutée partie par partie ou d'un tableau peint du coup, sa mise en place était trouvée dès le début ; autour du sujet principal, sinon central, il restait toujours un espace que l'artiste pouvait à sa guise laisser en blanc ou garnir d'accessoires. « Je ne vois pas de secret dans tout cela », lui disait un jour quelqu'un à qui il exposait la « méthode de dessin des Japonais. » « Vous vous trompez, repartit Whistler, le secret, c'est de le faire. » Et c'est en

---

1. M. Monet a peint des motifs de bas en haut dans les *Cathédrales*, de haut en bas dans les *Falaises de Pourville*, la *Cabane de douaniers*, et dans la Série des *Nymphéas*.

effet le secret d'un Whistler et d'un Degas que leur art de
disposer leurs personnages ou leurs groupes de personnages
dans l'espace, de donner la sensation de l'étendue réelle, où
vraiment ils les ont vus, et non pas de cet espace abstrait où
la plupart des peintres isolent sagement leurs modèles, bien
au centre de la toile. Degas et Whistler composent non
seulement dans l'espace, mais avec l'espace. Voyez la mère
de Whistler assise devant un mur orné seulement d'une
gravure et d'un fragment de rideau, ou encore, dans une
pose analogue, le *Carlyle* : ces figures découpent autour
d'elles des vides inégaux, et pourtant quel subtil équilibre
entre toutes les parties de la composition ! Notez aussi les
vides entre les groupes de Degas : à partir d'un des angles
inférieurs de la toile et par transitions brusques, on passe
d'une ou deux grosses figures de premiers plans à des figures
de fond de plus en plus petites, qui se disposent obliquement vers le fond, selon une arabesque qui a l'imprévu et
le négligé de la réalité même. Prenant leur essor, à hauteur
de l'avant-scène, les petites danseuses s'égaillent comme une
volée de moineaux, de profil, de dos, de trois-quarts [1] (*Répé-
tition d'un ballet sur la scène de l'Opéra*), ou bien elles
décrivent une demi-ellipse, depuis la *Danseuse au Bouquet*
qui salue devant la rampe, en passant par les groupes
adossés aux portants des décors, jusqu'au tout petit groupe
qui au fond de la scène s'agenouille sous un parasol, — ligne
initialement très épaisse et qui s'effile à son extrémité comme
les beaux traits lancés par les artistes japonais et qui
enclosent si joliment un espace. Même demi-ellipse dans la
*Classe de Danse* qui tourne autour du professeur planté seul
au milieu de la salle. Dans les *Danseuses à la Barre*, la plus
grande partie du tableau est occupée par un parquet vide

---

1. Ce sont les principes de la mise en scène et des groupements du
Théâtre Libre par opposition avec les principes classiques du défilé en
bas-relief.

qui monte vers l'angle supérieur de droite où s'exercent les
danseuses, et qui sur la gauche est chétivement meublé par
un minuscule arrosoir ; dans le *Foyer de la Danse*, le centre
de la toile n'est occupé que par une chaise.

« On reconnaît un artiste, disait Whistler, à ce qu'il sait
peindre en profondeur » ; nul peintre n'a mieux suggéré la
profondeur que Whistler dans ses Nocturnes, dont la ligne
d'horizon est placée très haut sur la toile, dont les premiers
plans sont des silhouettes d'hommes ou de barques, taches
sombres qui font fuir les lointains, comme sur les estampes.
C'était un geste familier à Whistler que de repousser loin de lui
son motif ; or cette sensation d'espace, qui fait la grandeur de
ses paysages, les toiles de M. Degas nous la suggèrent, non
pas par une perspective aérienne, mais par une perspective
linéaire, elle-même très différente de la perspective classique :
les énormes dos noirs des musiciens font paraître plus distantes les figures blanches des chanteuses ou des danseuses
sur la scène.

« Le secret, c'est de le faire »... Chez ces artistes qui
représentèrent la nuit sur la Tamise ou une classe de danse,
sujets réputés si familiers qu'ils étaient restés jusque-là hors
de la peinture, ce qui donne un style saisissant à leurs
tableaux, c'est qu'ils ne semblent pas être faits, mais s'être
formés tout à fait au hasard, que la composition en paraît si
naturelle que ça n'a pas l'air composé, que c'est la vie même
qui apparaît et qui passe, comme sur les estampes.

\*
\* \*

Un sens plus concret et plus aigu de la lumière, de l'espace et du mouvement ; un langage plus souple, plus rapide
et plus exact pour exprimer ces subtilités nouvelles, tel est
l'emprunt de Whistler, de Degas, de Monet, de Toulouse-
Lautrec à l'Estampe ; mais que par leur technique et leur

jugement sur la vie ces fortes personnalités d'artistes occidentaux diffèrent des Japonais !

Une peinture japonaise, c'est une synthèse rapide de lignes
et de taches d'aquarelles posées à plat. Un paysage de
Whistler ou de Monet, c'est une analyse complexe de la
lumière par une juxtaposition de petites surfaces modelées
grâce à des oppositions d'ombres et de clartés. « Avec Whistler, dit une de ses élèves à l'Académie Carmen [1], on apprenait
à regarder le modèle du même œil que le fait le sculpteur ;
on modelait sur la toile comme on modèle dans l'argile ; on
se servait d'un pinceau, comme on se sert d'un ciseau, pour
rendre les moindres différences de ton qui ne sont que des
différences de forme. Mais il était préférable, d'après Whistler,
de s'attacher d'abord aux éléments essentiels d'une figure,
de ne pas chercher à reproduire les mille changements de
couleur que l'œil y remarque. L'important, c'était de donner
l'impression de la réalité d'un objet placé dans son atmosphère propre. Voilà pourquoi Whistler recommandait aux
étudiants de peindre le fond avec beaucoup de soin ; seul le
fond pouvait donner au sujet principal un caractère de réalité. Pour la même raison, il tenait à ce qu'on rendît très
exactement les différentes teintes des ombres ; c'est l'ombre
en effet qui détermine le plus ou moins de lumière d'une
figure et qui lui donne par là même le relief nécessaire [2] ».

Monet arrive à créer une sensation générale de lumière,
en totalisant tous les reflets locaux, indiqués par des empâ-
tements posés en relief avec le couteau à palette. C'est un
raffinement sur le modelé d'autrefois, chaque reflet dans la
demi-teinte étant transformé en tons entiers et couché en
couleurs pures, bleu, or, violet, lilas, vert clair, qu'il s'agisse

1. *Whistler*, page 373.

2. Rodin disait de Whistler : « C'était un peintre dont le dessin avait
beaucoup de profondeurs..... Il sentait la forme, non seulement comme le
font les bons peintres, mais à la manière des bons sculpteurs. »

de pierres de cathédrales, de glaçons, de feuilles de peupliers, de rochers ou de chaumes. Plus de grands parti-pris
d'ombre et de lumière laissant aux objets leur solidité :
surfaces et reliefs s'effritent, se ruinent et se dissolvent dans
cette pénombre multicolore. Whistler, par la profondeur de
ses « nuits » où de rares lueurs se mêlent si subtilement à
l'ombre ; Monet, par le frémissement de ses « pleins soleils »,
vont plus loin que Hiroshigé dans la notation de la lumière.
Mais l' « Impressionnisme » d'un Whistler, et surtout d'un
Monet, c'est plutôt une fantaisie de purs peintres, qui bouleverse les émotions que nous avons l'habitude de retirer de
la contemplation de la nature, c'est une poésie cosmique qui
déshumanise nos paysages ; tandis que l'impressionnisme
des estampes, c'est une représentation du monde liée à une
philosophie millénaire, la manière de sentir d'yeux et de
cœurs habitués à remarquer les aspects passagers de ce
monde d'illusion.

Silhouettes minces, démarche légère, grâce de chorégraphes
des *bijin* de Harunobu et d'Outamaro : on les dirait affran-
chies de toute pesanteur, presque immatérielles dans un décor
de fleurs et de rêve. « Comment s'acquièrent la légèreté et la
grâce, ou les misères intimes des prêtresses de la danse »,
tel pourrait être le sous-titre commun à toutes les « danseuses » de M. Degas. De leur humble et chétive origine
urbaine, même après avoir dépouillé leurs pauvres défroques
faubouriennes pour revêtir le maillot de soie et la jupe de
gaze, elles gardent les os saillants, la gorge plate, les bras
émaciés et les figures fripées. A placer les pieds en
équerre, à s'exercer sur les pointes, à s'assouplir sur la
barre, leurs jambes se muscleront, leur corps prendra de
l'aplomb, leur taille se rompra, mais toujours l'expression
bêtasse de leur physionomie démentira la grâce de leur
geste, — pauvre grâce qui à la fin de l'entrechat s'achève en

un sourire grimaçant de fatigue, en étirements de bras, en renversements de têtes, en chuchotements, en grattements chez ces singes danseurs, — grâce fardée près de paysages peints en trompe-l'œil dans une atmosphère de poussière... Ils ne manquent pas dans la *Mangwa* de Hokusaï, les apprentis gymnastes, mais on dirait qu'ils n'ont pas pareille carcasse à soulever, à ployer...

Même contraste chez Toulouse-Lautrec. Comme artiste, il est très proche des Japonais, mais que leurs jugements sur la vie sont opposés ! « Dire que si j'avais eu les jambes un peu plus longues, je n'aurais jamais fait de peinture ! » disait-il en ses heures de tristesse, — paradoxe chez cet homme dont la vocation d'artiste fut si impérieuse, mais boutade qui explique l'accent de son œuvre. Son esprit qui, dans un corps normal, eût peut-être été surtout sensible à la grâce, à la douceur des choses, en vit l'aspect âpre, féroce. Il ne se joue pas à leur surface, comme les peintres des *bijin*, mais, fiévreux, il l'explore pour en découvrir les fissures. Ce nain prenait une joie sadique à noter chez des géants rencontrés au café une faible résistance à l'ivresse, et aussi à voir de bons gros garçons sains mener cette vie de bar et de maison close à laquelle son exceptionnelle constitution pour un temps résista. Dans les portraits qu'il fit de certains de ses parents et amis, il fut impitoyable à dénoncer la bestialité qui rôde en toute physionomie d'homme ; autant il avait de tendresse envieuse pour la grâce hardie, souriante et musclée des acrobates, des clowns, des danseurs, autant il haïssait les inactifs : il fait beau voir l'air fat des figurants dans les lithographies de *Chilpéric*, les airs exténués des bourgeois et des « cercleux » qui regardent la danse nerveuse de *Valentin le désossé* au Moulin-Rouge, ou la danse molle du nègre *Chocolat* au bar Achille.

Une passion de revanche, une joie à respirer les « fleurs du mal », voilà qui éloigne Lautrec des peintres d'estampes,

dont l'œuvre, à défaut de détails sur leur vie, décèle
d'heureuses complexions, bien équilibrées, toutes prêtes à
s'oublier pour entrer en sympathie avec leurs amis, les
nuages, les torrents, les arbres, les fleurs, les bêtes. Les
« Beautés des maisons vertes » des albums de Harunobu,
d'Outamaro, de Shunsho et Shighemasa, ne ressemblent
guère aux « femmes damnées » de Lautrec : n'étaient leurs
parures clinquantes et les épingles qui hérissent leurs
chignons, n'étaient leurs stations derrière les grilles du
Yoshiwara sous les yeux goulus des passants, on les pren-
drait pour de nobles dames trônant en grand arroi et, res-
pectueuses des usages, occupées à quelque inoffensif divertissement de cour. Même dans les scènes les plus scabreuses
des albums érotiques, il n'y a jamais sur le corps ou sur le
visage des malheureuses ces cernes du vice, ces marques de.
dégradation physique et morale que Toulouse-Lautrec guet-
tait si malicieusement chez ses modèles.

Les Contes des Monstres d'Autrefois, de Shunyei, ou les Apparitions, de Hokusaï, cela nous paraît un épouvantail pour
petits enfants, à côté du tragique des danses de Valentin le
Désossé et de la Goulue. C'est que ce tragique-là n'est pas
œuvre de notre imagination, mais de notre vie même. Une
écume douteuse frange notre civilisation d'automates urbains
comme une zone pelée et galeuse ourle nos fortifications.
Les boulevards extérieurs et leurs lieux de plaisir puent
l'alcool, l'absinthe, le crottin, la sciure de bois et le bout de
cigare, et voilà que peu à peu leurs divertissements, café-
concert, music-hall, foire et cirque, gagnent le cœur de la
ville.

La philosophie amère de Lautrec répond bien à l'humeur
de son temps, puisque c'est la philosophie de M. Degas,
peintre du Viol, de l'Absinthe, des Femmes devant un café, et
aussi la philosophie de M. Forain. Qu'on le compare à
Hokusaï : même franchise de la ligne dont les pleins et les

LE TEMPLE DE SUSAKI, SOUS LA NEIGE, AU LEVER DU SOLEIL

*Collection Mutiaux.*

Pl. LV.

L. Aubert. *L'Estampe japonaise.*

déliés trahissent les caresses, les frôlements, les écrasements, les ondoiements, les attaques brutales et les fuites légères du pinceau ; mais quelle différence d'esprit ! Les Japonais de Hokusaï ressemblent à des ludions qui bondissent et sautillent ; les héros de M. Forain, le dos et la nuque courbés, les jambes molles, s'affaissent à terre, alourdis d'habitudes et marqués d'une cassure. Hokusaï glisse sur les bizarreries physiques de tous les êtres, M. Forain s'attaque à l'homme, et quel souci chez lui de la légende vengeresse ! Une nature aussi corrompue, il n'y a que le soudain miracle de la foi qui puisse la purifier, il serait vain de compter sur la lente morale. Et tout naturellement nous passons des prétoires et de leurs juges falots, des cabinets particuliers et de leurs financiers avachis, de toutes les tragédies entre quatre murs où le mâle mendie des caresses que la femelle lui accorde, méprisante, aux scènes de rédemption devant la grotte de Lourdes, comme après la première partie d'un sermon sur la corruption de la nature humaine, on passe au second point qui offre le salut.

« C'est jusqu'à présent l'homme que j'ai vu le mieux attraper, dans la copie de la vie moderne, l'âme de cette vie », disait Goncourt de M. Degas : le mot est vrai aussi de ses disciples, Lautrec et Forain. L'âme de la vie moderne, comme ils l'invectivent ! tandis qu'il n'est pas trace de vulgarité dans les portraits que les peintres des estampes nous ont laissés des courtisanes. La philosophie de ces rêveurs a beau être plus pessimiste que nos croyances optimistes d'hommes d'action, la gaieté et la jeunesse de leur art nous rendent envieux. Ils ont su prendre la vie plus légèrement que nous.

Et chez Degas, Forain, Lautrec, il y a aussi le goût, tout à fait étranger aux Japonais, mais français, classique, de pénétrer, par delà leur extérieur, jusqu'à l'essence des êtres. Leur dessin est plus « aigu », plus « agressif », que le dessin des Japonais ; il égratigne, si l'on peut dire, tant il a de hâte impitoyable à souligner le caractère en même temps que les traits du modèle. Où est l'impassible uniformité de la femme peinte par Harunobu ou par Kiyonaga ? Les yeux se plissent, les mâchoires se serrent, les lèvres se crispent, la bouche se déforme, et, sveltes, les tailles et les cous s'allongent : ces modèles, de toute évidence, sont moins accoutumés que les héroïnes de Harunobu à subir leur sort.

Enfin les couleurs de Degas, Forain, Lautrec sont tristes ; les tons en sont chauds, mais un peu sombres, un peu lourds, parfois aigres ; ce ne sont pas les couleurs du plein jour. On pense à leur appliquer cette page de Théophile Gautier sur Charles Baudelaire (1868) :

> Pour peindre ces corruptions qui lui font horreur, il a su trouver ces nuances morbidement riches de la pourriture plus ou moins avancée, ces tons de nacre et de burgau qui glacent les eaux stagnantes, ces roses de phtisie, ces blancs de chlorose, ces jaunes fielleux de biles extravasées, ces gris plombés de brouillard pestilentiel, ces verts empoisonnés et métalliques puant l'arséniate de cuivre, ces noirs de fumée délayés par la pluie le long des murs plâtreux, ces bitumes recuits et roussis dans toutes les fritures de l'enfer, si excellents pour servir de fond à quelque tête livide et spectrale, et toute cette gamme de couleurs exaspérées, poussées au degré le plus intense, qui correspondent à l'automne, au coucher du soleil, à la maturité extrême des fruits et à la dernière heure des civilisations.

Visages fripés, blêmes et douteux des danseuses, des jockeys de Degas, des financiers et des gens de maison de Forain, des noctambules de Lautrec, qui, vaguement, regardent les gestes las des danseurs ; chez tout ce monde, la spontanéité a dégénéré en mécanisme : professionnellement, la petite Jane Avril lève la jambe comme ses sœurs les apprenties danseuses de l'Opéra, mais que son facies lugubre et douloureux s'harmonise mal avec cette mimique exaltée !

Valentin le Désossé, avec son « haute forme » en soie posé
sur le nez et son veston à courtes basques, a des prétentions
au « comme il faut ». Mais ce pauvre Valentin, il est
pitoyable comme ces déchus qui battent le pavé de l'East
End londonien, affublés des défroques des riches. Tristesse
du « beuglant » et de la « valse chaloupée », simagrées
de plaisir, bruit simulant la joie, ivresse au déboire âcre,
que nous voici loin des campagnards de nos estampes et de
leurs jeux innocents! Quand, à l'école des Japonais, Degas,
Lautrec, Forain se mirent à ouvrir les yeux sur la comédie
humaine de leur pays et de leur temps, elle ne se jouait pas
dans les décors de cet heureux Japon d'autrefois, où le vice
même avait des dehors paisibles, inoffensifs, où l'homme ne
se prenait pas pour centre du monde, et, même à la ville,
gardait une allure vive, des sensations fraîches, le goût et l'admiration de la campagne. Harunobu, Kiyonaga, Outamaro
ont peint les joyeux matins lumineux de Yedo; le domaine
de nos artistes, ce fut Paris et ses tristes gaietés nocturnes.

Seul, Whistler, Américain de naissance, vivant à Londres
dans le mépris de la peinture « victorienne », plus affranchi
ainsi de toute tradition occidentale qu'un Degas ou un Lautrec, plus poète aussi, subit profondément l'influence non
pas seulement de l'art japonais, mais de la sensibilité qu'il
devina à travers les estampes. En un temps où la mode était
aux lourdes tapisseries et aux coûteux bibelots amoncelés, il
accrocha aux murs de sa maison, tendus de couleurs unies
et sans ornements, quelques estampes, quelques étagères de
porcelaines blanches et bleues, quelques éventails dont il
disait qu'entre eux et les marbres grecs il n'existait aucune
ligne de démarcation. Il fut l'initiateur en Occident de ces
« arrangements artistiques » où tout est sacrifié à l'arabesque,
à l'harmonie. Et puis, sur ses tableaux, les branches de
fleurs, le cartouche long ou oblong contenant le papillon

symbolique qui lui sert de signature, les voiles en forme de kimono, les minuscules tasses à saké sur des plateaux de laque ; les couleurs chair et vert (*le Balcon*); les harmonies rose et gris (*les trois Jeunes Filles*), rose et argent (*la Princesse du pays de la Porcelaine*) ; enfin, l'expression même des personnages et le paysage où il les imagine, nous font penser à un Outamaro : les études pour les *Six Projets*, représentant des groupes de deux, de trois, de quatre jeunes filles accoudées à une balustrade ou entourant une gerbe fleurie ou marchant sur une plage de sable, trahissent la nostalgie de Whistler qui, dans un atelier de Londres, rêve de figures harmonieuses devant la mer, — mer intérieure du Japon ou de Grèce, car, Tanagréennes par leur coiffure et les plis de leurs draperies, ses héroïnes sont Japonaises par les jeux de leurs ombrelles et de leurs éventails, leurs hanchements et leurs ploiements en pleine brise.

Et le charme presque irréel de cette « Demoiselle élue »[1] à la silhouette fine, souple, nerveuse, élancée, un peu lasse et comme exténuée par une trop aiguë sensibilité, c'est le charme de presque tous les modèles de Whistler, qu'il s'agisse de *Miss Alexander* autour de qui frémissent pétales et papillons, de *Lady Archibald Campbell* ou de *Maud*, longues figures en hauteur, comme sur les kakémono, surgissant de l'ombre, avec un joli rythme de chorégraphes. Elles apparaissent dans une pose familière, — Sarasate, tel que l'aperçoivent les derniers rangs du parterre quand, du fond obscur de la scène, il s'avance devant la rampe pour saluer le public ; — elles ne se campent pas d'aplomb ; elles défaillent légèrement ; d'une allure élégante, aisée, un peu

1. Même sensibilité japonaise dans le *Jardin de Cremorne*, dans le *Balcon*, — où la femme agenouillée qui joue du shamisen, la femme étendue et qui tient un écran au-dessus de sa tête, la femme debout qui hanche en s'accoudant au balcon d'où elle découvre un paysage de rivière, rappellent les héroïnes d'Outamaro dans une *chaya*, — et aussi dans *Annabel Lee* et dans le *Dessin d'une mosaïque pour le South Kensington Museum*.

inquiète et indécise, elles entrent, elles sortent, elles passent...
Mais ces personnages en costumes d'aujourd'hui, sombres sur
fond sombre, ont le charme mélancolique des nocturnes où
la Tamise revêt son quotidien voile d'ombre, — nuit
épaisse, gluante de fumée et d'humidité, nuit morne et lasse
de ville industrielle qui le jour a peiné, penchée sur le
fleuve, et qui le soir s'affaisse lourde dans le noir au lieu de
frétiller aux lumières, comme la nuit de Yedo, toute scintil-
lante d'étoiles, de lanternes, de feux d'artifice... Que les
lourdes silhouettes noires penchées sur le parapet du pont de
Battersea paraissent tristes à côté des porte-lanternes dont
se hérisse le pont Riyôgoku, et l'on a le sentiment que c'est
surtout par souvenir des feux d'artifice de là-bas que Whistler
fait jaillir, éclater et retomber sa fusée dans un ciel peu
accoutumé aux fêtes !

\*
\* \*

« Les mêmes pensées poussent quelquefois tout autrement
dans un autre que dans leur auteur »... L' « impressionnisme » des Japonais, évocateur de tous les sentiments qui
ramènent l'homme à l'idée de sa propre nature, aida les artistes
d'Occident à se défaire de tout sentiment littéraire, à ne se
soucier que de lignes et de taches. Cette manière de sentir
si naturelle aux Japonais, cela devint, chez M. Monet, une
curiosité abstraite de la lumière et de ses reflets ; chez M. Degas, une curiosité abstraite des mouvements des jambes ou
des bras et de leurs contre-coups sur le reste du corps. Cette
manière de peindre qu'ont spontanément les Extrême-Orientaux parut en Occident coïncider avec les progrès de la
science, — analyse des couleurs par le prisme, enregistre-
ment des mouvements, grossissement des premiers plans par
la photographie instantanée. Enfin cet impressionnisme, si
populaire aujourd'hui encore au Japon, parmi les foules qui

contemplent la floraison des cerisiers, étonna le public de Whistler, de Degas, de Monet, qui, peu compris, vécurent dans un isolement hautain de raffinés, sensibles à des nuances qui échappaient aux bourgeois et à la grande majorité des peintres.

C'est aux points où l'estampe et notre peinture se sont le plus rapprochées que l'on peut mesurer l'écart qui subsiste entre les pensées d'Extrême-Orient et les nôtres. La sensation légère et subtile de l'univers, l'art de le représenter en plein mouvement, en pleine lumière, ce fut pour nous une curiosité acquise, c'était pour les Japonais, avant qu'ils connussent notre vie et notre philosophie, un besoin millénaire. Chez nous, ce fut un renouvellement heureux, mais épisodique, dans notre art de peindre, et qui dut s'accommoder d'une technique faite surtout pour suggérer le relief, et d'une philosophie qui, sévère pour l'homme, lui attribue pourtant dans la nature une place privilégiée. Ainsi se trouve indirectement confirmée par nos résistances l'idée que derrière les « images du monde éphémère » il y avait une philosophie de la nature très différente de la nôtre.

La nuit, les clairs de lune, les fleurs et les oiseaux, les averses, les chutes de neige, les éclairs et les bourrasques, dont les belles des estampes ne semblent faites que pour contempler le passage, ce n'était pas pour les Japonais, comme pour nous, signes accidentels de la bienveillance ou de la colère des dieux, thèmes occasionnels de poètes ou de peintres, c'était, pour toute une race de campagnards rêveurs, des symboles de leur destinée qui, après avoir enchanté leur vie, les aidaient à mourir.

# TABLES

# TABLE DES MATIÈRES

# TABLE DES ILLUSTRATIONS

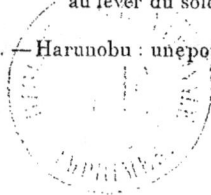

ÉVREUX. — IMPRIMERIE CH. HÉRISSEY

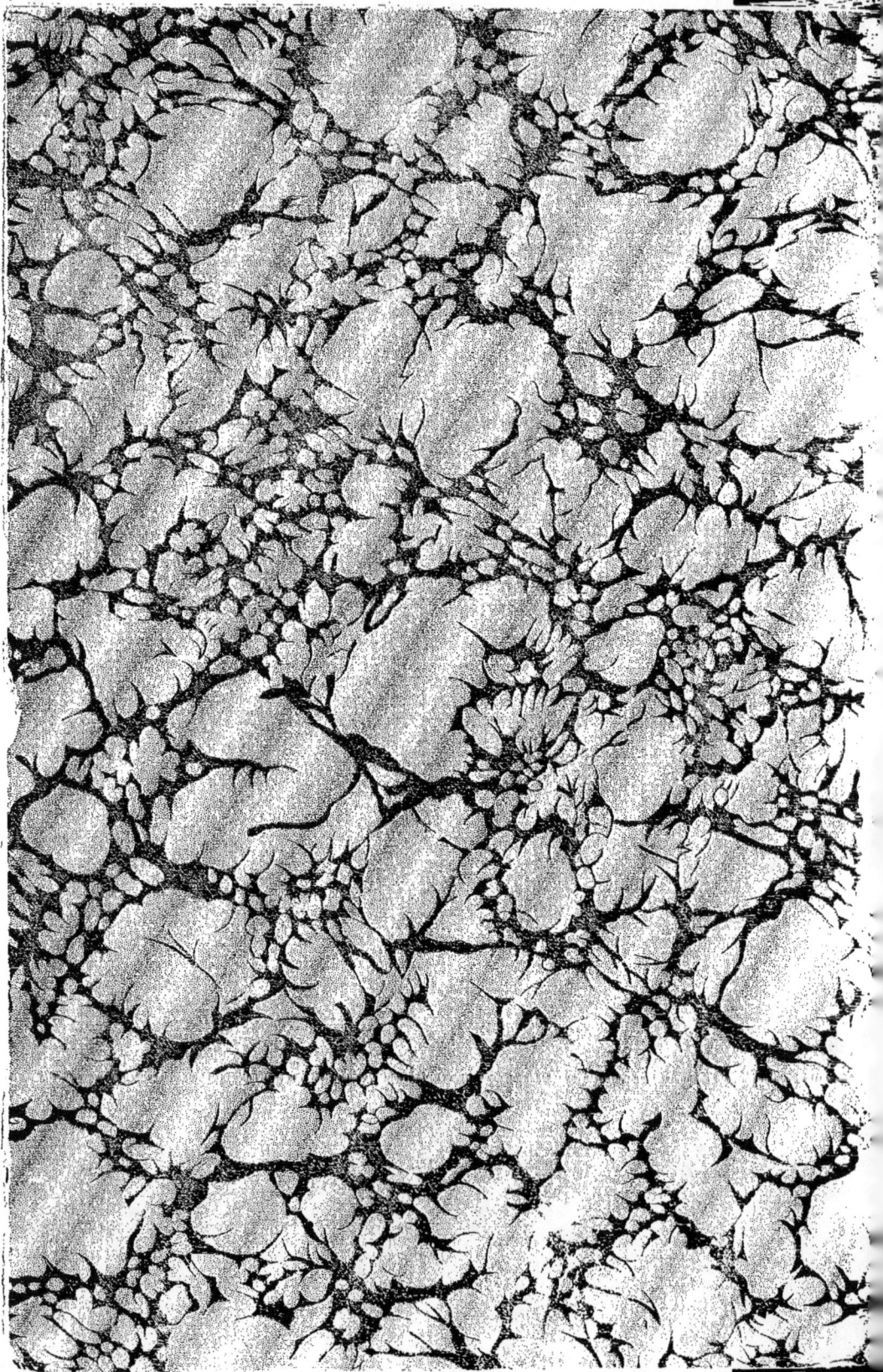

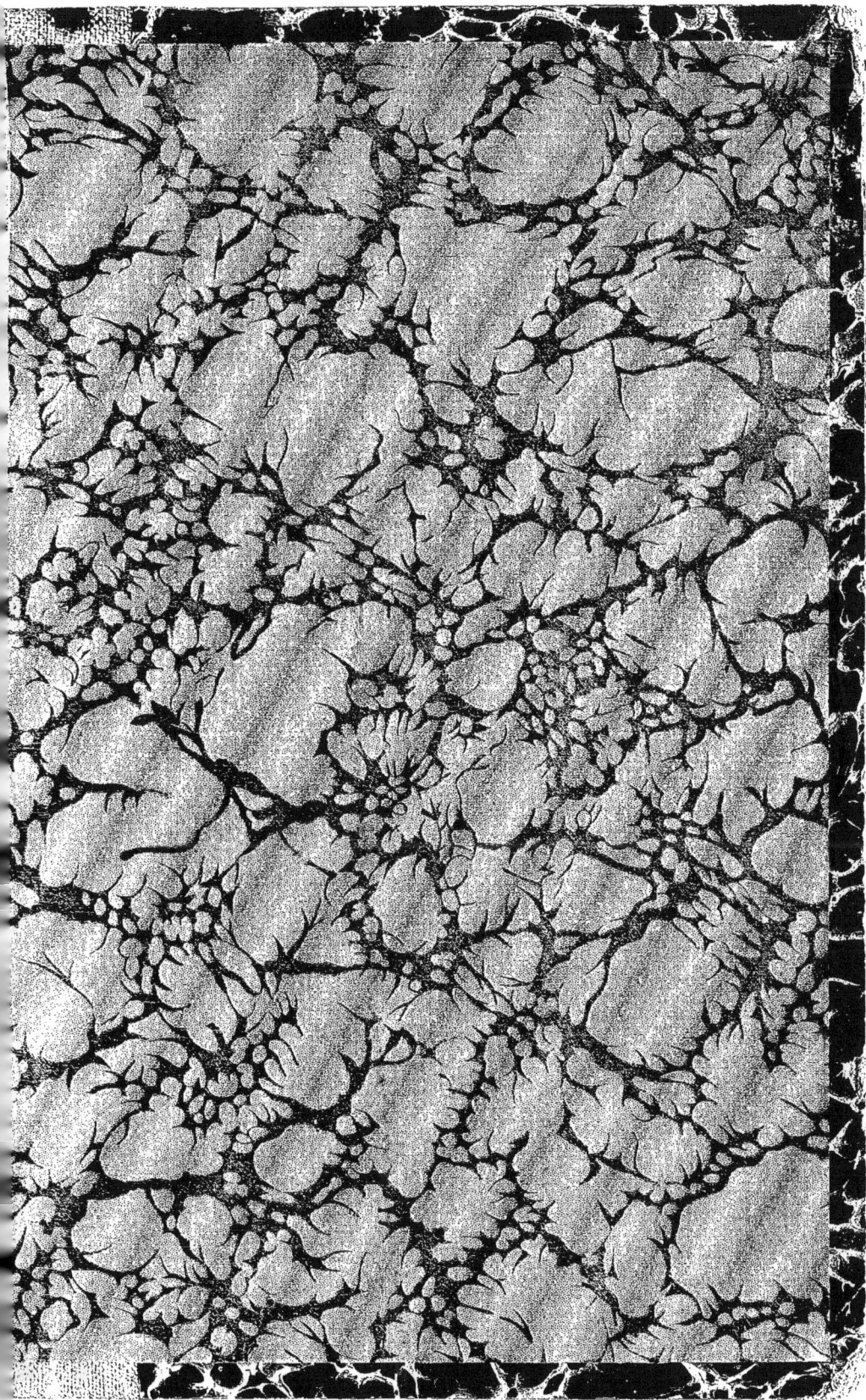